U0217646

Liquid INTELLIGENCE

液体的智慧

关于调制完美鸡尾酒的科学与艺术

[美] 戴夫·阿诺德／著

舒 宓／译

摸灯醉叔叔团队／审订

北京科学技术出版社

读者须知：

　　本书关于调制鸡尾酒的新技术和新方法，均是作者多年的经验所得，但是图书依然不能替代专业调酒师的指导和建议，如果您有疑问或是不确定的地方，请咨询专业的调酒师后再实施。因本书相关内容造成的直接或间接的不良影响，出版社和作者概不负责。

Copyright © 2014 by Dave Arnold

Photographs copyright © 2014 by Travis Huggett

Published by W. W. Norton & Company Ltd.,Castle House, 75/76 Wells Street, London W1T 3QT

Simplified Chinese translation copyright © 2022 by Beijing Science and Technology Publishing Co., Ltd.

著作权合同登记号　图字：01-2022-0273

图书在版编目（CIP）数据

　　液体的智慧：关于调制完美鸡尾酒的科学与艺术 /（美）戴夫·阿诺德著；舒宓译 . — 北京：北京科学技术出版社，2022.8（2025.2重印）

　　书名原文：Liquid Intelligence

　　ISBN 978-7-5714-2105-2

　　Ⅰ . ①液… Ⅱ . ①戴… ②舒… Ⅲ . ①鸡尾酒—调制技术 Ⅳ . ① TS972.19

　　中国版本图书馆 CIP 数据核字 (2022) 第 026027 号

策划编辑：廖　艳
责任编辑：廖　艳
责任校对：贾　荣
责任印制：李　茗
图文制作：天露霖文化
出 版 人：曾庆宇
出版发行：北京科学技术出版社
社　　址：北京西直门南大街 16 号
邮政编码：100035
电　　话：0086-10-66135495（总编室）　0086-10-66113227（发行部）
网　　址：www.bkydw.cn
印　　刷：北京捷迅佳彩印刷有限公司
开　　本：720 mm × 1000 mm　1/16
字　　数：529 千字
印　　张：23.5
版　　次：2022 年 8 月第 1 版
印　　次：2025 年 2 月第 5 次印刷
ISBN 978-7-5714-2105-2

定价：268.00 元

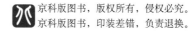

谨以此书献给我的妻子詹妮弗（Jennifer）

和我的两个儿子布克（Booker）和德克斯（Dax）

查储斯

前　言

　　鸡尾酒可以看作是需要调酒师解决的问题。调酒师怎样才能获得某种特定的味道、质感或外观？怎样才能让面前的酒变得更好？认真对待鸡尾酒和与之相关的问题是一场持续一生的旅程。你了解得越多，想问的问题就越多。你变得越优秀，就越容易在你的技术里找出错误。完美是目标，但遗憾的是人永远不可能达到完美。为了做出完美的金汤力，我已经花了数年和数千美元，但仍然没有实现这个目标。如果我实现了，如果我满足了，那该是多么无聊。学习、研究、实践、和朋友共饮，就是本书的主题。但是，有一个前提：没有一个关于鸡尾酒的细节是无趣的，是不值得我们去深入研究的。

　　学会运用一点科学知识对你是有益的。像科学家那样思考，你就能做出更好的鸡尾酒。你不需要成为科学家，甚至也不需要掌握很多科学知识，只须在调酒时用到这些科学的方法。控制变量、仔细观察，并对你得出的结果进行检验，你要做的差不多就是这些。本书将教你如何使酒的品质变得更稳定，如何不断把酒做得更好，以及如何研发出好喝的新配方并避免无的放矢。

在我们的旅程中，为了努力实现某种特殊的风味或创意，我有时会用到很不寻常的方法和大多数读者都找不到的工具。你会看到我是怎样把一个创意钻研透彻的。我还希望你能从中找到乐趣。我并不指望大多数人会去深入研究这些复杂的鸡尾酒，但如果你愿意，并且也有能力去尝试，你将从本书中获得足够的相关知识。我将毫无保留地分享给大家：这意味着书里的内容不但有成功，也有失败（我最妙的创意往往都是从失败中获得的灵感）。最后，我保证书里会有很多你能用到的技法、风味和创意，哪怕你手头只有一套鸡尾酒摇壶和一些冰。我的目标是改变你对酒的看法，无论你做的是哪种酒。

本书和分子调酒无关（我很讨厌"分子调酒"这个词）。"分子"让人联想到的内容都是负面的：只是一个噱头，调出来的酒并不好喝，科学没用对地方。我的准则很简单：

- 运用新技法和技术的前提是它们能让酒的味道变得更好。
- 努力用更少而不是更多的原料做出一杯出色的鸡尾酒。
- 不要指望客人会因为你调酒的方法而喜欢上这杯酒。
- 判断一杯酒是否成功的标准，是客人有没有再点一杯，而不是客人觉得这杯酒"很有趣"。
- 培养并遵从你自己的味觉。

本书分为 4 个部分。第一部分是入门不可或缺的基础知识，包括工具和原料。第二部分详细介绍了传统鸡尾酒的调制原理：摇酒壶、搅拌杯、冰和烈酒的基础知识。第三部分是新技法和新创意，以及它们和传统鸡尾酒的联系。第四部分收录了一系列配方——以某个特殊创意为出发点的小旅程。你还能在本书的末尾找到一份带有注解的资源推荐，包括鸡尾酒书、科学著作和烹饪书，以及我觉得有趣并与本书主题相关的期刊文章。

我几乎每时每刻都在想

我对待鸡尾酒的态度与我对待生命中其他在乎的事情一样：坚定不移，从头开始。通常，我在一款现有的鸡尾酒中发现一个令人困扰的问题，或执着于某个念头或风味，我的旅程也就随之开始了。我会问一下自己：我的目标是什么？然后，我会探索各种方法以达到这个目标。我想要看到各种可能性和自己潜在的能力。在解决问题的初始阶段，我并不在乎自己的做法是不是合理。我更喜欢大胆打破常规，以取得哪怕是微小的进步。可能我做一杯酒只需要 5 分钟，但是我愿意花一周时间去研究它，只为了让它变得更好一点点。我对这些细微之处很感兴趣。正是通过它们，我对这杯酒、对我自己和对世界都有了更深的了解。这听上去有点夸张，但我真是这么想的。

我并不是一个经常不开心的人，但我永远都不会满足。不断质疑自己，尤其是你的基本准则和做法，你总能发现更好的办法，能够让你在吧台后、烹饪台前或你选择的其他领域里表现更出色。如果我坚信不疑的某个观点被证明是错的，我会很开心。这说明我活着，仍然在学习。

我讨厌妥协，也讨厌走捷径，但有时我不得不这么做。你需要保持对妥协的反感，但同时又知道怎样在必要的时候以最小的代价去妥协。在追求品质的道路上，你要一直保持专注——从原料到酒杯。我常惊讶地看到，有人花了很大功夫去制作一杯酒的原料，却在最后一刻把整杯酒做砸了。身为调酒师，你在一杯酒制作完毕之前都不能松懈。而且，因为你制作的是含酒精饮品，所以你的职责在客人安全到家之前都没有结束。

曼哈顿

目　录

第四部分　以某个特殊创意为出发点的系列配方 311

预备知识

计量、单位和工具

正是因为能够使用各种高级工具，反而让我研发出了不需要这些工具就能达到好效果的方法。在这一部分，我们将一起来认识一下我在家里和我的酒吧——布克和德克斯——使用的各种工具。几乎没有人——哪怕是预算充裕的职业调酒师——会想要或需要拥有调酒所用的所有工具。在本书关于技法的章节中，我将尽可能多地告诉你可以用哪些方法来取代这些既昂贵又难买的工具。在第一部分的结尾有一份采购清单，你可以根据自己的预算和兴趣选择想买的工具。

在进入工具这个话题之前，我先来聊一聊计量。

调酒计量的方法和原因

鸡尾酒应该以体积为计量单位。尽管我坚信烹饪应该以重量为计量单位，但在调酒时我是按体积来计量的，我建议你也这么做。比起为一堆小份量的原料称重，倾倒的速度快多了。而且，不同鸡尾酒原料的密度有很大差异，如纯烈酒的密度是每毫升 0.94 克，而枫糖浆（Maple syrup）的密度是每毫升 1.33 克。对调酒师而言，最后做出来的酒有多重并不重要，重要的是它的体积。体积决定了酒液表面与杯沿的距离。酒液表面的这条线叫作液面线，而维持正确的液面线是优秀调酒师的基本功之一。就专业调酒而言，你的鸡尾酒品质应该是稳定的。如果你做的每杯酒都有标准液面线，就可以迅速目测出一杯酒是不是有问题。如果液面线不对，这杯酒就是有问题的。稳定一致的液面线对客人的体验也很重要。两位客人点了同样的酒，但其中一杯的液面线比另一杯高，这是因为你更喜欢那位客人，还是因为你的技术不过关？

崇尚自由倒酒的人在调酒时不会用到计量工具，其中有些人会观察玻璃搅拌杯里的液体高度来估算他们倒了多少原料。通过长期练习，这些调酒师知道液体的增量在标准搅拌杯中看起来是怎样的。其他自由倒酒的支持者会使用快速倒酒的专用酒嘴，因为它的流速很稳定。快速倒酒的高手会通过计数来判断自己倒了多少原料：倒酒时数到几，就代表着倒了多少盎司。这些调酒师经常会花上几个小时来练习，以完善自己的计数倒酒技巧。

崇尚自由倒酒的调酒师为什么不用量酒器？答案是调酒师可以分成 4 个流派：懒人型、快手型、艺术家型和修道士型。懒人并不在乎自己做的酒是否精确——就是这么一回事。快手认为自由倒酒是精确的，而且能够在吧台后节省宝贵时间——在拥挤且繁忙的酒吧里，每杯酒省下几秒，加起来的时间总量是很可观的。懒人型和快手型自由倒酒调酒师无法做到精确，也不能确保每次的结果都一致。自由倒酒尤其不适合业余调酒爱好者，因为他们不是每晚都倒几十杯酒，缺乏足够的练习。所以，他们应该耐心把每杯酒做好，而不是追求速度。艺术家型的自由倒酒调酒师认为量杯让他们看上去像个缺乏训练和技巧的菜鸟。我不同意这种看法。对量酒器的娴熟运用很具观赏性，而保持精确并不会让你看上去像个机器人。调酒师要面对各种不同的状况，制作各种不同的酒，因此，自由倒酒调酒师的表现不可能一直像使用量酒器的调酒师那么稳定。修道士型的自由倒酒调酒师是最有趣的：他们相信鸡尾酒不应当被以 1/4 盎司为增量单位、容易记忆的配方所限制。说到底，我们为什么要相信这些以 1/4 盎司为基础的增量单位就是一款酒的完美比例呢？修道士型自由调酒师凭借自己的感觉来倒酒、尝味，根据自己的直觉和对客人口味的判断来决定每杯酒的正确比例。

我喜欢修道士型的自由倒酒调酒师，但是在日常实践中，比起担心计量方法的限制性，有一个易于记忆、方便参照的标准配方要好得多。固定配方拥有使用标准计量工具和术语带来的优势，同时还可以进行微调。

我指的位置就是液面线，也就是酒液表面接触杯壁的地方

重要信息：本书使用的计量单位

在本书中，1 盎司的液体体积等于 30 毫升。我的量酒器也是按这个标准设计的。如果你的量酒器采用的是不同的"盎司"量，那么你的计量结果会始终跟我的有点差别。通常来说，这不是什么问题。下面是我的计量单位法则：

- 体积以（液量）盎司、毫升和升来表示，但在本书中，1 盎司等于 30 毫升。酒吧还会用到一些特别的计量单位：

  - 1 吧勺 = 4 毫升

  - 1 大滴 = 0.8 毫升

  - 1 小滴 = 0.05 毫升，或 1 毫升 = 20 小滴

- 重量总是用克和千克来表示，而不用盎司和磅。爱挑剔的人会说，克跟盎司不一样，并不是重量单位，而是密度单位。重量是用来度量重力的。秤测量的是重力，而非密度。用来表示密度的英制单位很好听，但却很少被用到，如斯勒格（Slug）。其实，公制秤应该使用的单位是牛顿（kg × m/s^2），但我们没必要这么做。

- 压强以 PSI（每平方英尺的磅数）表示（大气压力约为 14.5PSI）。

- 温度以摄氏度（℃）和华氏度（℉）表示，我在调酒时更喜欢用摄氏度。华氏度适用于天气预报、烘焙和油炸。

- 能量和热量以卡（Cal）来表示。当你经常要加热和冷却水时，你的直觉会选择卡作为单位，而不是标准热量单位——焦耳（J）。（1 卡 = 4.2 焦耳）

尽管你不可能记住一个配方应该含有 0.833 盎司（3/4 ~ 1 盎司之间的 1/3 处）青柠汁，但"3/4 盎司多一点"应该很容易就能记住。有些配方甚至会用到更小的份量，但它们的计量单位也很容易记：吧勺、大滴（Dash）和小滴（Drop）。至于修道士型调酒师的主要论点是计量并不能保证一杯酒是完美平衡的，优秀调酒师用计量法制作一杯酒后会尝一下它的味道。他们会用吸管从每杯酒中取出少量酒液并尝味，确保计量出来的原料比例是理想的。

要注意的是我在上面的探讨中用的计量单位是盎司，而不是毫升。美国的鸡尾酒配方总是用盎司来表示的。如果你习惯使用毫升，也不用担心，其实"盎司"这个词只是"份"的另一种表达方式。鸡尾酒配方的本质在于比例，而比例可以用"份"来计算：2 份烈酒加 1/2 份糖浆和 3/4 份果汁，诸如此类。在本书中，1 份相当于 1 盎司或 30 毫升。而"盎司"究竟代表着多少毫升，其实并没有定论。即使不考虑那些已经被废除的不同的国际盎司定义，仅美国的"盎司"定义就有许多种，不过都接近 1 液量盎司等于 30 毫升这个标准。对调酒师而言，用 30 毫升来代表 1 盎司是非常方便的。因此，在制作单杯鸡尾酒时，我通常会用盎司做单位。在大批量制作鸡尾酒时，我会用计算器或电子表格进行换算，把以盎司为单位的配方变成我想要的任何份量，而且我会以毫升为单位进行换算——1 盎司等于 30 毫升。

切记！在本书中，1 液量盎司等于 30 毫升。

日常调酒会用到的计量工具

单杯鸡尾酒通常用量酒器来计量。我喜欢用两个双头量酒器组成的套装，它们的"盎司"份量都相当于30毫升。其中，较大的那个量酒器一头容量是2盎司，内部刻有1.5盎司的刻度线，另一头容量是1盎司，内部刻有3/4盎司的刻度线。较小的那个量酒器一头容量是3/4盎司，内部刻有1/2盎司的刻度线；另一头容量是1/2盎司，内部刻有1/4盎司的刻度线。这两个量酒器能够满足你大部分的计量需要。在根据内部刻度线来计量时，要把酒一直倒到跟刻度线齐平的位置。在根据量酒器顶部计量时，要把酒一直倒到跟量酒器顶部齐平的位置。在需要把量酒器倒满时，往往倒得不够。小诀窍：倒酒时把量酒器放在搅拌杯上方，这样就不会把宝贵的酒液洒掉而造成浪费了。

在细长型量酒器和粗短型量酒器之间，我永远会选择细长型，用它们称量要精确得多。如果你用的是粗短型量酒器，倒高或倒低1毫米的误差要比细长型量酒器大得多。这个原则也适用于我要推荐的另一个工具：量筒。

上图：3个量酒器和1个量筒。你肯定想不到这3个量酒器的容量是一样的。后面的细长型量酒器更细，所以要精确得多。最前面的量酒器比左边的更精确，因为靠近顶部的侧边是笔直的。量筒的精确度堪称完美

即使用的是精确的细长型量酒器，你也必须把酒倒满。左边的量酒器容量为2盎司。右边的量酒器容量比它少1/8盎司

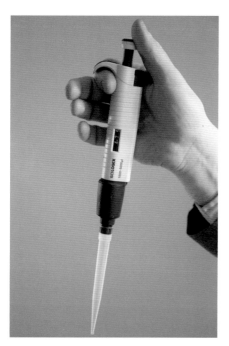

微量移液器能够量取体积为 1.00 ~ 5.00 毫升之间的液体

进阶版鸡尾酒计量工具

量筒呈细长的圆柱形，筒壁刻有以毫升表示的体积计量单位，它们的容量从 10 毫升到 4 升都有。用量筒称量是非常精确的。相比之下，量杯和烧杯的精确度要低得多。我用量筒来研发新配方和批量制作鸡尾酒，以保证精确度。我最常使用的量筒如下：50 毫升，用于在对技术含量非常高的配方进行微调时代替量酒器，或在批量制作鸡尾酒时添加浓缩的原料；250 毫升，适合一次性调制最多 4 杯鸡尾酒，或大批量制作鸡尾酒时用于测量那些用量较少的原料；1 升，在我以瓶为单位批量制作鸡尾酒时用。摔不碎的透明塑料量筒价格很低，玻璃量筒价格高。

我非常喜欢我的微量移液器，尽管大多数人都不会用到。微量移液器能够让你非常迅速和精确地量取体积很小的液体。我用的微量移液器是可调节的，能够计量 1 ~ 5 毫升之间的液体，精确度高达 0.01 毫升。每次计量只需要几秒，而且不需要像电子秤那样使用电池。在布克和德克斯，我们每天都会在澄清果汁时用到它。我还会在测试配方时用它来量取浓缩的原料，如浓缩磷酸和硫酸奎宁溶液。此外，为了创作出合适的配方，我需要一点点地添加微小、精确的份量，这时我也会用到微量移液器。

调酒工具

用于搅匀鸡尾酒的搅拌杯

搅拌杯能够反映调酒师的个人风格，而且对做出来的鸡尾酒有着很大影响。最传统的搅拌杯——标准品脱杯有很多优点：便宜耐用，能够看到里面的物质，用来摇酒。许多专业调酒师都用品脱杯，因为随手可得，他们的酒吧已经在用它来装啤酒了。但品脱杯也有缺点，主要是下面 3 点：①它是玻璃材质的（稍后我会具体解释）；②它不是很美观；③它的杯底偏窄，在用力搅拌时很容易打翻。

很多高级搅拌杯则不存在上述后两个问题，其中最流行的两种是形状类似于烧杯的刻花水晶日式搅拌杯和有点像粗短型超大葡萄酒杯的高脚大搅拌杯。在布克和德克斯，很多调酒师都使用刻花水晶搅拌杯。它非常美观，有着稳定的宽杯底和便于将酒液倒出的杯嘴。它的价格也比较贵，而且容易碎，如果不小心掉在地上，它的归宿就是垃圾桶。

第三个选择是来自科学仪器供应商的烧杯。它的杯底宽，杯壁上还刻有相当精确的体积测量单位，非常实用。这些测量刻度对业余调酒师来说尤其实用，因为他们没有时间或意愿去练习如何准确地用量酒器倒酒。

高级搅拌杯是一项投资。如果你是在客人面前调酒，外观优雅的搅拌杯能够提升他们的体验，而你也将给他们留下更好的印象，并最终让他们更好地享受你调的鸡尾酒。如果你不准备在客人面前调酒，那就没必要额外破费。

我最喜欢的搅拌杯既价格亲民，又不会打碎：容量为 18 盎司的金属摇酒壶，通称为"听"（Tin，也有锡的意思），尽管它基本上是用不锈钢做成的。我喜欢金属，因为它的比热远远低于玻璃。1 克不锈钢冷却或升温所需要的能量比 1 克玻璃少。大多数玻璃搅拌杯材质更厚，重量也远远超过了普通的 18 盎司金属听，所以玻璃搅拌杯其实是一个大的蓄热体，它会影响酒液的温度和稀释度。你可以搅拌两杯酒试试：一杯用冰过的玻璃搅拌杯，另一杯用室温下的玻璃搅拌杯。两杯酒会有着明显的不同。为了确保鸡尾酒的稳定性（稳定性应该是调酒师的主要目标之一），你应该一直使用冰过的搅拌杯，或者永远不使用冰过的搅拌杯，或者知道该如何在这两者之间做出修正。金属听在冷却或升温时需要的能量极少，所以对你制作的鸡尾酒基本没有影响。

我喜欢用金属听来搅拌鸡尾酒。玻璃搅拌杯虽然美观，却是大的蓄热体，会影响酒液的冷却，除非你每次使用前都预先冰过

摇酒壶（从左至右）：
三段式英式摇酒壶、由玻璃杯和金属听组成的波士顿摇酒壶、由两个金属听组成的波士顿摇酒壶（我的最爱）、两段式巴黎摇酒壶

巴黎摇酒壶

英式摇酒壶

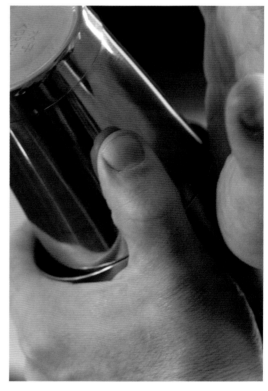

左中：巴黎摇酒壶看上去很酷，但不像标准的金属听摇酒壶那么用途广泛，而且价格也更贵。使用时要把原料倒入较小的杯盖，加冰，然后盖上较大的杯体。摇酒时，杯体会冷却收缩，紧密地吸附在杯盖上

左下：英式摇酒壶适合那些手比较小或者喜欢高级感的人。它们的用途不是很广，而且我不喜欢内置的过滤器

右：要把两个金属听打开，你必须用力拍打较大的那个，注意拍打位置位于两个听的接缝开始出现空隙的地方

用于摇匀鸡尾酒的摇酒壶

哪怕是只对鸡尾酒有那么一点兴趣的人，都应该拥有一两套属于自己的摇酒壶。选择摇酒壶的首要标准：它必须能够承受剧烈的晃动，不会把酒喷到你和客人的身上。摇酒壶分为两大类：三段式和两段式摇酒壶。还有一类是巴黎摇酒壶，它看上去很酷，但少见。

三段式摇酒壶（又称英式摇酒壶）由一个搅拌杯、一个带有内置过滤器的壶帽和一个小小的杯子形状的壶盖组成。使用时先把原料倒入搅拌杯，然后把壶盖盖好，开始摇酒，结束后把壶盖打开，用内置过滤器把酒滤入杯中。三段式摇酒壶有多种尺寸：有的只能摇一杯酒，有的容量高达几升，适合在派对上用。布克和德克斯是不用三段式摇酒壶的，而且我认识的美国调酒师喜欢用它的也不多。三段式摇酒壶的过滤速度不像两段式摇酒壶那么快，也无法控制过滤（稍后我会详细解释），摇完酒后还很容易堵住，而且不同的版本无法兼容，令人抓狂。如果你从来没有在派对上用一批随便拼凑起来的、不标准的三段式摇酒壶给全场的人摇过酒，你就没有真正享受过摇酒的"乐趣"。劣质的三段式摇酒壶往往会漏。不过，三段式摇酒壶也有优点，尤其是较小的那些，因为它们更适合手小的调酒师使用。有些崇尚日式调酒的调酒师相信，三段式摇酒壶的形状能够改善摇酒时形成的冰晶结构，我认为这是胡扯。几乎所有的三段式摇酒壶都是金属材质的，但也有例外。在东京最有名的某家酒吧里，调酒师给我调酒时用的是霓虹粉的塑料三段式摇酒壶。有个日式调酒的信徒告诉我，因为塑料是柔软的，跟金属摇酒壶比起来，它产生的冰晶更少，形状也不一样。我还没有验证过这个说法，但我对它持怀疑态度。

两段式摇酒壶（又称波士顿摇酒壶）是美国职业调酒师的最爱，我在家和在酒吧都会用它。它由两个杯子组成，其中一个杯子套在另一个杯子里面，有密封效果。第一次用波士顿摇酒壶时，你很可能无法把它们密封得很好，如果酒喷得到处都是，别奇怪。但是相信我，两段式摇酒壶的密封性一直很好。我会稍后解释其中的物理学原理。金属玻璃摇酒壶由一个 28 盎司的大金属听和一个标准美式玻璃品脱杯组成。使用时，先在玻璃杯里搅拌鸡尾酒，然后盖上金属听摇酒。我并不喜欢金属-玻璃摇酒壶，因为品脱杯可能会碎，而且玻璃杯是一个大的蓄热体。另外，单手操作金属-玻璃摇酒壶非常难，除非你的手像猩猩的那么大。有些人喜欢玻璃杯，因为他们能看到里面的酒液有多少。我并不在乎这一点，因为我的鸡尾酒都是精确计量过的。我更喜欢金属摇酒壶，尤其是两段式的那种，它由一个 28 盎司的金属听和一个 18 盎司的金属听组成，又称为"一套听"。18 盎司的金属听经常被专业调酒师称为"作弊"听，因为它在必要时还可以用作过滤器。这些金属听不会碎，也不是大的蓄热体，容易操作，摇酒时既好看又好听。一套听的内部容量很大，所以，尽管常规操作是每次摇一杯酒，但用它一次性摇两三杯酒都完全没问题。使用时，先把原料倒入较小的听，然后加冰至听的边沿，盖上较大的听并拍打一下，使两个听紧密贴合，就可以开始摇酒了。摇酒结束后，把两个听分开。优秀调酒师在打开两个听时是非常有范儿的，还会伴随着清脆的一响，这会加速我的唾液分泌，就像巴甫洛夫的狗那样。我本人还在练习如何娴熟地把两个听打开。你永远不会后悔自己掌握了这个技巧。

直到最近，要找到一对匹配的金属听摇酒壶并不容易。你需要在烹饪和酒吧用品商店里不断搜寻，才能找到两个刚好匹配的听。现在，你很容易就能买到成对出售的金属听摇酒壶：它们密封性强，而且足够坚硬又易于打开。像面条一样容易弯折的劣质听是很难打开的，因为两个听彼此会上下滑动。

过滤器

调酒时，你需要 3 种不同的过滤器：茱莉普（Julep）过滤器、霍桑（Hawthorn）过滤器和滤茶器。

茱莉普过滤器：茱莉普过滤器呈椭圆形，带有较大的孔洞，用来过滤搅拌好的鸡尾酒。大孔洞过滤器的过滤速度快，而且整个过滤器可以嵌在搅拌杯内部，不会挡住搅拌杯自带的酒嘴。

霍桑过滤器：霍桑过滤器的边缘带有一圈弹簧，可以嵌入金属摇酒听和各种不同的搅拌杯。总体而言，这圈弹簧能够让霍桑过滤器更好地滤掉那些不必要的微小物质，如碎薄荷和小冰屑，而茱莉普过滤器无法很好地做到这一点。不过，几乎所有的霍桑过滤器的弹簧都太大了，无法满足那些细心的调酒师的需要，所以很多调酒师都会同时使用霍桑过滤器和细孔滤茶器。我用的是"鸡尾酒王国"（Cocktail Kingdom）出品的霍桑过滤器，它的弹簧非常细，所以不存在上面的问题。

有些霍桑过滤器经过特殊设计，能够把酒液分成两股滤出，这样调酒

过滤器（由上至下顺时针方向）：滤茶器、茱莉普过滤器、霍桑过滤器

师就可以同时倒两杯酒了，就像咖啡师一次性把两股意式浓缩咖啡倒入两个小咖啡杯里一样。

霍桑过滤器比茱莉普过滤器更难操作，因为它们是放在搅拌杯外沿上的，很容易滴漏或洒出。然而，在技巧娴熟的调酒师手中，它的控制力比茱莉普过滤器更精准。调酒师用食指上下滑动霍桑过滤器，改变它和搅拌杯之间空隙的大小。这个动作叫"调整阀门"。倒酒时把阀门关上，冰晶就不会流出来。倒酒时把阀门打开，酒的表面就会漂浮着更多冰晶。关于摇匀类鸡尾酒里的冰晶是好还是坏，我曾经参与过很多次激烈的讨论。多年来，冰晶一直是调酒的禁忌，因为它被认为是调酒技术不过关的标志。如今，许多人（包括我自己在内）都非常喜欢那一层美丽、闪耀的爽脆冰晶，并且毫不掩饰自己的这种喜爱。反对冰晶的人认为，它们融化速度很快，会给酒增添不必要的额外稀释。对此我想说，喝快点！摇匀类鸡尾酒只要刚摇完，状态就开始变差。它们就像樱花一样，在你不注意的时候就已经凋谢。摇匀类鸡尾酒应该少量制作，迅速喝完。

滤茶器： 你在调酒时需要的第三种过滤器是滤茶器或任何小号细网过滤器，用于滤掉酒里的大颗粒物。在冰晶不受欢迎的日子里，调酒师会用滤茶器来确保不让任何冰颗粒进入酒里。在布克和德克斯，我们用滤茶器过滤掉氮气捣压鸡尾酒里较大的草本植物颗粒（详见第143页"氮气捣压"）。

上图： 这个全新的霍桑过滤器有一圈非常紧的弹簧，能够滤掉小冰晶，而普通霍桑过滤器做不到这一点。为什么要用弹簧而不是滤网？这是因为弹簧能够贴合搅拌杯的形状

下图： 经过训练，你可以用霍桑过滤器把酒同时倒入两个酒杯。这种做法更适合在不忙的晚上炫技，而不能算是一个实用的技巧，但很有趣

不要紧紧捏住这里！吧勺柄应该是能够自由转动的

用无名指向前推

冰会让勺底紧贴着杯壁，让它自然地转动

记住，要让吧勺柄转起来

用中指往回拉

吧勺会转回到起始位置

搅拌的诀窍： 你只需要用手指下部前后推动吧勺，同时吧勺顶部在你的拇指和食指之间旋转。你的手是绝对不能转动的。一定要让吧勺自始至终都顶着杯子的内壁，如果勺底贴住了杯壁，在你推时吧勺就会转起来

吧勺

吧勺是一种细长的勺子，柄部通常带有扭纹。在我还是调酒新手时，我觉得它们既蠢笨又没用。但现在我知道了，吧勺令搅拌变得优雅，而且让成酒更稳定。没有什么比不熟练的搅拌看上去更笨拙了。相信我，我的搅拌技术不是非常好，而且经常要在大师旁边搅拌。出色的搅拌技术看上去毫不费力，而且效率很高，更重要的是动作是可重复的。正确的搅拌需要精准重复。真正出色的搅拌达人可以同时精确地搅拌两杯酒。有些"忍者"甚至可以同时搅拌 4 杯。这样的高水准搅拌艺术无法通过普通吧勺达到。你需要一把精心设计、平衡性出色的吧勺，它的柄应该正好符合你的风格。除了搅拌，你还可以用吧勺来量取原料。我用的吧勺容量为 4 毫升。

另外，还有一个小诀窍：从罐子里取出樱桃或橄榄很麻烦，但用吧勺来取就容易多了。千万别用手拿！

吧台垫

　　吧台垫看似简单，却能给调酒师的日常工作带来质的飞跃。可惜的是，它在美国市场完全被忽视了。吧台垫既便宜又方便使用。它由数千个微小的、1/4英寸（0.635厘米）高的橡胶凸点组成，能够接住洒出来的酒，而且它是防滑的，酒不会进一步洒到吧台上。我不在乎你的调酒技术有多棒：你一定会碰到把东西洒出来的情况。如果是洒在吧台上，会让人觉得你很粗心，而且吧台会变得湿滑。如果是洒在吧台垫上，整件事就好像没发生过一样。吧台垫不会滑动。在一晚的营业结束后（或者如果洒出来的酒特别多），小心地把吧台垫拿起来，放进水池里洗干净，它又会变得像新的一样。吧台垫还可以用来放洗过的茶杯和餐具。一定要买吧台垫。

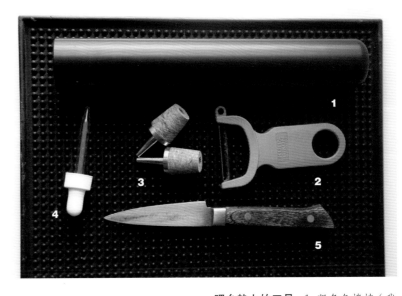

吧台垫上的工具：1.狠角色捣棒（我推荐的唯一一款捣棒）；2.瑞士力康Y形削皮器（同样是我推荐的唯一一款削皮器，如果你不喜欢它，肯定是用法不对）；3.苦精瓶嘴；4.滴管；5.削皮刀

小物

　　如果你跟我很像，你会购买大量的酒吧小工具和小玩意儿。它们大多用途有限，但有些非常酷，值得入手。

　　捣棒（Muddlers）： 在搅拌杯底部捣压原料时需要用到捣棒。建议选择质量好的。大多数捣棒都很糟糕——捣压接触面积不够大，所以原料只是被推来推去而已。有一款捣棒非常出色："鸡尾酒王国"出品的狠角色捣棒（Bad Ass Muddler）。它是大而结实的圆柱体，足以配得上"狠角色"这个名字。我最喜欢的第二款捣棒是简单的直边擀面杖。如果你是用液氮捣压，千万不要使用廉价的塑料捣棒或橡胶捣棒，因为液氮会让它们变得脆弱，很容易碎裂（狠角色捣棒是用塑料做的，但不受液氮影响）。

　　喷雾器（Misters）： 有时你需要在倒酒之前给酒杯增加香气，这时就会用到小喷雾器。跟传统的洗杯技法比起来，用喷雾器更精确，而且不会那么浪费。喷雾器还可以用来在鸡尾酒表面喷洒芳香精油或其他原料。我本人并不怎么使用喷雾器，但很多人都会用到它。

小刀：为了打造一个完整的调酒工具箱，你需要一把质量过硬的削皮刀。把它跟其他调酒工具放在一起时要给它戴上护罩，以防变钝。建议同时购买一块优质的小砧板。

滴管：可以备几个带螺口式滴管的玻璃瓶。我用它们来给鸡尾酒添加少量各种液体，如盐水、苦精等。如果你喜欢外观华丽的东西，可以选择苦精瓶，它每次滴出的量叫作大滴，比小滴多，但比一吧勺的量少。注意，不同的苦精瓶嘴滴出来的量也不同。在酒吧里，我们会用到两种瓶嘴，滴出来的量分别是一半大滴和一大滴。在家里，我会把用完的辣椒仔和安高天娜苦精（Angostura Bitters）瓶子留下来，洗掉标签后重新使用。我是个节约的人。

储冰器（Ice Storage）：在酒吧里，我们的冰是储存在冰槽里的，它是空间大、内部带有排水管的隔热容器。我们用金属冰铲或摇酒听来取冰。在家里，你需要一个冰桶和一把冰铲或冰钳。不建议在客人面前用手拿冰，除非他们是你的亲人。遗憾的是我至今还没发现自己喜欢的冰桶。它们应该像饮水机那样有一个排水龙头，而且还应该有一个塑料格架，防止冰块漂浮在融化的水中。它们的外观应该赏心悦目。

压盖机（Capper）：如果你打算制作瓶装鸡尾酒，那就应该购入一个手动玻璃瓶压盖机。它售价低廉，在任何一家自酿啤酒用品商店里都能买到。

计量、测试和自制原料工具

称重工具

尽管鸡尾酒应该按照体积来计量，但对高阶调酒而言，备一台计重秤（事实上是需要两台）是非常实用的。比如，用来制作单糖浆的糖应该称重。亲水胶体和其他粉末类原料也应该称重。没有任何理由不把"克"作为称重单位，而它也是本书使用的唯一称重单位。水是唯一一种能够轻松从体积换算质量的液体原料——1毫升水等于1克水（在标准温度下），因此，我有时会对水进行称重（详见第 103 页"计算稀释"）。

建议常备两台电子秤：一台可以精确到 0.1 克，另一台可以精确到 1 克。如果你需要称重更小的份量，一定要说清楚自己要买的是药品秤。如果你想买精度为 0.1 克的电子秤，店员一定会拿给你一个精度不够高的型号。如果你说自己要买药品秤，每个人都知道你对精确度的要求是很高的。电子秤的价格很便宜。如果你开始尝试用亲水胶体和其他新原料，或者需要为了自制酊剂而称重草本植物，电子秤的效果非常好。

你还需要一台精度为 1 克的电子秤，用来量取大份量的原料。建议备一台至少能称重 5000 克的电子秤。你可能会感到奇怪：为什么我不能买一台承载量大、精度为 0.1 克的电子秤呢？你可以这么做，如果你有很多钱和耐心，因为其价格高达几千美元，而且称重速度慢。电子秤的承载量大，称重台也就大。大的称重台会受气流影响。即使厨房里的微小气流也会让称重台大的电子秤波动 1 克以内。所以，你需要两台电子秤。

其他分析工具

折射仪（Refractometers）是用来测量折射率的工具，即光线在穿过透明物质时偏折了多少。不同物质在水中溶解后浓度也不同，光线穿过时会发生不同角度的偏折，因此，折射仪可以告诉你水溶液的浓度，如糖浆和果汁中糖的比例、蒸馏酒的酒精度和盐水中的盐浓度。你需要在家备一台吗？不一定。但我们在酒吧里每天都会用，因为我非常重视原料品质的一致性。

尽管折射仪是专门用来测量折射率的，但这并非我们关注的重点，我们关注的是折射率和原料（糖、乙醇、盐、丙二醇等）浓度之间的关系。所以，针对测量对象的不同，折射仪通常会带有相应的单位刻度。你可以买到测量糖的折射仪、测量盐的折射仪等。最常见的、对酒吧来说最有用的单位刻度是白利度（Brix），它是用来表示蔗糖（食糖）在溶液中所占重量的单位。单糖浆是 50 白利度，这意味着每 100 克单糖浆含有 50 克蔗糖。按这一比例做出来的是标准 1∶1 单糖浆。我们的浓郁单糖浆是 66 白利度，这意味着糖水比例为 2∶1。白利度折射仪的成本相对较低，能够帮你轻松做出比例标准的糖浆。想确保你的蜂蜜糖浆和单糖浆有着同样的含糖量，用折射仪吧；想知道你的果汁里有多少糖，用折射仪吧。

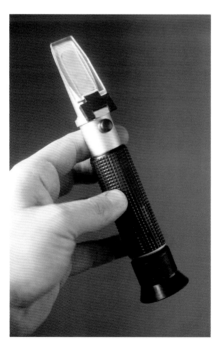

像上图中这样的手持折射仪价格不高。要确保它的测量范围能够满足你的需要

如果你想一步到位，我推荐你购买一台测量范围在0～85白利度之间的电子折射仪。它们测量快捷，哪怕在灯光昏暗的酒吧里也是如此，而且在整个测量范围内都非常精确。传统的手持折射仪效果也不错，而且价格不贵。选购非电子折射仪时，要确保它的测量范围足够大。最常见的测量范围是0～32白利度，这对果汁来说足够了，但不足以测糖浆。你可以买一把测量范围在0～80白利度或0～90白利度的手持折射仪，但很难精确测量，因为0～90白利度的手持折射仪大小跟0～32白利度的一样，这意味着后者的精确度几乎要高3倍。即便如此，如果你主要是在酒吧里用它，那就买一把测量范围在0～80白利度的（确保它的刻度代表白利度，而不是酒精度）。手持折射仪的另一个问题在于你需要光源才能读数。在昏暗的酒吧里忙着调酒时，你还要把手电筒伸到放在你眼前的折射仪后面，真的很麻烦。如果你还在犹豫要不要买，考虑一下折射仪的用途其实不限于酒吧：在制作雪葩和类似食品时用的水果含糖量是未知的，这时你就可以用折射仪来使配方标准化（折射仪的测量范围应该在0～32白利度）。

　　警告：要正确使用折射仪并不容易。白利度单位会默认你的样本中只含有糖和水，对大部分产品而言（如果汁），这样的默认是没有问题的，因为它们不含大量的盐、酒精或其他会影响折射率的原料。然而，用折射仪来测量由糖和酒精组成的液体是不行的。酒精浓度和糖浓度都会影响折射率，所以无法测出它们的含量分别是多少。你用折射仪测量的任何原料都只能包括水和另一种原料。

　　温度计对本书稍后将要介绍的鸡尾酒试验很有用。任何相对快速、能够精准测量到−20℃的电子温度计都可以。我有一台高级的热电偶温度计：它有8个频道，能够记录数据并且连接电脑。对家用而言，它可能太高级了，但是它并不贵，所以你不妨买一台试试。

pH 值测试笔很少会在调酒时用到，但行内人经常向我打听它。pH 值测试笔能够测出某种原料的酸度，但无法告诉你它尝起来会有多酸。详细解释请见第 34 页的"原料"部分。

青柠和柠檬榨汁器

对我而言，小柑橘类水果的榨汁非常重要。我经常开玩笑说，不会快速榨汁的人得不到我的尊重，其实这并不是玩笑。忘记碗状手动榨汁器吧！它一点也不好用。台式手压榨汁机适合不能放进小号手动榨汁器的水果（如西柚），但速度太慢了。要给小柑橘类水果榨汁，最好的工具是看上去不起眼的开合式手动榨汁器。

很多年前，我的旧金山调酒师朋友瑞恩·菲茨杰拉德（Ryan Fitzgerald）把手动榨汁器的使用秘诀教给了我。现在他的榨汁速度仍然比我快。首先，把要用到的所有柑橘类水果洗净、切开，然后堆放在工作台上靠近你的地方。在这一堆水果的前面放一个碗，用来装果汁。在果汁碗的旁边再放一个容器，用来装榨完汁的果壳。榨汁时，用自己不惯用的那只手来拿榨汁器。用你的惯用手迅速拿起半个柑橘，切面朝下放入榨汁

像机器一样榨汁：像下图中那样准备好工作台，让你可以迅速拿起新鲜青柠，同时把装青柠汁的碗和装青柠壳的碗放在一起。1.像图中那样拿起榨汁器，青柠面朝下放入；2.用力将青柠汁榨出；3.立刻甩动榨汁器，使把手向上打开。把手打开的力度会把青柠壳弹到专用的碗里，与此同时，你伸手去拿下一个青柠，放入榨汁器

器。用惯用手合上榨汁器，强有力地将果汁一次性榨出，让果汁迅速喷射在碗里。现在，迅速将把手往后甩，同时用你的非惯用手将榨汁器的杯状部分移到装柑橘壳的碗上方。在把手往后甩开并停下的那一瞬间，你施加的力应该正好能让柑橘壳飞到碗里，无须用手取出。这一点很重要，因为你的惯用手应该已经去拿下一个柑橘了。如果做法正确，你的榨汁速度应该能达到每分钟 300 毫升。快速的诀窍在于选择正确的榨汁器。杯身太深的榨汁器就不合适。杯身部分做得很深的榨汁器看上去好看，但要快速榨汁，杯身部分必须浅，便于柑橘壳飞出。把手的灵活度也很重要。最后，榨汁器把手打开的角度应该约为 120°，如果打开 180° 及以上就是在浪费力气和时间。

你可能会问，为什么不用电动榨汁机呢？新奇士（Sunkist）类型的电动榨汁机曾经是我的最爱，它的速度非常快。操作时，我只需要用两只手取水果，放入榨汁机，再把果壳丢掉就可以了。我的榨汁速度很轻易就能达到每分钟 800 毫升。青柠汁经我之手从新奇士榨汁机上流出，而青柠壳则纷纷落在垃圾桶里。新奇士的产出量要比手动榨汁器高 25%，但这样榨出来的果汁味道没有那么好。在盲品测试中，所有人都更喜欢用手动榨汁器榨的汁，而不是用新奇士榨汁机榨的，这可能是因为转动的刀片会破坏水果的白色海绵层（中果皮），让它的苦味释出。如果你一定要用新奇士榨汁机，为自己着想：把榨汁机里蠢笨的滤网拿掉。因为榨完 3 夸脱（1 夸脱 =1 升）或 4 夸脱果汁后滤网会堵塞，清洗起来很麻烦。

如果你不像我有着无限的预算和空间，你可以选择雪密（Zumex）自动榨汁机。这款榨汁机也是鸡尾酒大师、果汁教父唐·李（Don Lee）的最爱。把一盒洗过但没切过的柑橘类水果倒进去，出来的就是果汁。我可以盯着它看一整天。在一年一度的调酒行业盛会——新奥尔良鸡尾酒传奇大会上，唐用它来榨青柠汁和柠檬汁，用于制作大会每天供应的几千杯鸡尾酒。

不管你用何种方式榨取柑橘类果汁，在将它们用于调酒前，都应该用圆锥形过滤器或滤茶器先过滤一遍。如果果肉颗粒出现在鸡尾酒杯内壁上，那真是太糟糕了。

大柑橘类水果的榨汁器

对橙子或西柚这样较大的柑橘类水果而言，类似于 OrangeX 的直立拉杆式榨汁器是最佳选择。它能快速给大个头水果榨汁。要买一台坚固耐用的，因为廉价的很容易坏。它还可以用来榨石榴汁。

适用于其他水果和蔬菜的榨汁器

在给苹果这样的硬水果和胡萝卜这样的蔬菜榨汁时，我会用冠军（Champion）榨汁机。它就像一头勤勤恳恳的老黄牛，哪怕刚被狠狠打了一顿，也不会停止榨汁。它曾经帮助我一次性迅速榨完了 6 箱苹果，中途没有停顿一下。它的外壳变得非常烫，把我用来冷却它的水都煮沸了，但它没有停止榨汁。我用湿毛巾包住它，使我可以继续操作，而它一直在我身边工作着，发烫到毛巾都冒出了水汽。最后，安全锁定装置（用来防止你的手被绞碎）的磁铁都熔化了，但马达仍然在突突作响。这台榨汁机可以榨除了麦草和甘蔗之外的各种水果和蔬菜。它还适用于那些让你意想不到的原料，比如辣根和生姜。

如果我是开果汁店的，我会投资买一台纽特里法斯特（Nutrifaster）榨汁机：它的外观像一艘来自 20 世纪 60 年代的铬合金太空飞船。它无须外力即可榨汁（如果你想让冠军榨汁机工作得更快，必须用力按才行）。但其价格是冠军榨汁机的 10 倍，体积则是冠军榨汁机的 2 倍。

搅拌机

维他普拉（Vita-Prep）高速搅拌机是我的不二之选。它功能强大，操作界面简单明了：两个闸门式开关和一个旋钮。大家都喜欢两个闸门式开关和一个旋钮。我没听说谁因为买了维他普拉而后悔的。维他美仕（Vitamix）是维他普拉的家用版——机器基本上一样，但保修期更长、价格更低。家庭应该买维他美仕。如果你是专业人士，那就应该直接买维他普拉。不过，如果你在专业环境下使用，它的保修期就自动失效了。我很喜欢维他普拉，但它并不完美。它的搅拌杯会向下压住刀片，所以厚的原料会从刀片上弹开，向上旋转，形成气锁。为了使搅拌继续进行，你必须使用随机附带的活塞。猜猜什么东西在餐厅或酒吧里会一直找不到？该死的活塞。我很喜欢用来控制速度的旋钮，但它其实是通过廉价的电位计来实现的——我很不喜欢。使用几年后，电位计的性能会变得不稳定，让搅拌机的速度忽快忽慢。被搅拌机里的东西突然溅一身，很好玩，对吗？维他美仕公司还生产过一款酒吧专用的搅拌机——吧波士（BarBoss），但我并不推荐。它没有真正的速度控制功能，只有一个计时器。这对冰沙制作机器人来说很有用，但对其他所有人来说并不好操作。

柏兰德（Blendtec）是市面上的另一款超级搅拌机：它的功能跟维他普拉不相上下，而且搅拌杯的形状设计极佳，不用活塞（不过，我用过的柏兰德杯盖都很差，会渗漏）。在网上随处可见的各种搅拌机评测视频中，你都能看到柏兰德的身影。但我并不推荐它，因为它的控制功能对喜欢思考的人来说体验太差了。你如果是一个不善于动脑、只需要做出品质稳定的冰沙，那就买一台柏兰德吧！我曾经恳求柏兰德设计一台带控制功能的搅拌机，以满足爱动脑子的厨师和调酒师使用，但没有结果。

如果你不想花几百美元买搅拌机，完全没问题。平价搅拌机也是不错的工具，对本书中的大部分配方来说够用了。不过，除非我能找到一台能够吞下一壶液氮而不堵塞，或者能够将 1 磅培根搅拌至光滑美妙质地的廉价搅拌机，我还是继续用我的高端搅拌机吧。

用于各种原料的过滤器

在制作果汁或浸渍原料时，你需要过滤它们。按照从粗到细的顺序，下面是我常用的过滤器：中国帽过滤器，网眼粗，过滤速度快；圆锥形过滤器，网眼细，过滤速度慢；干净的平纹细布（不是粗棉布）；咖啡滤纸。要按照你的需求来选择网眼合适的过滤器，而不是更细的，因为那样会让过滤时间变长。如果你需要用到超细过滤器（如咖啡滤纸），先用粗孔过滤器过滤一遍，否则细孔过滤器立刻就会堵住。过滤果汁或糖浆时，我通常会把中国帽过滤器放在圆锥形过滤器里，然后一次性倒入果汁，从而节省了一个步骤。之后我再决定是否需要用平纹细布。我只有在万不得已的情况下才会用咖啡滤纸，因为它们的过滤速度实在太慢了。

准备过程中我用到的过滤工具： 1. 粗孔中国帽过滤器；2.细孔圆锥形过滤器，有时会同时使用以上两者。这些工具非常有用，但并非必需的，你也可以用标准的厨房过滤器。我会定期用到；3.咖啡滤纸，但我并不喜欢用，因为它们总是会堵住。在过滤大份量原料时，我经常会先后用到 5～6 张滤纸，也就是过滤 5 次或 6 次；4.过滤袋的效果介于厨房过滤器和咖啡滤纸之间，是非常有用的工具

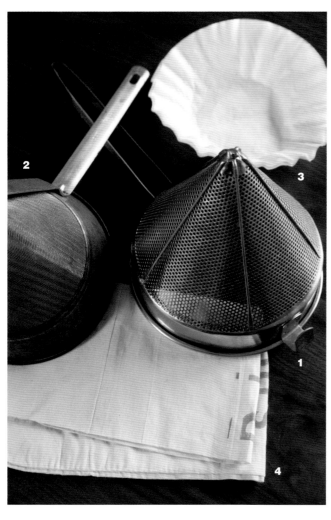

市面上还有一种非常好用但价格高昂的过滤袋，叫作超级袋。根据网眼粗细，规格从细到超细都有。无论是单独使用还是搭配普通过滤器和滤纸使用，它们的效果都非常好。

一台容量为 3 升、4000 克离心力的台式离心机，转头为摆动式吊桶式

离心机

多年前，当我开始告诉人们要买离心机时，他们只是笑笑。现在，越来越多的厨师和调酒师开始使用离心机，原因很简单：它能够节省时间和金钱。只需要 20 分钟，我就能用离心机把 2.5 千克新鲜草莓变成 2 升透明纯净的草莓汁，而且无须加热。这是一种颠覆性的功能。离心机对家庭而言并不适用，至少现在是如此。我用的离心机体积相当大，而且价格不便宜。离心机利用离心力来分离比重不同的原料。它们可以分离果肉和果汁，从坚果奶中分离固体物，从坚果糊中分离油，而且可以从几乎所有你想混合的原料中提取液体。离心机的核心是转子，也就是机器高速旋转的那个部分。大多数转子都可以归为两种：固定角转子和摆动式吊桶转子。固定角转子紧紧固定住样本离心管，带动它们旋转。在离心管中旋转的混合物会在底部形成一个固体球。顾名思义，摆动式吊桶转子在旋转臂末端装有摆动式吊桶。当混合物在摆动式吊桶转子中旋转，它含有的固体物会被甩到吊桶底部。

市面上的离心机有各种性能、价格和大小可选。我在布克和德克斯用的是一台 3 升容量的台式离心机，转子为摆动式吊桶式，可以装下 4 个 750 毫升的吊桶。它自带制冷功能，能够让我的原料保持低温（转子转动时的摩擦力会产生热量，所以有制冷功能很棒，但并不是必需的），而且在 4000 转 / 分的转速下产生的离心力是重力的 4 倍。如果是全新的，这台离心机的价格是 8000 美元，但我们买的是翻新机，只要 3000 美元。我在实验室里用的是同一型号的离心机，不过是在 eBay 上花 200 美元买的。我花了一番工夫来修理它，但它还是随时都有可能"罢工"。容量 3 升的台式离心机是最适合厨房使用的。对繁忙的厨房而言，容量更小的机型无法产生足够的动力，所以并不适用。容量更大的机型体积更大、价格更高，而且也更危险，但使用效果并没有好很多。针对离心力为 4000 克及以下的离心机，我这么多年来一直在努力完善配方，就是为了让你无须去买一

我用的离心机吊桶容量为750毫升。注意它们之间的平衡。离心机内相对放置的吊桶必须重量完全一样，否则后果不堪设想

这台迷你离心机的价格不到200美元。它能像大型离心机那样帮助你制作出很棒的鸡尾酒原料，但量非常少

台48千克离心力的离心机。最大、最快的离心机产生的离心力太大了，如果出了故障，它们会像炸弹一样炸开。

永远不要买二手高速或超高速离心机，除非你真的是内行。每转到一定的圈数，这些离心机的转头就必须接受检查并进行更换，而你基本上没办法知道一个二手转头之前的使用情况。大多数转头为铝制，年复一年的运行、启动和停止会让它老化。老化会造成转头开裂，并最终在毫无征兆的情况下爆炸。我曾经有一台毫无防护措施的移动式固定角转头离心机——索福（Sorvall）出品的SSI超高速离心机。它是在20世纪50年代制造的，那时偶尔会发生实验室里的技术员因事故而丧生。它的离心力高达20千克，但它看上去不过是个装在马达上的铝制转头，最下面装了几只脚而已。运行这个铝制转头是我在厨房里做过的最蠢的事，要知道，这可是一句意味着后果非常严重的话。我们给它起了个外号叫"危心机"，很快让它"退休"了，放在我的书架上。即使是转速较慢的离心机，你也绝不能用损坏或老化的转头或吊桶。对离心机而言，老旧的马达或外壳并无危险，但老旧的转头和吊桶有危险。一定要确保你用的转头是绝对安全的。

二手离心机的第二个安全问题是你不知道它以前处理过什么。你应该做最坏的设想，如朊病毒、埃博拉病毒等。我买的摆动－吊桶式转头离心机大都是被实验室淘汰下来的，之前被用于测试血液样本。我一收到它们就会立刻彻底消毒，然后用家用装罐器再次对吊桶进行高压灭菌，最后再把整台离心机重新消毒一遍。我把这个过程称为"狂犬病漂白"。

对目标远大的家庭调酒爱好者而言，推荐市面上一台不错的离心机，不到200美元就能买到。它每次只能处理约120毫升（略多于4盎司）原料，离心力只是重力的1300倍，但它能让你了解到离心机的实际功能。它的重量只有10磅，大小跟面包机一样，而且很安全。

液氮

我爱液氮（缩写为 LN 或 LN_2）。液氮就是液体化的氮气，而我们呼吸的空气中氮气占 3/4。氮气（N_2）是绝对无毒的。它是一种化合物，就像我们喝的水（H_2O）也是化合物一样。不过，这并不意味着你可以随随便便地处理氮气。你应该由始至终都按相关安全须知操作。

在 −196℃下，液氮会造成严重的冻伤。如果你吞食了液氮，后果是灾难性的。永远不要提供或者允许别人提供放了冷冻剂的饮品，永远不要。别想着用缭绕的液氮烟雾来装饰你的酒。顺便说一句，也不要在酒里放干冰。误食冷冻剂会给人体带来永久性伤害。英格兰就曾经发生过这样的事故：一位年轻女子失去了大半个胃，生命垂危，因为某个调酒师觉得做一杯有液氮烟雾缭绕的酒很酷。实际上它不酷。在实践中，防止客人跟液氮接触并不难。你必须一直保持警惕。

液氮倒在手上会立刻气化，形成一层绝缘气态保护层，防止冻伤，这被称为莱登弗罗斯特效应（Leiden-frost Effect）

液氮进入眼睛可能会造成失明。你必须极其小心，杜绝一切液氮跟人眼接触的可能。比如，永远不要向别人的头上倒液氮。有些人建议处理液氮时佩戴手套，我并不认同。我只被液氮严重冻伤过一次：因为低温，我的手套变脆开裂了，液氮涌了进来。为了不被冻伤，我飞快地把手套甩掉了。然而，你可以把手直接浸入液氮中而不被冻伤。你的手会迅速被一层液氮蒸汽包围，暂时使手不被极端低温伤害。这一现象被称为莱登弗罗斯特（Leidenfrost）效应。如果你把液氮倒在地上就能观察到这一效应：液氮会像小珠子一样在地板上四处滑动，似乎不受摩擦力的影响，周围还包裹着薄薄一层液氮蒸汽，就好像你把一滴水放入烧得滚烫的平底锅里那样，这滴水会像小弹珠一样在锅里滚动，而不是蒸发。记住，只有在你的手和液氮之间形成了一层蒸汽，莱登弗罗斯特效应才能保护你。如果这时你去拿一个冷冻到超低温的金属杯，可就大事不妙了。

安全注意事项：液氮是无毒的，但这并不意味着它不会让你窒息。大量液氮在小空间中气化会取代空气中的氧气，而没有氧气，人就无法存活。你可能不知道，其实人体对缺氧并不会做出负面反应。无法呼吸时，你的恐慌感并非来自缺氧，而是来自血液中二氧化碳（CO_2）浓度过高。在纯氮气环境下呼吸并不会导致你血液中的 CO_2 浓度过高，所以你会感觉非常棒，其实就是晕乎乎的。如果没有经过系统培训（有些飞行员会接受这样的培训），你很难判断出自己缺氧了。吸入纯氮气比什么都不呼吸要糟糕得多。人的肺并不是一个向血液输送氧气的单向系统。只有当空气中的氧气比你血液中的氧气更多时，它才能正常运转。在纯氮气环境下，你血液中的氧气比肺里的"空气"更多，所以最终你的血液中的氧气会耗尽。呼吸几次之后，你就会丧命。业内有个不成文的规矩：不要试着去营救被困在纯氮气环境下的人——他已经没命了。好消息是没有厨师或调酒师因液氮而窒息死亡，至少目前还没有。不要进入载有大量液氮的电梯，永远不要。电梯是一个密闭空间，如果液氮储存容器不幸泄露，你会被困在里面。不要将液氮放入自己的车里运输。如果你出了交通事故昏迷，有可能会窒息。

更多安全注意事项：永远不要用密封容器储存液氮，切记。液氮会在室温环境下沸腾，体积会膨胀至少 700 倍。随着气体膨胀，巨大的压力会在密封容器中不断累积，高达几千 PSI。通常而言，你用的容器会因无法承受这么大的压力而爆炸。2009 年，德国有位年轻厨师因为疏忽大意而不幸发生了这样的事故，结果几乎丧命。

那么，我们为什么要用液氮？因为它既迷人又实用。它能够瞬间冷却酒杯；它能够冷却和冰冻草本植物、水果、酒和其他产品，同时又不会带来任何污染或被稀释。正如我说过的，我爱液氮，而且我认识的所有使用液氮的人都爱它。我太喜欢它了，以至于我开始有点担心。还有一点要注意：通常而言，液氮并不适合用来冷却单杯酒，因为这样做太容易过度冷却。稍微过度冷却的酒可能只是味道变差，严重时结了冰的酒却有可能会冻伤饮酒者的舌头。我曾经吃过过度冷却的液氮酒雪葩，结果我的味蕾一整晚都失灵了。

我认识的人都是从他们本地的婚礼用品商店购买液氮的。存放液氮的容器叫杜瓦瓶（Dewar），它是一种经过特别设计的容器，能够长时间存放低温液体，并且将损失量降到最低。标准杜瓦瓶的容量有 5 升、10 升、25 升、35 升、50 升、160 升、180 升和 240 升。布克和德克斯用的是160升杜瓦瓶，由我们的供应商每周重新灌充。从成本来说，液氮的量越大则价格越实惠。罐充160升液氮只需要120美元，而35升液氮的价格在80美元以上。大容量杜瓦瓶的租金也很划算：押金虽然高，但月租金非常低。一个正常的160升杜瓦瓶可以长期保存液氮，直到所有液体都挥发掉。如果你对喷枪的原理有一点了解，就无须购买供应商向你推销的昂贵出气罐，你可以用铜配件自制。注意：大容量液氮杜瓦瓶内的压力并不高，通常为22PSI。这个压力能够让液体从杜瓦瓶中排出。为了让压力保持在22PSI，杜瓦瓶装有一个排气阀：它会偶尔打开以释放多余压力，因此会发出嘶嘶的声音。这种嘶嘶声听上去很恐怖，但我会微笑着解除人们的担心："如果没有嘶嘶声，我们才会被炸飞。"

在酒吧里工作时，我们还会用5升和10升的小杜瓦瓶来传递液氮。它们的价格相当高，每个要几百美元。需要把液氮倒入酒里或酒杯里时，我们用的其实是真空咖啡壶和露营保温瓶，当然是不密封的那种。不要用瓶嘴附近有很多塑料的咖啡壶，这用不了多久就会坏。

干冰

干冰（固体 CO_2）是另一种低温烹饪原料，但它的用途完全不像液氮那么广泛。乍看上去，干冰有很多优点。尽管干冰的温度比液氮高得多，为 –78.5℃，它的每磅冷却能力却更强。干冰很容易买到，而且不像液氮那样有那么多安全注意事项，但它仍然比不上液氮，因为它是固体。你不能把食物浸入干冰中。混入液体中的干冰不会像液氮那样迅速挥发。用块状干冰给酒杯降温的效果也不是很好。此外，CO_2 气体会溶于水中。如果你用一块干冰来冷却酒，一个疏忽就会让你的酒变成带气的。我主要用干冰来给活动中使用的大批量鸡尾酒降温（详见第118页"另类冷却"部分）。

你无须购买液氮供应商向你推销的昂贵出气管也能让液氮从杜瓦瓶中排出。你可以用无铅焊料把很容易买到的铜管和铜接头焊接在一起。末端的小配件是一个烧结上去的消音器。总成本不超过9美元。如果给这个装置起一个名字叫低温气液分离器，那么它将卖到135美元

iSi 奶油发泡器

我爱我的发泡器，它们在酒吧里主要有 3 个用途：发泡（但我不会这么用）、快速一氧化二氮浸渍和充气（在手头没有专业充气工具时）。我用过最好的发泡器是 iSi 公司出品的。廉价发泡器经常会漏，有些劣质产品甚至不像 iSi 发泡器那样有安全装置。

从本质上说，发泡器是一种金属压力容器，让你能够通过气体对液体施加压力。气体装在 7.5 克的小气弹里。你可以买到 CO_2 气弹和一氧化二氮（N_2O）气弹。CO_2 气泡能够带来碳酸饮料般的口感，如赛尔兹气泡水；而 N_2O 气泡带点甜，完全没有碳酸饮料的刺激感。N_2O 也称"笑气"，所以有些人会吸食，他们喜欢把气弹叫作"惠比特"（Whippets）。N_2O 是我在酒吧里最常用到的气体，因为用它来浸渍原料不会产生气泡残留。

发泡器最大的缺点在于气弹成本太高。尽管每个气弹的价格不到 1 美元，但我经常会一次用两三个，这样成本就上去了。事实上，像 iSi 这样的公司并不靠发泡器来盈利，气弹才是它们利润的主要来源。关于气弹的最后一点：你不可以把它们带上飞机，哪怕放在托运行李里也不行，因为它们被认为是压力容器。我一直觉得这很好笑，因为飞机上几乎每个座位下面都有一件救生衣，而用来给救生衣充气的猜猜是什么？答案是一个 iSi 压缩气弹。

CO_2 气体和设备

CO_2 是用来对鸡尾酒进行碳酸化处理的气体。10 年前，主要的碳酸化处理工具有两种：苏打水枪（效果很差）和商用苏打水机（用于在酒吧里自制苏打水）。2005 年前后，我发现了液体面包（Liquid Bread）公司出品的碳酸化瓶盖。液体面包的创始人是一群自酿狂人：他们想找到一种方法，在参加比赛或朋友聚会时品尝自酿啤酒的小样，同时又不会影响啤酒的碳酸化程度。于是，他们发明了一个适用于普通苏打水瓶的塑料瓶盖，可以通过廉价的球锁接头（在任何一家自酿啤酒用品店都能买到）跟 CO_2 管道连接。我试着用这种瓶盖来给鸡尾酒充气，结果它改变了我的世界。现在有无数种方法可以在家里和酒吧里给鸡尾酒充气，而且我试过其中的许多种，但没有一种比得上碳酸化瓶盖。其他碳酸化系统的外观更赏心悦目，用的容器也更好，但我并不喜欢用它们做出来的气泡。正如你稍后将在"充气"部分看到的，我在某种程度上是个气泡狂人。

整个碳酸化瓶盖系统的成本并不高。除了瓶盖和接头，你需要的只是一段输气软管、一个调节器和一个 5 磅或 20 磅的 CO_2 气瓶。5 磅气瓶体积小，易于移动。根据你采用的技巧，它可以给 75 ~ 375 升液体充气。20 磅气瓶不那么容易移动，但是可以放进标准家用台下柜里。注意，你需要用一根链子或带子来防止气瓶侧翻。CO_2 气瓶可以很方便地在任何一家婚礼用品店重新灌充。事实上，你可以在本地婚礼用品店购买气瓶，但网购通常更便宜，运过来的是空瓶。在选购调节器时一定要买压力调节器，而不是流量调节器，因为后者不适用于气瓶。此外，要确保你购买的调节器至少能产生 60PSI 的压力，但 100PSI 是最理想的（如果自制桶装苏打水变成了你的爱好，高压力会很有用）。压力低于 60PSI 的啤酒调节器是没有用的。

制冰工具

我在摇酒时喜欢用大方冰。你可以购买那种六格硅胶制冰模具，做出来的冰块 2 英寸（约 5 厘米）见方，非常适合摇酒用。不过，在我制作加冰饮用的鸡尾酒时，这样的模具无法做出水晶般透明的冰块，你需要长方形的易酷乐（Igloo）保温箱或其他能够放进冰柜的隔热容器。在凿冰时，我会用到两种不同的冰锥：多叉冰锥和单叉冰锥。两种冰锥的质量都非常好。不要用廉价冰锥，它们会弯折，用起来很不方便。为了精准地把大块冰分成小块，我会搭配使用冰锥和一把平价的平刃切刀。你还应该准备制作碎冰的工具。高级的碎冰制法是准备一个坚固耐用的帆布袋（路易斯袋）和一根木头冰槌，即敲即用。融化的水会被碎冰吸走，所以这样做出来的碎冰相对较干。

我还会用老式的麦德罗凯恩（Metrokane）手摇碎冰机来制作所谓的"颗粒冰"（Pebble ice），它们比用路易斯袋做的碎冰更大一些。

制冰工具（从上开始按顺时针方向）：
1. 冰槌；2. 多叉冰锥；3. 单叉冰锥；
4. 路易斯袋。冰槌用于敲打放在大冰条上的切刀，以便将大冰条凿开，或者直接敲打放在路易斯袋里的冰块。最好把冰放在路易斯袋里敲打，而不是塑料袋，因为路易斯袋有吸水性，做出来的碎冰更干。你也可以用餐巾把冰包起来，但路易斯袋能够防止碎冰乱飞。最下方的单叉冰锥和右侧的多叉冰锥都是高品质，避免用劣质冰锥

在制作我本人非常喜爱的冰沙鸡尾酒时，我会用到外形优美的初雪（Hatsuyuki）手摇刨冰机。天鹅（Swan）公司也出过一款类似的型号。如果你是专业调酒师，我建议你买一台。光是看着初雪刨冰机的美妙铸铁线条就让我心生愉悦。它在运转时不会发出噪声，我在吧台后很看重这一点。摇酒的声音非常诱人。刨冰机能够非常精准地控制所做刨冰的质地。它们只能将冰条，而不是小冰块，做成刨冰。成本最低的冰条制作方法是在小塑料汤碗里倒满水，然后直接冷冻。

如果你预算有限，现在市场上可以用相对便宜的价格买到专业尺寸的电动刨冰机，而且效果不错，尽管它们的外观有点粗糙。如果你有足够的储存空间，建议在家里备一台刨冰机，但它不适合放在吧台上。另外，还有一个成本很低的方法，就是买一个手持刨冰器，它看上去就像是木工用的手刨。它很难调整，而且通常质量很差。就我的经验来看，你可以用它做刨冰，但过程太痛苦了。不过，我显然不知道它的正确使用方式，因为在我住的地方，街边的每个老年刨冰小贩似乎都能够游刃有余地使用它。如果你非常有耐心，不妨选择经典的史努比（Snoopy）刨冰机和类似的现代版本。

冷藏

在酒吧里，我用控温非常精准的兰德尔（Randell）FX 冰箱/冰柜来冷藏气泡鸡尾酒和瓶装鸡尾酒。FX 冰箱能够将温度保持在 -20℃ 和 10℃ 之间。我对酒的温度非常讲究。如果没有 FX 冰箱，我很难保证提前批量制作的鸡尾酒的品质。我把一台冰箱的温度设置在 -8℃，用于冷藏气泡鸡尾酒，另一台冰箱的温度则设置在 -5.5℃，后者是我喜欢的搅拌风格瓶装鸡尾酒的最佳冷藏温度。普通冰箱的冷藏温度对鸡尾酒冷藏而言温度太高了，而冰柜又温度太低。精确控制鸡尾酒的温度对酒吧运营的重要性再怎么强调也不为过。

火红的拔火棍（Red-Hot Poker）

在酒吧里，我用烧得火红的拔火棍来点燃和加热鸡尾酒。至于原因和具体方法，请翻到第 155 页"火红的拔火棍"。

真空机

真空机的作用是把食物密封在真空袋中，用于储存和真空低温慢煮。调酒时，我会用它来把风味浸渍到水果和蔬菜中去。好的真空机价格超过1000 美元，但你也可以用成本更低的方法来进行真空浸渍。

旋转蒸发仪（Rotary Eva Porator）

旋转蒸发仪是一种实验室设备，能够让你在真空下，而不是大气压力下，进行蒸馏。这么做优点很多。

蒸馏时，你要把混合在一起的原料——通常是水、酒精、风味和（不可避免的）杂质煮沸，从而把其中的一部分变成蒸汽。混合液体中能够沸腾的所有物质都会在某种程度上进入最终的蒸汽中，但沸点更低的物质（如酒精和芳香物质）会比水更快地变成蒸汽。这些含有酒精和风味的蒸汽会随即进入冷凝管，重新冷凝成液体。

在大气压力下蒸馏时这一过程所需的温度更高，因为大气中含有氧气。在真空蒸馏时原料的沸点会变低，甚至会等于或低于室温，沸点变低的原因是压力变小。因此，真空蒸馏是非常温和的，因为它的温度很低，氧气也更少，还能够防止原料氧化。

旋转蒸发仪的另一个优点是它有不断旋转的蒸馏瓶。旋转能够产生极大的新鲜液体表面积，有助于增强蒸馏效果，并温和、均匀地对混合液体进行加热。奇怪的是即使在室温下蒸馏，你仍然需要加热。如果不加热，混合液体的温度会降低，因为蒸发会带走热量。如果你的旋转蒸发仪产生的真空效果足够好，混合液体甚至可能会结冰。

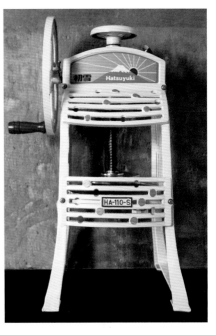

初雪手摇刨冰机外形优美、运转无声

旋转蒸发仪：你要先将液体倒入蒸馏瓶（红色部分），通过热水锅来加热（为了让你看得更清楚，图中的热水锅没有装水）。蒸馏瓶不断旋转，进行均匀加热和蒸馏。蒸汽从蒸馏瓶进入冷凝区（蓝色部分），冷却之后会在冷凝管中冷凝成液体或冰冻成固体。图中的冷凝管是用液氮来降温的。冷凝后的液体会滴入收集瓶（绿色部分）。整个过程都在低温下进行，真空泵（黄色部分）使系统处于真空状态下

为什么要用旋转蒸发仪？

优点：你绝对想不到，用旋转蒸发仪来蒸馏新鲜原料所形成的风味是多么新鲜纯净。只要操作正确，旋转蒸发仪能够还原混合液中的几乎所有风味。与大气蒸馏器不同，旋转蒸发仪在分离风味的同时不会改变或破坏风味。我曾经做过试验：先蒸馏混合液，然后把烧瓶里剩下的液体跟蒸馏

液混合，再跟未经蒸馏的混合液放在一起盲品，结果人们无法尝出它们之间的差别。旋转蒸发仪就像是一把"风味手术刀"，只要掌握了正确的操作方法，它对风味的掌控能力完胜其他设备。

旋转蒸发仪教会了我以全新的方式去看待风味。我最喜欢的收获之一，就是它让我发现了大脑是怎样整合输入的复杂风味。哈瓦那红辣椒蒸馏液闻上去辣得要命，但味道却一点也不辣，因为带来辣感的辣椒素是无法被蒸馏的。可可蒸馏液的味道跟纯巧克力一样，但却没有无添加巧克力所带的苦味，因为苦味分子无法被蒸馏。我曾经在蒸馏草本植物时把它们的风味分解成了几十个片段，结果再也无法重新组合成原来的样子。我爱我的旋转蒸发仪。

我的旋转蒸发仪正在工作中

有时，你想要的不是蒸馏液，而是蒸馏过程的残留物。想象一下未经加热的浓缩草莓糖浆有多新鲜、多浓郁吧！你只需要用旋转蒸发仪把新鲜澄清草莓汁的水分蒸发掉即可，剩余的是绝对的美味。在室温下制作的波特酒（Port Wine）浓缩液的味道好到难以置信（别忘了把蒸馏出来的波特"白兰地"也喝掉）。

缺点：遗憾的是旋转蒸发仪也存在一些缺点，使它无法迅速在家庭中普及。首先，一台高品质旋转蒸发仪的价格在 1 万美元以上。便宜的型号经常会出现渗漏，所以完全没法用。其次，旋转蒸发仪非常脆弱，因为它是由各种高级的玻璃器皿组成的。如果你打碎了其中的一个，这种情况肯定会发生，更换要花费几百美元。再次，要达到理想效果必须经过长期练习。你很快就能获得不错的效果，但跟拥有多年操作经验的人比起来，一名新手做出来的原料永远不可能那么好。

挑战：最后，美国法律禁止酒吧蒸馏酒精。因此，许多旋转蒸发仪的所有者都只能蒸馏以水为基础的混合液，而不是酒精。遗憾的是如果没有酒精，标准配置的旋转蒸发仪的效果会大打折扣。水吸附风味的能力不像酒精那么强，所以旋转蒸发仪本来能轻松萃取的大部分微妙风味都流失了。我花了很多精力来改善以水蒸馏的效果。你必须用充满了液氮的冷凝器来冰冻所有风味化合物，以免它们流失。蒸馏结束之后，你要将冰冻起来的风味直接溶解在高度乙醇中。这太麻烦了。这些麻烦只有一个好处：尽管我想用一章篇幅来介绍旋转蒸发仪，它真的很有用，但知道它的人并不多，所以我就不费过多笔墨了。

采购清单

下面的采购清单能够帮助你在调酒工具的"迷宫"中找到正确出口。它们根据喜好和需求来分类。不喜欢做气泡鸡尾酒？那就跳过气泡部分。想尝试充气，但又不想买清单里的设备？我在后面会给出其他选择。只有第一份清单是必买品。有了基本工具之后，你就能从其他清单里添加你想要的其他工具。大部分工具的购买方式都能在第 356 页找到。你还能在第 33 页看到其中许多工具的照片。

清单中有些工具很复杂，但是千万不要害怕。在本书关于技法的部分，我会告诉你一种成本更低的测试新技法的方法。

嗨，我只想好好调酒

1. 两套摇酒听
2. 优质量酒器套装
3. （1）霍桑过滤器；（2）茱莉普过滤器；（3）滤茶器
4. 捣棒
5. 配套的刀
6. "Y"形削皮器
7. 吧勺

我想像专业人士那样调酒，但预算有限

添加：

8. 吧台垫
9. 优质冰锥
10. 苦精瓶盖
11. 平刃切刀（用于制冰）（无图）
12. 冰桶和冰铲（无图）
13. 2 英寸（约 5 厘米）冰块模具
14. 小型长方形易酷乐保温箱（无图）
15. 带滴管的玻璃瓶
16. 手动榨汁器
17. 路易斯袋或其他碎冰工具（无图）

在厨房也能用

添加：

18. 高速搅拌机，如维他普拉
19. iSi 奶油发泡器
20. 冠军榨汁机或类似型号（如果你需要大量榨汁）

我要做的配方十分精确

添加：

21. 药品秤：最大称重量 250 克、精确度 0.1 克
22. 厨房秤：最大称重量 5000 克、精确度 1 克
23. 精确的电子温度计
24. 50 毫升、250 毫升和 1000 毫升塑料量筒（如果有预算）

气泡

添加：

25. 5 磅或 20 磅的 CO_2 气瓶
26. 调节器、软管、球锁接头
27. 3 个液体面包碳酸化瓶盖

我喜欢试验或注重精确度

按下列顺序添置：

28. 折射仪
29. 微量移液器

我为调酒狂

添加：

30. 专业刨冰机
31. 火红的拔火棍

我还没破产：如果有机会，我会依次购买下面这些价格昂贵的设备

按顺序添置：

32. 液氮
33. 真空机
34. 离心机（如果你是为专业酒吧采购，先买这一项）
35. 旋转蒸发仪

左上图为基本调酒工具：只要拥有了这张图片里的所有工具，你就能从容不迫地制作任何经典鸡尾酒。右上图为值得入手的工具（从左至右）：维他普拉（家用可以选择维他美仕），如果你买得起，只备这一台搅拌机就够了；0.5升iSi奶油发泡器；冠军榨汁机

如果你想像专业人士那样调酒：备一块吧台垫以吸走不小心泼出来的原料；一套2英寸（约5厘米）冰块模具，用来制作摇酒时用的大冰块（它们还可以放在需要加冰块饮用的鸡尾酒里）；用来处理大冰块和冰条的冰锥；用来自制苦精瓶的苦精瓶盖；用来装盐溶液或酊剂的滴管瓶；手动榨汁器

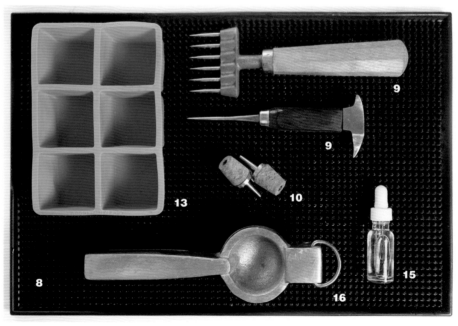

原料

　　烈酒是一杯鸡尾酒中最重要的原料,但我不会花大量笔墨来介绍它们。关于烈酒的书已经有很多了，我会在参考资料中列出一些我最爱的烈酒名单。请选购优质烈酒，确保你的手头永远都有优质味美思（Vermouth, 装在小号容器里，放入冰箱储存），而且一定要常备安高天娜苦精。除此之外，我不会再给出更多关于烈酒的建议了，因为我更想探讨那些被忽视的原料——用来增强烈酒风味的甜味剂、酸类和盐。

甜味剂

　　几乎每一杯鸡尾酒都含有甜味原料，无论是味美思、利口酒（Liqueur）、果汁还是糖。这些原料中的甜味来自一小组基础糖类，其中最重要是蔗糖（食糖）、葡萄糖和果糖。果糖和葡萄糖是单糖，而蔗糖是由一个葡萄糖分子和一个果糖分子构成的。你经常会听到一个过于简单化的说法：果糖的甜度是蔗糖（记住，也就是食糖）的 1.7 倍，葡萄糖的甜度是蔗糖的 0.6 倍。幸运的是只有极少数甜味剂是以葡萄糖或果糖为主的。比例大致相等的葡萄糖和果糖（如蜂蜜和大部分果汁）用于调酒中的效果跟蔗糖几乎一样，所以这些原料在大多数情况下可以替换使用。但龙舌兰（Agave）糖浆是个例外，龙舌兰花蜜中的果糖含量高达 70%，所以它的增甜效果跟蔗糖完全不同。下面我会对鸡尾酒和糖浆中糖的效用做进一步阐述。

甜度和温度

　　酒的温度越低，甜味就越淡。因此，冰凉的酒（摇匀类鸡尾酒）通常会比温度更高的酒（搅拌类鸡尾酒）加更多甜味剂……而且随着温度升高，摇匀类鸡尾酒的味道会变得更甜。我们都有过这样的经历：刚开始喝一杯

蜂蜜（右）过于黏稠，很难倒入和融入鸡尾酒。蜂蜜糖浆（左）才适合调酒

酒时，它的平衡度极佳，可过了几分钟再喝，它就变得太甜了。这正是喝酒要快的原因之一，当然也别忘了饮酒要适度。

糖和浓度

有个小问题：在品尝高浓度甜味剂（如单糖浆和利口酒）时，人的味觉很难做出正确判断。如果糖的浓度在20%以下，我们的味觉能够比较准确地判断出甜度，而鸡尾酒中糖的浓度通常在4%～12%。如果糖的浓度极低或极高，我们的味觉就会失灵。一旦糖的浓度超过20%，你的味觉会开始混乱；当浓度达到40%，你的味觉基本上已经没用了。单糖浆含有50%的糖，而许多利口酒的含糖量为每升200～260克（20%～26%）。这些甜味剂必须稀释后在鸡尾酒成品的温度下品尝才能保证准确。

酒吧会用到的糖

在酒吧里，我们大多数时候是用液体糖（糖浆），因为颗粒糖的融化速度不够快。这些糖浆必须能够方便地以量酒器量取并倾倒，而且能够迅速跟其他鸡尾酒原料融合。它们应该具有较好的流动性，但含水量又不能太高，否则它们会很快变质或使鸡尾酒过度稀释。有两种含糖量最符合这些条件，是酒吧配方中常用的，即50%和66%（重量百分比）。含糖量低于50%，糖浆会变质过快和造成过度稀释。含糖量高于66%，糖浆不容易倒出来，而且可能会在冰箱里结晶。

单糖浆：单糖浆是默认的鸡尾酒甜味剂，而且原料非常简单：只有糖和水。单糖浆只有两种比例，分别为1∶1（普通单糖浆）和1∶2（浓郁单糖浆）。普通单糖浆是1份糖兑1份水（以重量计算）。浓郁单糖浆是2份糖兑1份水（以重量计算）。要注意，浓郁单糖浆的甜度并不是普通单糖浆的两倍。每一个液量盎司的浓郁单糖浆给酒带来的甜度相当于1.5盎司普通单糖浆。在酒吧里和本书中，我用的默认比例是1∶1，几乎没有例外。跟2∶1的比例相比，它更容易倾倒和融合。此外，它对调酒师量酒技巧的要求也不像浓郁单糖浆那么高。

果糖

与蔗糖相比，我们的味蕾能够更迅速、更强烈地感知果糖的甜味，但它消散的速度也更快，就像闪电，在用龙舌兰花蜜调酒时要注意这一点。不过，果糖最奇怪的一点是它在低温下甜味也不会减少。低温果糖比低温蔗糖要甜得多。反之，加热后的果糖就不像蔗糖那么甜了。用龙舌兰花蜜调的酒在室温下可能是平衡的，但冰冻后会太甜，而加热后会不够甜。这是为什么呢？因为果糖能够以多个不同的结构形式存在，每个结构形式的甜度有着很大不同。果糖中每个结构形式的含量是由温度决定的。在冰鸡尾酒中，甜度高的结构形式占主导；在热鸡尾酒中，甜度低的结构形式占主导。

普通单糖浆的制作并不难。将等量的糖和水倒入搅拌机，高速搅拌至糖溶化即可。如果时间充裕，可以将糖浆静置几分钟，以去除气泡。在制作浓郁单糖浆或不用搅拌机制作普通单糖浆时要将原料放在火上加热，直到糖浆变得透明（说明糖已经完全溶化），然后静待糖浆冷却即可。但用炉子制作单糖浆有两个缺点：①你不能马上用糖浆来调酒，因为它太烫了；②一部分水会蒸发，引起配方变化。如果你没有搅拌机、炉子、电子秤或计时器，可以用精幼砂糖。精幼砂糖的结晶非常小，无须搅拌机就能溶化，而且它是用非常方便的 1 磅纸盒来装的，尽管价格不便宜。将 1 盒精幼砂糖倒入 1 品脱（2 杯或 454 毫升）水中，装在密封容器里摇 1 分钟，用来调酒的单糖浆就做好了，无须提前称重原料。

许多调酒师都会按体积来量取糖，但我不鼓励这么做。砂糖和水的密度并不一样。原装多米诺（Domino）砂糖的密度是 0.84 克 / 毫升，而水在室温下的密度是 1 克 / 毫升，两者之间有 16% 的差异。如果你不断拍打量杯，将砂糖压实，它的密度会跟水非常接近，但几乎没有人会这么做，而且做起来比称重更麻烦。

在常温下，普通和浓郁单糖浆每次可以在室温下使用几小时，但最终会形成带霉点的、漂浮的结块。还是把单糖浆放进冰箱里储存吧！

黄糖、德梅拉拉（Demerara）蔗糖和蔗糖浆： 在精制白糖里加入糖蜜，做出来的就是黄糖。德梅拉拉蔗糖是完全未经精炼处理的结晶糖。将未经精炼的糖进行浓缩处理而不是结晶，做出来的就是蔗糖糖浆。这 3 种甜味剂或多或少带有糖蜜浓郁的特质。如果你要用黄糖或德梅拉拉蔗糖来调酒，做成 1 : 1 糖浆即可。蔗糖糖浆没有标准甜度，但几乎总是比 1 : 1 糖浆更甜。

蜂蜜： 蜂蜜的味道会根据蜜蜂采蜜时的鲜花种类而呈现出很大不同。尽管用不同种类的蜂蜜来试验会很有趣，但大多数调酒师会选择相对中性的蜂蜜，如丁香花蜜。我曾经多次尝试用颜色极深、风味浓烈的荞麦花蜜来调酒，但到目前为止效果都不尽如人意。

蜂蜜的含糖量约为 82%，质地非常黏稠。你很难用它来调酒，除非将其做成质地更稀薄的糖浆。蜂蜜糖浆可以用来代替任何配方中的单糖浆，做法是在每 100 克蜂蜜中加入 64 克水（注意，蜂蜜必须称重，因为它的密度比水大得多）。跟单糖浆不同的是蜂蜜含有蛋白质。这些蛋白质会让摇匀类鸡尾酒的泡沫更丰富，尤其是含有酸味原料的那些。

枫糖浆（Maple Syrup）：枫糖浆是非常棒的鸡尾酒甜味剂，它的含糖量约为 67%（按重量计算），跟浓郁单糖浆很接近。每一个液量盎司的枫糖浆所产生的甜度相当于 1 ¹/₂ 个液量盎司的单糖浆。反过来说，要代替 1 盎司单糖浆，只需使用 2/3 盎司枫糖浆；要代替 3/4 盎司单糖浆，只需使用 1/2 盎司枫糖浆（记住，这些换算是按体积计算的！）。枫糖浆价格不菲，我希望尽量延长它的保质期，因此，我从来不会把它的浓度降到跟普通单糖浆一样。枫糖浆在短期内无须冷藏，放在室温下也没什么问题。但枫糖在室温下过夜后可能会长霉，如果想长期保存，还是要放进冰箱冷藏或定期煮沸。发霉后的枫糖浆味道很糟糕，真的很糟糕。所以，在把枫糖浆倒进酒里之前，一定要先闻一下。曾经有一次我在批量制作鸡尾酒时不小心加了发霉的枫糖浆，结果那批价值 100 美元的酒全都毁了。

龙舌兰花蜜：主要由果糖组成，还含有少许葡萄糖。它的含糖量通常在 75% 左右（按重量计算），介于枫糖浆和蜂蜜之间。不同品牌的龙舌兰花蜜味道也不同。果糖的甜味出现快，但消散得也快。所以，如果你不希望甜味持续太久，可以用龙舌兰花蜜。在用纯龙舌兰花蜜调酒时，用量约为单糖浆的 60%（按体积计算）。如果你想用自制的龙舌兰花蜜代替单糖浆，在每 100 克龙舌兰花蜜中加入 50 克水即可（注意，龙舌兰花蜜必须称重，因为它的密度比水大得多）。龙舌兰花蜜很适合调制玛格丽特（Margaritas），但原因并非特其拉是用龙舌兰酿造的，这只是个巧合。龙舌兰花蜜在含有柠檬汁的鸡尾酒中表现出色，因为柠檬的酸度也是见效快、散得快（详见第 42 页"酸类"部分）。

奎宁单糖浆（Quinine simple syrup）：奎宁提取自一种非常苦的树皮，汤力水中的苦味就来自奎宁。你可以用奎宁单糖浆自制汤力水，或者用它调出汤力水的标志性苦味（详见第 344 页配方）。

乳化糖浆、黄油和杏仁糖浆

脂肪本身并不溶于鸡尾酒。大家都知道，油和水并不相互溶解。但你可以通过乳化让它们融为一体，通常是以甜糖浆的形式。乳化需要用到乳化剂，它的作用是让油和水不分离。我用的乳化剂名字不怎么好记，叫提卡洛伊（Ticaloid）210S，是缇凯狮质构食品公司（TIC Gums）生产的。跟大部分工业食品公司不一样，这家公司会面向普通人销售产品，而不限于大公司。提卡洛伊 210S 是阿拉伯树胶（从树液中提取的乳化剂，效果极佳）和黄原胶的混合物。阿拉伯树胶很适合调酒，因为它在快速稀释时也不会影响乳化效果，而且对温度变化、酸度和酒精度不敏感。黄原胶是一种稳定剂，能够保护乳化效果、防止油和水分层。如果你买不到提卡洛伊 210S，可以用阿拉伯树胶粉和黄原胶粉的混合物代替，两者的比例为 9 ∶ 1。

2009 年，我第一次用提卡洛伊制作糖浆。我做了一款黄油糖浆，用来制作冰黄油朗姆酒。我非常喜欢这款糖浆。它含有大量黄油，所以用量要比普通单糖浆更大，相当于后者的 1.5 倍。

黄油糖浆（Butter syrup）

原料

200 克水

10 颗多香果（压碎）

3 克缇凯狮预制提卡洛伊 210S

150 克溶化的黄油

200 克砂糖

制作方法

将水加热后转小火，放入多香果煮 5 分钟，然后滤出。将提卡洛伊 210S 放入煮过多香果的水中，用手持搅拌器搅拌至溶化。加入溶化的黄油，搅拌至质地均匀。加入砂糖，搅拌至质地均匀。做好的糖浆可以储存在酒吧里，随取随用。时间久了它会分层，但只要搅拌一下就会重新融合。

   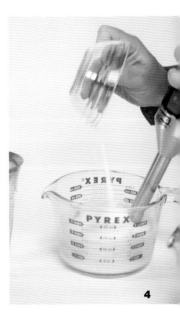

自制黄油糖浆：1. 将多香果从热水中滤出；2. 倒入乳化剂提卡洛伊 210S 混合；3. 倒入溶化的黄油，乳化开始；4. 倒入砂糖，搅拌至溶化。

冰黄油朗姆酒

　　一杯的量为 5 ³/₅ 盎司（168 毫升），酒精度 16.4%，含糖量每 100 毫升 8.6 克，酸度 0.54%。

原料

　　2 盎司（60 毫升）加香朗姆酒，如杰瑞水手

　　1 大盎司（1 ¹/₈ 盎司，33.75 毫升）黄油糖浆

　　1/2 盎司（15 毫升）新鲜过滤的青柠汁

制作方法

　　将所有原料加冰摇匀，滤入冰过的老式杯。

冰黄油朗姆酒：注意黄油糖浆在酒中稀释后并未分层，这就是阿拉伯树胶的神奇力量

成功制作出黄油糖浆之后，我开始用同样的技巧来处理其他含油原料——南瓜籽、橄榄等。坚果油的效果是最好的，尤其是山核桃，用它做的糖浆味道棒极了，特别是加入少许坚果固体物之后。我意识到我可以用提卡洛伊 210S 来自制杏仁糖浆。严格地说，杏仁糖浆就是加了一点玫瑰水的杏仁单糖浆，但我用这个词来指代任何以坚果奶为原料、以提卡洛伊 210S 作为稳定剂的坚果味单糖浆（我没有加玫瑰水）。我做过山核桃杏仁糖浆、花生杏仁糖浆和开心果杏仁糖浆。所有坚果都可以作为原料。下面是制作方法。

坚果杏仁糖浆

第一步：制作坚果奶

600 克非常烫的水（如果你没有离心机，要把用量调整为 660 克）

200 克坚果（品种不限）

如果你用的坚果是不加盐的，可以根据个人口味加一点盐

制作方法

将水和坚果倒入维他普拉高速搅拌机搅打。用细网过滤器滤出坚果奶，或者将混合物放入离心机，用比重力大 4000 倍的离心力旋转 15 分钟（详见第 213 页"澄清"部分）。如果你用的是离心机，将离心管顶部的油脂和液体部分取出，底部的固体物可以丢弃，或者留着制作曲奇饼。可根据个人口味加盐。

过滤坚果奶是一个漫长又枯燥的过程。我在酒吧会用离心机，但在家里用的是非常细的细网过滤器。你也可以用坚果奶袋来过滤

第二步：制作杏仁糖浆

每 500 克坚果奶需要：

1.75 克提卡洛伊 210S

0.2 克黄原胶

500 克砂糖

制作方法

将坚果奶、提卡洛伊 201S 和黄原胶倒入高速搅拌机中搅打。混合均匀后，加入砂糖再次搅打至完全混合。

山核桃杏仁糖浆和用它调制的山核桃波本酸酒（背景中的鸡尾酒）。如果你做的坚果奶中坚果固体物过多，在摇酒时糖浆可能会分层。如果你碰到了这种糟糕的情况，用手持搅拌器迅速搅拌一下就能解决问题

在酒吧里测量甜度

了解常见调酒原料的具体含糖量是非常有用的。在酒吧里，我用折射仪来测量含糖量，单位是白利度。白利度表示的是蔗糖（食糖）在溶液中所占的重量百分比。100 克 10 白利度的溶液中含有 10 克糖。问题在于折射仪并不是直接测量蔗糖，它测量的是光线通过溶液时的折射角度。除了糖，其他原料（如酒精）也会影响光线的折射角度，使测量结果不精确。所以，白利度折射仪绝对不能用来测量含酒精液体的含糖量。

记住，白利度是按重量来表示含糖量的，而非体积。如果 1 升糖浆的含糖量为 50 白利度，那么它里面的糖绝对不是 500 克。一款 50 白利度的糖浆（如普通单糖浆）密度为每毫升 1.23 克。因此，1 升单糖浆的重量是 1230 克，其中含糖 615 克。鸡尾酒通常是按体积来计量的，但单糖浆最好还是按照每升含糖 615 克来算。浓郁单糖浆（66 白利度）的密度为每毫升 1.33 克。1 升浓郁单糖浆的重量是 1330 克，其中含糖 887 克，也就是说每升含糖 887 克，差不多比普通单糖浆的甜度高 50%。

折射仪最适合用来测量新鲜果汁的甜度，因为不同果汁的含糖量会有很大不同。没有两批果汁是完全一样甜的。即使是同一个品种，不同批次的水果和果汁也可能会有很大差异。如果蓝莓汁今天是 11 白利度，明天是 15 白利度，用它们做的酒显然也会不同。在家里，你可以根据果汁的具体甜度来改变配方的风味平衡，但是在酒吧里这么做并不实际。你不能确保不同的人每天都能做出同样正确的调整。所以，我们在酒吧里会选定一个比果汁常见甜度高几度的白利度，然后每次制作果汁时把甜度调整到这个数字。有些果汁是用糖来调整，有些果汁是用蜂蜜来调整，有些果汁则是用蔗糖糖浆来调整，只要这些甜味剂能够最好地展示果汁的特质即可。你不应该在果汁中加太多糖，你的目的不是增加甜度，而是让甜度标准化。在家里制作果汁时，你不需要用到折射仪，但调整白利度的概念是很实用的。白利度低的果汁往往味道不佳——寡淡、单调。有时你加糖调整了果汁的白利度之后，它的味道会跟白利度高的果汁一样饱满、美妙。你不需要加很多糖就能实现这一点。

酸类

不含酸类的鸡尾酒非常少见。有时酸度会以味美思或其他葡萄酒做成的原料这种不显眼的形式存在，但它几乎总是存在于鸡尾酒里。下面介绍的这些常见酸性鸡尾酒原料几乎都能以纯粹的形式在自酿啤酒用品商店买到。

品尝酸类

酸类是能够在溶液中产生游离氢离子的分子。氢离子越多，酸度就越高。科学家通过 pH 值来测量酸度，它跟游离氢离子的数量直接相关。你的舌头尝不出 pH 值，所以它并不适用于调酒。你更多地是在感觉一种原料中有多少酸类分子存在，而不是它有多酸。在化学中，这种测量方法叫可滴定酸度。它可以让你很轻松地替换不同种类的酸味原料，因为大多数有机酸的重量都相近。你可以把 1 克柠檬酸换成 1 克乳酸或 1 克酒石酸（Tartaric）。它们的味道会不一样，但酸度本身不会相差太远。因此，在本书剩下的篇幅里，我会用每单位体积的酸度百分比来表示：1% 的酸度代表 1 升果汁中含有 10 克酸。

青柠汁新鲜度的影响

我曾经组织过多个品鉴会，以测试不同新鲜度的青柠汁在鸡尾酒和青柠水中的表现。在这些测试中，不同批次青柠汁榨取好的时间分别为 24 小时、8 小时、5 小时、3 小时、2 小时和刚榨好。与设想一致，已经放了一天的青柠汁表现最差。但让人意外的是放了几小时的青柠汁通常比刚榨好的青柠汁更出色。参加这些品鉴会的主要是美国职业调酒师。大多数优秀美国调酒师都是在每天轮班开始时榨汁，所以青柠汁在用于调酒之前已经放了几小时。我的调酒师同胞唐·李（Don Lee）曾经请欧洲调酒师做过同样的测试，他们的惯常做法是使用时才榨汁。在品鉴会上，他们一般都认为刚榨好的青柠汁表现最好。因此，最好的可能就是你最习惯的。

柠檬和青柠

柠檬汁和青柠汁是酒吧里最常用的两种酸类水果。它们的酸度都在 6% 左右。柠檬汁的酸性成分几乎是纯柠檬酸，而青柠汁的酸性成分大概是 4% 柠檬酸、2% 苹果酸和极少的琥珀酸（Succinic Acid）。琥珀酸本身的味道很差，有苦味、金属味、血腥味。但极少量的琥珀酸能够提升青柠汁的风味。它很难获取，所以你要花高价才能从化学用品店买到。

柠檬汁和青柠汁的酸度非常接近，所以从用量的角度来说，它们可以相互替换使用，尽管青柠汁中的苹果酸意味着它的酸度会比柠檬汁持续时间更长。西柚汁、橙汁和苹果汁的保质期长达数天甚至更久，但柠檬汁和青柠汁必须在榨汁当天就用完。

鸡尾酒中的常见酸类

柠檬酸

柠檬酸是柠檬汁的主要酸性成分。它本身的味道很像柠檬。柠檬酸的风味纯净浓郁，出现快，但消散得也快。

苹果酸

苹果酸是苹果中的主要酸性成分。它本身的味道类似于青苹果糖果。它的风味比柠檬酸更持久。

酒石酸

酒石酸是葡萄中的主要酸性成分。它本身的味道类似于酸葡萄糖果。

醋酸

醋酸就是醋——唯一一种常见的芳香食物酸。它一般作为次要酸使用，尤其是在苦精和咸鲜味鸡尾酒中。

乳酸

乳酸来自发酵。它本身的味道让人想起德国酸菜、泡菜、芝士和生鱼片。但它加入鸡尾酒的效果可能会出人意料地好。

抗坏血酸能够防止果汁和水果变成棕色，它的味道不是很酸

磷酸

磷酸是这一组酸类中唯一的无机酸。它的味道非常强烈和干。它（和柠檬酸）是可乐的标志性酸味剂，而且在汽水机大行其道的日子里非常流行。在自酿用品商店里买不到磷酸，我很少用它。

抗坏血酸

抗坏血酸就是维生素 C。它本身并没有很多风味或能够带来很多酸度。它主要被用作抗氧化剂，它能够防止果汁和水果变成棕色。抗坏血酸经常跟柠檬酸混淆。

混合酸

不同的酸类有着不同的风味。混合酸的味道跟单类酸的味道差别很大。柠檬酸的味道像柠檬，苹果酸的味道像苹果，但它们混合之后的味道像青柠。酒石酸的味道像葡萄，乳酸的味道像德国酸菜，但它们混合之后会有种香槟般的酸味。

青柠汁是最容易变质的，它的味道在刚榨好的那一瞬就已经开始变化了。我最喜欢放了几小时的青柠汁。

柠檬汁和青柠汁的不同榨取方式也有影响。详见第 17 页"青柠和柠檬榨汁器"。

柠檬汁和青柠汁的酸度为 6%——这是一个相当高的数值。典型的酸味鸡尾酒只需要 3/4 盎司（22.5 毫升）柠檬汁或青柠汁来增添酸味。其他大多数果汁都不够酸，所以我会经常自制酸度跟青柠汁接近的混合酸，从而使鸡尾酒的味道更好。下面是一些例子：

青柠酸

顾名思义，青柠酸的作用跟青柠汁一样。我永远不会用它代替果汁，但它可以给果汁增加少许酸度。如果你想让它的口感变得更像真正的果汁，可以加入琥珀酸，但它并非是必需的。

原料

94 克过滤水

4 克柠檬酸

2 克苹果酸

0.04 克琥珀酸

做法

将所有原料混合，搅拌至溶化。

青柠酸橙汁

橙汁一般含有 0.8% 柠檬酸，其酸度不足以用来调制真正的酸酒。你可以买酸橙，它们的味道很好，但我发现用制作完鸡尾酒的橙皮装饰后，经常会剩下很多削过皮的普通橙子。于是，我会用酸类来调整橙汁的酸度，让它们拥有跟青柠汁一样的酸味特质。榨橙汁时要小心：有些橙子（包括很多脐橙）汁在放了一段时间之后会变苦。

原料

1 升鲜榨橙汁

32 克柠檬酸

20 克苹果酸

做法

将所有原料混合，搅拌至溶化。

J 博士（第 249 页）以青柠酸橙汁调制，味道像橙色朱利叶斯（Orange Julius）

香槟酸（Champagne acid）

　　葡萄的主要酸性成分是酒石酸和苹果酸，但它们并非大多数香槟含有的主要酸类。香槟要进行苹果酸—乳酸发酵，将苹果酸转化为乳酸。未经苹果酸—乳酸发酵的白葡萄酒和香槟［如克鲁格（Krug）］会有种类似于青苹果的酸味特质，而经过这一步骤的则不会。所以，我的标准香槟酸以1∶1的酒石酸和乳酸混合而成。这种混合酸久置会出现轻微结晶的现象，别担心，把它摇匀即可。香槟酸的用途非常广泛，我用它来制作气泡饮品或给鸡尾酒增加香槟感。我从来不会把它作为一杯酒里唯一的酸味剂。

原料

　　94 克温水

　　3 克酒石酸

　　3 克乳酸（粉末形式）

制法

　　将所有原料混合，搅拌至溶化。

盐

　　盐几乎是我制作的所有鸡尾酒里的秘密原料。任何含有水果、巧克力或咖啡的鸡尾酒都能从一小撮盐中获益。我很少会想把酒做成咸味的，所以盐的用量应该在阈值以下。你下次调酒时，可以把它分成两杯，然后在一个杯子里加一小撮盐，另一个杯子不加。品尝并体会它们的区别，你永远不会忘记盐的神奇作用。在家里，加一小撮盐并没有问题。在酒吧里，我们必须要更精确，所以我们会用盐溶液，即在80毫升水里放入20克盐（20%盐溶液）。只需要一两滴就能让鸡尾酒的风味变得更美妙。

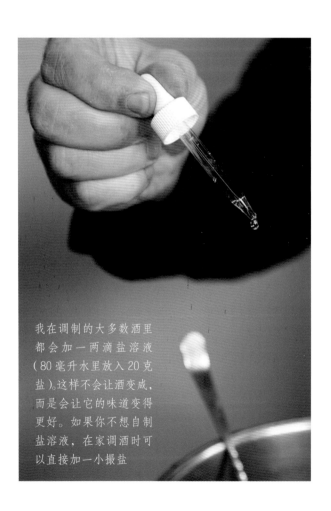

我在调制的大多数酒里都会加一两滴盐溶液（80毫升水里放入20克盐）。这样不会让酒变咸，而是会让它的味道变得更好。如果你不想自制盐溶液，在家调酒时可以直接加一小撮盐

传统鸡尾酒

我们对鸡尾酒的研究从显而易见的地方——基础开始。我所指的传统鸡尾酒并非经典鸡尾酒。我指的是那些只需要冰、烈酒、软饮和少量工具（摇酒壶、搅拌杯、吧勺和过滤器）就能制作的鸡尾酒。

几代调酒师用上述简单的工具调制出了数以千计的优质鸡尾酒。

第一部分内容包括冰的科学知识、制作和用法、冰与酒的互动方式和鸡尾酒制作的基本准则。

第二部分内容包括摇匀与搅拌、直兑与机器搅拌。我还将在最后阐述所有鸡尾酒配方的根本结构。

冰、用于调酒的冰及基本准则

冰

冰只不过是冻结的水，关于它似乎没有什么好聊的。把水放进冰柜里，冻成冰就行了。但实际上制冰是相当复杂的：现代调酒师会花大量时间，只为重现冰在机械制冷技术诞生之前的那种纯净、透明的特质。下面我就为大家讲述冰的故事、背后的科学知识及你为什么应该重视你用的冰。

透明冰与浑浊冰，湖冰与冰柜冰

在机械制冷技术诞生之前，人们从湖泊和河流收集冬天结成的冰，把它们储藏在大型冰库里，供全年使用。19 世纪年代中期，冰商把冰从北方的湖泊和河流运往世界各地，包括热带地区。冰鸡尾酒的黄金年代开始了。如果你想详细了解早期的售冰生意，可以读一下《冰冻水贸易》（*Frozen Water Trade*）这本书，详见第 357 页 "拓展阅读"）。

冰为什么能够在没有空调的闷热船舱里存放数周后还能以足够好的状态出售？答案在于表面积和体积之间的关系，这个关系对调酒来说也是关键性的，而且我在接下来的篇幅里会一直提到它。在一个特定时间内，冰融化的量跟它吸收的热成正比。而它吸收的热与它和空气接触的表面积成正比。如果物体变大，它的表面积会增加，但表面积增加远远比不上体积增加的速度。将一个立方体放大 3 倍，它的表面积会增加 9 倍（表面积的增加量按平方计算：$3^2 = 9$），而体积会增加 27 倍（体积的增加量按立方计算：$3^3 = 27$）。因此，体积大的冰的融化速度要远远慢于体积小的冰。这一事实使得跨大陆的冰运输成为可能，同时，这对鸡尾酒制作原理的理解也至关重要。

下方 27 个小冰块的重量和体积之和与上方的大冰块相等，但它们的表面积却大 3 倍，表面融化的水量也多 3 倍

你可能会认为，从湖泊和河流采集的冰比不上现代冰柜用纯净水做的冰。事实并非如此。采集的冰如水晶般透明，而用冰柜做的冰通常做不到这一点。浑浊冰的冷却效果跟透明冰完全一样，但透明冰放在鸡尾酒里要好看多了。透明冰也更容易被处理成你想要的任何形状 [美妙的 2 ¼ 英寸(5.715 厘米)见方的大冰块是我的最爱]。浑浊冰在凿切和摇酒时会碎裂。许多调酒师都相信，浑浊冰在摇酒听中碎裂后产生的冰碴会让酒液稀释过度，这种观点既对也不对，稍后我将在摇酒的科学中介绍。没有什么比一杯加了透明手凿方冰的老式鸡尾酒更美妙的了。如果你对美妙的透明冰没那么在意，可以使用冰格模具做出来的浑浊冰，请看第 57 页的"自制优质日常冰"部分。你的鸡尾酒味道不会差。不过，如果你是个追求品质的人，那就继续读下去吧。接下去，我将介绍冰形成的奇妙过程和湖冰为什么是透明的。如果你只想了解如何自制透明冰，可以直接翻到第 52 页的"用冰柜制作透明冰"部分。

冰是如何形成的

要了解透明冰的制作方法，你必须知道它是如何形成的。湖冰之所以是透明的是因为它是从上到下一层层形成的。冰晶首先在水的表面形成，然后向下延伸，冰变得越来越厚。但是，为什么湖水表面会先结冰？为什么这又很重要呢？

大多数物体的密度会随着温度下降而增大，体积则会减小，但水不会。实际上，液态水在 4℃ 左右时密度最大。将水冷却到 4℃ 以下会让它的体积膨胀。这一特性极其少见，被形象地称为"水的反常膨胀现象"。这种反常膨胀是一件幸事，因为它意味着密度最大的水——冬天会沉到湖底的水——不会结冰。即将结冰的水——温度在 0℃——会浮在湖水的表面。如果水的特性不是这样，水生生物就无法在寒冷的冬天生存，它们会全部被冻成冰。

更奇特的是尽管几乎所有物质在凝固时都会收缩，只有水在结冰时会膨胀 9% 左右。冰能漂浮是因为液态水分子是自由运动的，而冰的水分子是紧密排列的，前者的密度比后者大。水膨胀成冰产生的力是巨大的，在冬天能够轻松让石头和水管开裂，还会让你不小心存放在冰柜里的啤酒瓶爆开。水的反常膨胀现象和水结冰的膨胀现象解释了冰为什么首先在水的表面形成，然后再往下凝结。因为反常膨胀现象，水的表面温度最低，所以最先结冰；因为水结冰的膨胀现象，冰会浮在水的表面。

但透明冰的形成原理不止于此。冰的形态为什么不像雪那样是大量微小冰晶，而是透明的大型片状？答案是过冷却现象。

水的冰点是0℃，但水并不会在0℃就开始结冰，除非水中已经有冰存在。水在0℃以下才会形成冰晶，因为它需要过度冷却。回忆一下我们之前讲过的表面积和体积之间的关系：微小的冰晶有着非常大的表面积与体积之比。表面积大意味着更容易融化。即使在冰点，微小的冰晶也很容易融化。要让冰晶的体积在0℃增大，它们需要一个可以依附生长的核——一个已经存在的冰晶或一个大小和形状类似的物体，比如一粒灰尘。如果冰晶没有依附生长的核，水就一直无法在0℃结冰，这一现象叫作过冷却。水出现过冷却现象后，新的冰晶就更容易形成。最终，过冷却的水中会形成一批冰晶，也就是所谓的成核。成核之后，这些初始冰晶会开始生长，水的温度也会重新上升到0℃。为什么？结冰会使水的温度上升，因为它在从高能量状态（液体）向低能量状态（固体）转变。

你可能会认为，经过最初的成核之后会在冰冷的湖里不断形成冰晶，事实并非如此。经过最初的成核——水进入过冷却状态，冰晶已经形成——冰晶会开始生长，而它们周围的水会重新升到0℃。生长中的冰晶会使周围水的温度保持在0℃或0℃左右，所以新的冰晶无法形成。要形成新的冰晶，则需要新的过冷却。

接近湖水表面的冰晶生长速度较慢，而且是透明的。未经过滤的水含有各种溶于水的杂质和悬浮杂质，包括气体、盐、矿物质、细菌、灰尘。真的很杂。然而，随着水凝结在一个已经存在的冰晶上，它会把各种杂质排除出去，如滞留气体、灰尘、泥土、矿物质和其他污染物，这些杂质无法存在于冰的晶体结构中。与之相反，快速结冰往往会生成许多成核点，形成的冰晶更小。这些迅速形成的小冰晶可能会依附在杂质上生长，将它们包裹起来，从而破坏冰的晶体结构，形成含气泡的浑浊冰。

现在，我们就可以理解为什么冰柜做的冰是浑浊的了。冰格中水的结冰速度相对更快，使杂质进入晶粒间界，使做出来的冰变浑浊。此外，冰柜里的冰一般是从容器的各个侧边开始凝结的，然后向冰块的中心延伸，所以冰块的中心是最后结冰的。冰块中心的水没有空间去释放气体和其他杂质，所以浑浊。更糟糕的是随着水在"冰牢"中冷冻成冰，水结冰的膨胀现象会积累大量的力，最终让冰块的外部开裂，形成家庭自制冰中常见的山峰状隆起。解决方案：让你的冰柜变得像一片湖泊，降低结冰的速度，而且让它只从一个方向开始结冰。

用冰柜制作透明冰

这些冰块是根据它们在冰格里的位置排列的。注意它们的外缘，即先结冰的部分，是比较透明的。随着冰块继续凝结，气体从溶液中逸出，留下一串串气泡。在某个时间点，整块冰的外层会形成一个冰壳，将水套在里面。当最后的部分也结成冰，杂质和正在结冰的水无处可去，便形成了隆起、裂缝和白雾

调酒师和冰雕艺术家用的透明大冰条是用专业的克兰伯尔（Clinebell）制冰机制作的，它的工作原理跟大自然正好相反。克兰伯尔是从下向上让水结冰的，单次能够做出重达几百磅的一整块冰条。制冰机会一直搅动顶部的水，防止结冰，同时对正在形成的冰的表面进行冲刷，以排除气泡。随着水在克兰伯尔内部结成冰，杂质被集中在剩下的液体里。在结冰之前排出这些液体，全部杂质也就一起排除了。我曾经组装过一台类似于克兰伯尔的制冰机，用它冰冻了 200 磅（25 加仑）水柱。最后排出来的 1 加仑（4.54609 升）水是深棕色的，非常触目惊心。但结成的冰如水晶般透明。杂质被集中到一起之后效果是非常明显的。

没有克兰伯尔，你也能做出优质冰。在家里，你可以用敞口隔热容器（如无盖的小号易酷乐保温箱）来制作大冰条。保温箱里的水会从顶部开始结冰，因为顶部是唯一没有隔热的区域。随着冰冻过程的进行，水会继续从上向下结成冰，因为正在结冰的热更容易通过固体冰（你可能想不到，它的导热性非常好）传导，而不是隔热容器的侧面。因为大部分水和冰都受到隔热的保护，结冰过程是缓慢的，这有利于

形成大冰晶，将集中在残余液体里的气体和杂质排除。

在保温箱里倒满水，但不要太满，以将保温箱放入冰柜中时水不至于溢出来为准。要用热水，因为溶于热水的气体比冷水少。不要把热水直接放入冰柜，要先让它冷却，也不要将冷却水再倒回保温箱，否则水里的气体会更多（将热水放入冰柜会使里面的食物解冻，因为小冰晶会融化。食物再次冷冻后，水会在剩下的大冰晶上重新结晶，使这些冰晶变得更大，从而破坏食物的质地）。对普通冰柜而言，几加仑水需要几天时间才能全部结成冰。在水完全结冰之前，把保温箱从冰柜里取出，这样才能把充满杂质的残余液体倒掉。如果你不小心让水全部冻成了冰也没关系，只要把底部不透明的部分切掉就行。只从保温箱顶部看，很难判断出结冰的程度。我曾经错误地以为保温箱里的水已经基本结成冰了，结果才冻住了 2 ~ 3 英寸（5.08 ~ 7.62 厘米）而已。

将保温箱从冰柜里取出后，不要立刻尝试将冰切开，应将其静置一段时间，解冻后再切。

如果你想用冷水制作透明冰，水中滞留的气体会形成大量气泡

解冻不稳定的透明冰

所有冰的温度都是 0℃ 或更低，可能低很多，也可能只低一点儿。如果你的目的是调酒，只低一点点会更好。温度很低的冰会碎，用起来不方便，而温度升高到了冰点的冰用起来非常顺手。你可以从外观上进行判断：观察一下从冰柜里拿出来的冰，水分会在它的表面凝结，形成一种缎子般的质感。温度极低的大冰条上可能会累积一层冰晶，冰看上去不是湿的。这时你从外观就可以判断冰条的温度太低了，还不能用于调酒。之后，随着冰条的温度升高，你会看到它从干燥和起霜变成湿润和透明。冰条变得透明反光时说明已经到了可以使用的状态了，它的温度几乎到达了冰点，可以进行切割并用于调酒。

如何在家制作透明冰

把热水倒进保温箱，这样能确保做出来的冰不含气泡 *

对图中尺寸的保温箱（6.5加仑）而言，要冻出足够厚度的冰需要 24~48 小时

翻转保温箱，将冰从箱子里倒扣出来，同时会有一些水洒出来

削去冰条底部的冰渣

---

* 如果你的保温箱里已经有不含气泡的小块冰，可以在冰柜里直接把热水倒在上面，不要搅拌，并且确保它们全都融化了。

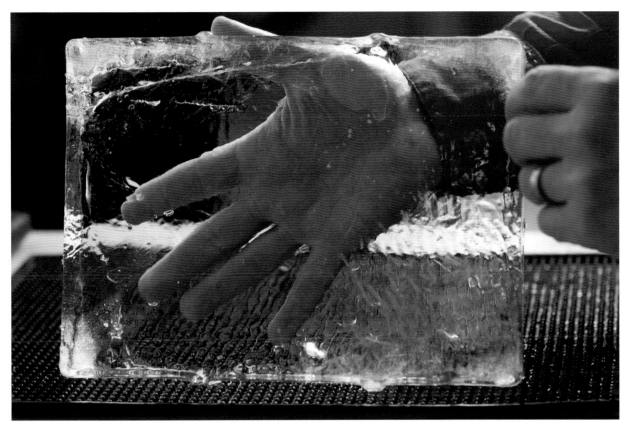

做好的不含气泡的冰条

用直刃锯齿刀（Serrated knife）从
冰条的两边画线

用木槌或擀面杖沿着刀刃背面轻轻拍
打，把冰切成完美的柱状

用同样的拍打方法把冰柱切成冰块

上图：我试着在这块冰温度非常低时切割它，但它像玻璃一样裂开了

下图：这块冰的温度太低，还不适合切割。它看上去很干，而且有霜

冰的导热性非常好，所以在大多数情况下给制作的透明冰解冻不需要很长时间。如果冰条厚度增加一倍，解冻时间会增加4倍。2英寸（约5厘米）厚的冰条在15分钟内就能解冻，而4英寸（约10厘米）厚的冰条则需要近1小时。

不要加快解冻过程。刚从冰柜里取出的冰在升温时承受着巨大的压力。该压力来自冰升温时发生的体积膨胀（大多数物质都是如此）。表面的冰比内部的冰升温更快，所以表面比内部膨胀得更快。如果你把冰暴露在空气中，它通常能承受住这种压力。但如果你加快升温过程，冰则会开裂，就像你把刚从冰柜取出来的冰扔进一杯水里，它会开裂一样。

切冰之道：切割透明冰

一旦成功地做出透明冰并将它解冻之后，你会惊奇地发现处理它有多容易。木工工具就能轻松切开它。专业切冰工会用到的工具包括链锯、圆口凿、扁凿和电磨机。在酒吧里，我主要会用到冰锥和一把长而直的平价切刀或面包刀。冰锥可以用来凿刻及在冰上划线，让切割变得更容易，但99%的切冰工作都可以用面包刀来完成。面包刀可以轻松地把冰砖或冰条切成完美的冰块，并且把冰块凿成更小的冰钻或冰球。诀窍在于把刀刃放在冰的表面，轻轻地小幅度来回推拉。高传导性的金属刀通常会让接触到的冰融化，进而留下一条小而细的裂缝。冰条受到的压力会集中在这条裂缝上，进而让冰被分割开来，就像在切割一块或一片玻璃之前先给它划线一样。把冰放在不平滑的表面上（我用的是吧台垫），用刀刃接触冰，只需要用冰槌或其他重物轻敲刀背，就能干净利落地将冰条分成两半。这种切冰方法是最容易掌握的技能之一，但不了解的人看到你这么做会觉得你很厉害。如果你想学习更复杂的切冰方法可以参考第357页"拓展阅读"里关于冰的书。

自制优质日常冰（在你不需要透明冰的情况下）

如果冰的用途是放在做好的鸡尾酒里或者需要切割，应该用透明冰（记住，浑浊冰会裂开）。在摇酒或搅拌时，你并不需要展示冰。但随随便便做的非常浑浊的冰是不能用的，因为它会毫无缘由地突然裂开。裂开的冰会在摇酒时产生不定量的冰屑，这不利于制作鸡尾酒。另外，非常浑浊的冰看上去很不美观，比略微浑浊的冰难看得多。所以，你应该多花一点精力制作略微浑浊的冰。

造成冰非常浑浊的原因可能是水被污染或含有气体，而且结冰速度太快。如果你用的水含有大量杂质，可以添置一套过滤或反渗透系统。要去除水里滞留的气体和氯很容易：用热水就行了。如果你的水管含铅，可以把冷水加热，因为加热过程能够去除氯和其他气体。溶解在水里的气体越少，冰的浑浊度就越低。

不要把冰格叠放在一起。放在中间的冰格做出来的冰块会非常浑浊，因这些冰几乎是从所有侧边一起开始结冰的，使大量杂质残留在了冰块里。

这块冰已经完全解冻了，切割起来非常轻松

自制冰的形状和大小

对不加冰饮用的搅拌类鸡尾酒，你可以使用任何大小或形状的冰。正如我们将看到的，你可能需要改变你的搅拌技法来适应不同的冰，但所有的冰都不错。然而，为了让摇匀类鸡尾酒达到最好的质感，你应该制作大方冰。2 英寸（约 5 厘米）见方的大方冰效果很好，而且非常容易制作。你可以购买有弹性的制冰模具，但一定要买质量好的。我的调酒师朋友埃本·弗里曼（Eben Freeman）在多年前就发现，用某些硅胶模具做出来的冰有怪味。我在"鸡尾酒王国"（Cocktail Kingdom）网站上购买的模具是用有弹性的聚氨酯做的：经过全面的测试之后，我坚信它们不会产生怪味。如果你不想花这个钱，可以用正方形的金属蛋糕烤盘来做制冰模具。不过，用这样的烤盘做出来的冰有时特别浑浊，无法用于调酒，但在多数情况下透明度是可以接受的，而且你可以在解冻之后把冰块浑浊的部分切掉。

既然我们的冰做好了，接下来就聊聊用于调酒的冰吧。

用于调酒的冰

　　0℃的冰能够让鸡尾酒的温度降到0℃以下。事实上，用冰来冷却的鸡尾酒温度通常是 –6℃。有些人很难相信这个重要的事实。他们认为，冰的温度必须在0℃以下，才能让鸡尾酒的温度降到0℃。让我们用一杯马天尼来证实这一冷却现象。整个过程会比做一杯马天尼要繁琐得多，但最终它将证明我所言极是。

实验 1

实验1

马天尼搅拌实验

水壶

大量的冰

2 盎司（60 毫升）你最爱的金酒（或伏特加），
室温即可

介于 3/8 盎司和 1/2 盎司（10 ~ 14 毫升）之
间的杜凌干味美思（Dolin Dry），室温即可

金属摇酒听

酒吧或厨房专用毛巾

马天尼杯或鸡尾酒碟形杯，预先放入冷柜冰冻

过滤器

穿在牙签上的 1 颗或 3 颗橄榄

原料备注：关于马天尼的具体配方，我不做严格要
求。关于马天尼的一大趣事就是对它做法的争论（顺便
说一句，你无须为自己的口味偏好而道歉。只要你的态
度认真就行）。因为这是一个搅拌实验，所以我们先把
关于摇匀和搅拌的争议放一边，以后再聊。

过程

在水壶中装上冰，然后加满水。用电子温度计
搅拌冰和水，直至水的温度降至 0℃，这意味着冰
的温度也是 0℃。不要省略这一步，亲眼见证冰的
温度是 0℃ 非常关键。许多人都以为，冰之所以能
够让鸡尾酒冷却到 0℃ 以下是因为冻在冰柜里的冰
积累了"额外的冷度"。如果你不相信我说的，可
以继续搅拌几分钟。你会发现一切都不会变，水壶
里的液体温度仍然是 0℃。

把金酒和味美思倒入金属听，用温度计测一下
温度。酒液的温度应该跟室温一样，也就是 20℃ 左
右。从水壶中抓一大把冰，约 120 克，用毛巾拍一下，
让它们变得干燥一些，然后双手拿冰去除其表面的
水，放入摇酒听中。开始用电子温度计不停搅拌。

酒液的温度会在约 10 秒降至 5℃ 左右。继续搅
拌。30 秒内，酒液的温度会降至 0℃ 左右。大多数
调酒师（包括我自己）会在这时候停止搅拌。如果
继续搅拌，酒液的温度会降到 0℃ 以下。搅拌时间
越长，温度就变得越低。持续搅拌 1 分钟后，马天
尼温度可能会是 −4℃，但具体要看冰块大小和搅
拌速度。持续搅拌 2 分钟，马天尼温度降至 −6.75℃。
你将注意到温度会在大概 2 分钟后稳定下来，不会
继续下降了，已经达到或者接近了均衡状态。

如果我做这杯酒不是为了实验而是用来喝的，
我绝对不会搅拌这么长时间，马天尼不应该过度稀
释。如果你喜欢喝摇匀的马天尼（稀释度通常比搅
拌的马天尼更高），那么你可能会觉得这杯搅拌了
2 分钟的马天尼口感非常清新。

现在，你已经证实了冰能够将鸡尾酒的温度降到冰点之下，那么你可能会想知道原因。冰怎么会让其他物质的温度降到比自己的温度还低？答案颇为专业，如果你不感兴趣，可以直接翻到第62页的"冷却与稀释"部分，并且要毫无怨言地接受我在之后讲述的内容。

有趣的鸡尾酒物理学（如果你不感兴趣，可以忽略）

要理解冰如何将其他物质的温度降到0℃以下，有几种不同的方式（喜欢科学的人可以了解一下依数性质和蒸汽压力），但最好的方式是把它当作焓和熵之间的一场拔河比赛。焓和熵是热力学的两个核心概念，既难懂又常被误解。而热力学解释的是为什么永动机不可能存在及宇宙为什么会最终消亡，它是一门很深奥的科学。

为了解答我们要探讨的问题，不妨把焓看作是热能，因为焓的变化相当于一个反应或过程中吸收或释放的热量（科学免责声明：只有当反应在稳定压力下发生时，这个说法才是正确的）。熵的概念则要复杂得多。最常见的解释是熵是系统混乱程度的量度，但它的含义远不止于此。下面的解释对一部分读者来说可能有点难懂，但我保证，除了"熵"这个字，在本书中你不会碰到很多复杂的专业术语。记住，我们的目的是理解冰为什么能够将鸡尾酒温度降到0℃以下。

热量和熵的"拔河比赛"：万物皆懒惰，但又想自由

这场"拔河比赛"的动机是这样的：热量总是想让你的冰块结冰，熵总是想让你的冰块融化。这

两个对手之间的相对力量是由温度决定的。当你在调酒时，这场"拔河比赛"的结果永远是平局，但在哪里结束，也就是冰点，可能是不同的。

"懒惰"的热量：这里的热量不是指温度。热量和温度并不是一个概念。要让冰融化，你必须增加热量，但你并没有改变它的温度。冰在0℃开始融化，但它的温度直到完全融化都一直是0℃，哪怕你不断增加热量让冰晶变成水分子。热量是一种能量。温度只是衡量物体内部分子平均运动速度的单位。人们常会混淆这两个词，因为要提高分子运动速度，也就是提高温度，你必须增加热量。

水在结冰时会释放热量。冰释放的热量就是冰柜吸收的热量。结冰是一个释放热量的过程，所以冰的内部能量会少于等温水的内部能量。一定要记住这一点：水在结冰时会释放热量。冰在融化时会吸收热量，它需要热量才能融化。总体而言，在同等条件下，释放热量、使内部能量更低的反应更受大自然的欢迎，因为总体而言，物体倾向于处在一个能量更低的状态，即万物皆"懒惰"。制冰是释放热量的过程，所以热量的变化往往会使水结成冰。

想要自由的熵：熵是一个不同的概念。如果你把熵看作是混乱程度的度量，熵的增加就意味着混乱的增加。热力学有一个基本原则：宇宙中的熵是一直在增加的。因此，宇宙将变得越来越混乱！有一个更好的方式理解熵的概念：它度量的是事物可以处在几种不同的状态中。科学家把这些状态称为微观状态。物体倾向于让自己可获得的微观状态最大化，然后以一种随机的方式占据这些状态。物体的熵会自发递增。万物都想要自由。

在任何特定的温度下，液体内部分子可以存在的位置、运动速度和分布总是比固体多。例如，水分子是自由旋转的，可以重新排列，而冰分子是被

冰晶锁住的。固体分子比液体分子受到的约束更大，所以熵的变化往往会使冰变成水。

那么，最终谁会赢呢？是焓还是熵？ 这取决于温度。记住，温度表示的是物体内部分子的运行速度有多快。温度越高，分子运动得越快。运动快的分子会比运动慢的分子造成更多混乱，因此，温度越高，熵就越可能在"拔河比赛"中取胜，让冰块融化。随着温度下降，结冰过程释放的热量通常会占据上风，使水结成冰。当冰化成水时增加的熵和水结成冰时释放的热量之间恰好达到平衡，即为水的冰点（0℃）。

处于水中的冰块表面并不是静态的。水分子不断地在表面结成冰，然后又化成水。如果附着在冰上的分子比脱离它的分子更多，那么冰正在凝结中；如果脱离冰的分子比附着它的更多，那么冰正在融化。当处于冰点时，水分子在以相同的速度结冰和融化，二者达到了均衡。

如果你把温度降低，冰融化时增加的熵变得非常微小，水会结成冰；如果你把温度升高，冰融化时增加的熵会超过焓，冰会融化。

那马天尼呢？我加酒之后会发生什么？

让我们来看看，当你搅拌马天尼时它刚刚达到0℃的那个时间点。冰的温度是0℃，水和酒的混合液温度也是0℃。冰分子溶解在酒中会吸收热量。它们吸收的热量跟冰融化在纯水里的热量一样。把冰放在酒里并不会改变融化过程吸收的热量，即热量变化，因为冰仍然是纯冰。然而，冰在酒里溶解产生的熵的变化是不同的。如果冰内部的水分子溶解在酒里，熵增会比溶解在纯水里更大。为什么？水酒混合液比纯的水混合液的分子更混乱。科学家可能会说，一组水分子和酒精分子的排列方式比一组相同的水分子的排列方式更多。状态越混乱，可

比热、溶解热和卡

不同的物质在升温和降温时需要的热量也不同。用来表示这一特质的物理量叫比热。对卡而言，比热是将1克物质的温度提高1℃所需的能量。尽管卡是个过时的科学单位（科学家更喜欢使用焦耳），但它对厨师和调酒师非常有用，因为它跟容易理解的温度和重量有关（注意：食物通用的卡单位其实是千卡，即1000卡）。水的比热非常好记：1克升高1℃需要1卡。冰的比热比水小：1克升高1℃需要0.5卡。这意味着冰升温和降温所需的热量只有水的一半，也就是说，除非冰正在融化或凝结，它的升温或降温能力只有水的一半。纯酒精的比热是1克升高1℃需要0.6卡。然而，水酒混合液（鸡尾酒）的比热是非线性的。事实上，鸡尾酒升温和降温需要的能量比纯水或纯酒精都要多。

另外还有一个重要的跟热量有关的特性。记住，你需要添加热量才能让冰融化。让冰融化所需的热量被称为溶解热（或溶解焓）。溶解热的作用是双向的。也就是说，让同一个物体结冰和溶解所需的热量是相等的。水的溶解热是每克80卡。用卡路里来表示能够让你对冰的能力有一个形象的了解。每克80卡意味着融化1克冰所需的热量足够让1克水从0℃升温到80℃！说得更确切些，融化1克冰所需的能量足够让4克水从室温（20℃）冷却到0℃。我们把结冰看作理所当然，但冰其实是一种奇妙的物质。在克数相等的情况下，温度极低（-196℃）的液氮的冷却能力只有冰（温度为0℃）的15%！这个惊人的事实能够解释为什么新手技工在进行某个项目时总是会低估液氮用量。

能出现的微观状态就越多。熵再一次成为了赢家。当熵占上风的时候，冰会融化。那么现在会发生什么呢？冰开始融化。当冰开始融化时又会发生什么？冷却过程开始。融化的冰会吸收热量，把酒的温度降到0℃以下。没有外部热量来源为冰的融化提供热量，所以热量全部来自系统本身，这样整个系统都会降温。酒和冰本身的温度都降到了0℃以下。

随着冰块融化、金酒的稀释度不断提高，熵增和冰融化造成的热量损失之间的差距在缩小。融化过程继续进行，直到形成新的均衡状态——熵和热

量再次平衡了。这个平衡点就是马天尼的新冰点。

顺便说一下，这个道理也可以用来解释为什么加盐能够让冰的温度变低，从而让冰激凌凝结。遗憾的是多数小孩都不会得到这样的解答：他们学到的只是"盐会降低水的冰点"，所以要在冰里加盐。现在你已经是大人了，是时候告诉你真相了。

冷却与稀释

每克冰融化产生的冷却功率是 80 卡。为了确切理解这一点，假设你在做一杯平均份量为 3.5 盎

超低温冰

你可能不会想到，温度低的冰的冷却速度比温度高的冰更慢。如果你用温度远低于冰点的冰来摇酒，它的冷却速度其实比不上 0℃ 的冰。超低温冰的表面不会立刻融化。事实上，冰从酒里吸收的能量被用来使冰块升温到冰点。当冰块的温度升高至开始融化之后，冷却速度会加快。跟解冻过的冰相比，超低温冰最终会使鸡尾酒的温度和稀释度更低，但除非超低温冰温度非常低，否则这种差异将是非常小的。假设你用的是温度为 −1℃ 的冰，1 克 −1℃ 的冰升温到 0℃ 需要不到 0.5 卡的热量，这不到 1 克水降温 1℃ 所需热量的一半、不到 1 克冰融化所需热量的 1/160。换句话说，只需要多融化 1 克 0℃ 的冰就能抵得上 160 克 −1℃ 的冰里蕴含的额外冷却能力。差异微不足道。温度极低的超级低温冰将极大地降低稀释度。这不是件好事。就摇匀类鸡尾酒而言，你很少需要极大地降低稀释度。

无论如何，你并不需要担心冰的温度会太低。冰的导热性是水的 3.5 倍（前提是水没有混合或在运动中）。除了导热性好，冰只需要很少热量就能升温，因此它很快就能达到冰点。如果你用的冰已经从冰柜里拿出来一段时间了，它很可能已经接近 0℃，所以你可以忽略它的实际温度。

司（90 毫升）的大吉利（Daiquiri），摇酒 10 秒就能融化 55 ~ 65 克冰。这意味着它的平均冷却功率是每杯 2000 瓦。如果你同时摇 4 杯这样的大吉利，产出的冷却功率是 8000 瓦。

无论大小和质量如何，所有冰的冷却功率都是一样的：每克 80 卡。但这一功率能够输出多少却取决于冰的大小和形状。大冰块和小冰块的区别在于它们的表面积。在重量相同的前提下，体积小的冰的表面积大于体积大的冰。因此，小块冰的冷却速度更快，这是件好事，但它们表面残留的水也更多，这常是件坏事。一部分鸡尾酒也会附着在冰的表面，无法进入你的酒杯。让我们同时来探讨一下这 3 个问题：表面积和冷却速度、表面积和表面水、表面积和残留酒。

表面积和冷却速度

冰是从表面开始融化的，所以冰的表面积越大，融化的面积也越大，融化的速度也越快。冰块融化速度越快，冷却速度也越快。但冰的表面积并非唯一的影响因素。鸡尾酒的表面积也很重要。在鸡尾酒里静止不动的一块冰的融化速度并不快。搅拌或摇匀鸡尾酒会让冰跟新鲜液体接触，相当于提高了鸡尾酒的表面积，所以它冷却的速度也加快了。酒运动的速度越快，它冷却得也就越快。

融化的水离开冰表面的速度跟鸡尾酒流过冰块的速度一样重要。融化的冰水跟酒迅速混合，这是鸡尾酒快速冷却的主要因素。装满冰块的塑料袋和你放在冰柜里的蓝色凝胶冰袋的降温效果都不如普通冰块，因为它们融化的水无法跟鸡尾酒混合。装在塑料袋里的冰块也无法使鸡尾酒冷却到 0℃ 以下，因为它们不会像融化在酒里的冰那样产生熵增。即

使是极冰的物体（如储存在液氮里的钢条），它们的冷却速度也比不上正在融化的冰块。

冰真是太棒了。

表面积和表面水

随着冰接近熔点，它的表面会有液体水在闪光，就像珠宝一样。冰的表面积越大，产生的表面水就越多，而进入鸡尾酒的水也越多。尽管附着在冰上的液体水温度是0℃，但冷却效果并不好，因为它已经融化了，失去了大部分的冷却能力。改变冰的用量会改变冰和鸡尾酒接触的表面积，从而改变进入鸡尾酒的水量，这种改变甚至在融化过程开始之前就已经存在了。实际上，你很难控制冰的用量，而这意味着你做的鸡尾酒稀释度会不一致。如果你用的冰有着较高的表面积和体积之比，那么效果会更明显。调酒师会抱怨小或薄的冰（在酒吧里，这种冰被叫作"劣质冰"）使酒稀释过度，但我怀疑罪魁祸首其实是冰的表面水造成的初步稀释。

为了证实这个观点，我做了一些表面积和体积之比非常高的碎冰（劣质冰），然后放入离心机旋转，以去除表面水。我用这些碎冰做了鸡尾酒，结果最终的稀释度跟用大冰块做的一样，前提是所有鸡尾酒都冷却至同样的温度。

结论：表面积和体积之比偏高的小冰块会使鸡尾酒过度稀释或稀释不一致。为了解决这个问题，你可以在调酒之前把一个过滤器放在摇酒听或搅拌杯上，用力甩掉冰表面的水。我不建议你用沙拉脱水器来甩干水，但我自己可能会这么做。如果你手头有大体积的冰，可以把它们凿成体积更小、冷却速度更快的冰。跟提前凿好备用的冰相比，现凿的冰表面没有那么多水。

计算残留酒的量

为了量化残留酒，我选择用糖-水-冰混合液来测试，我没有合适的分析设备来测量加了酒的版本。我制作了含糖量为10%、20%和40%的混合液（按重量计算），分别用碎冰、制冰机冰和手凿冰条稀释90毫升样本，然后将倒出来的液体放在秤上称重，并且用折射仪测量了最后的含糖量。根据以上数据，我计算出了残留液体的份量。

你可能会以为，残留液体量跟稀释速度一样，是由你用的冰的表面积来决定的，但它其实更复杂。除了冰的表面积，冰的表面形状也对残留液体有很大的影响。表面光滑的冰条的表面积比相同重量的制冰机冰小，稀释和冷却的速度比制冰机冰慢，但它的残留酒份量比单纯按照表面积来计算要少得多。

令人惊讶的是含糖量对残留酒没有重要的重复影响。

表面积和残留酒

在你开始调酒之前，如果有水残留在冰的表面，那么调完酒之后就会有酒附着在冰上。我把这点被"偷走"的鸡尾酒叫作残留酒。冰的用量越大、冰块越小、裂缝越多，残留的酒就越多。为了将残留酒降到最少，当你把调酒容器中的最后一滴酒倒出来之后一定要用手再快速倾斜一下。然后，再次把容器拿正，最后一次把里面的酒倒出来。我做过关于倒酒技巧的测试：如果略过上述倾斜步骤，用碎冰搅拌会有12%～15%的酒液残留。用制冰机制造的小冰块搅拌会有7%～9%的酒残留。即使你的倒酒技巧很差，用大块冰切成的冰条搅拌也只会有1%～4%的酒残留。无论你用何种冰，倒完、倾斜、拿正、再次倒完的方法能够把这个数字控制在1%～4%。正确的倒酒技巧是很重要的。

很多人都坚信冰绝对不能用两次，这大错特错。如果你做的是搅拌类鸡尾酒，而且酒杯里要加冰，你应该直接用搅拌过的冰，前提是它们仍然美观。你搅拌过的冰比新鲜冰的温度更低（如果你把酒搅拌到了0℃），而且用过的冰上覆盖的不是水，而是鸡尾酒。

冷却、均衡和最终温度

在马天尼搅拌实验中，一开始酒的温度会迅速下降。过了一段时间，温度会稳定下来，进一步冷却变得更慢了。随着冷却变慢，稀释也慢了下来。几分钟后，即使我们仍在不断搅拌，酒也不会发生明显变化了。它在接近它的均衡冷却点，即鸡尾酒的冰点，在这个点上，融化产生的熵增被融化需要的热量所平衡。你永远无法真正到达均衡点，因为你的冷却技巧不够快或不够高效，但可以接近这个点。用搅拌机制作的鸡尾酒是最接近的，因为它的冷却过程极其迅速和高效，能够达到非常低的温度。

在达到均衡前，要么你通过分离冰和酒来终止冷却，要么因为你的冷却不够高效，导致来自周边环境的热量进入鸡尾酒的速度超过了冷却速度。到达这个点后，你的酒就不会变得更冰了。事实上，它会开始变温。你的鸡尾酒能够有多接近理论上的冰点，取决于你的冷却技巧。我们运用的不同传统调酒技法——搅拌、摇匀、直兑和机器搅拌——有着不同的内在冷却参数，而这些参数决定了每种鸡尾酒风格的构架。

在酒里加入湿冰之前，先把它们融化的水滤出。这一技巧能够防止酒被冰的表面水过度稀释，即使你用的不是大冰块

传统鸡尾酒的基本调制准则

还记得我们对传统鸡尾酒的定义吗？只用烈酒、软饮和0℃的冰调制的鸡尾酒。冰是唯一的冷却来源。我们假定无论我们用的是哪种搅拌杯或摇酒壶，它都不会影响稀释，而且是跟外界的其他部分隔绝的——没有热

量进入，也没有热量释放。严格而言，这个假定并不成立，但其结果很有用。有了这个假定，我才能向你介绍传统鸡尾酒的基本调制准则：

没有稀释就没有冷却，
没有冷却就没有稀释。

两者之间的联系密不可分。

鸡尾酒被稀释的唯一原因就是冰融化成了水。反之，冰融化的唯一原因是它使鸡尾酒降温了。这听上去再简单不过，但带来的影响却非常大。比如，它解释了搅拌类鸡尾酒为什么比摇匀类鸡尾酒温度更高、稀释度也更低，以及传统鸡尾酒的配方比例为什么效果这么好。

用科学的方法调酒：曼哈顿（Manhattan）

搅拌一杯鸡尾酒是一个温和的过程，它只对酒进行冷却和稀释，而摇酒还会增加鸡尾酒的质感。根据鸡尾酒的基本调制准则，冷却和稀释之间密不可分。接下来，就像我儿子布克说的那样，准备好大吃一惊吧！这条准则告诉我们，如果配方相同的两杯酒达到了同样的温度，那么它们的稀释度肯定也一样。无论冰的大小、搅拌速度和时间如何，只要温度相同，这两杯酒就是完全一样的！搅拌时，你怎样把酒搅拌到特定温度并不重要，重要的是你知道酒在哪个时间点到达了那个温度。我将证明这一点。让我们做几杯曼哈顿吧！

我们是为了科学而调酒，所以你需要用和做马天尼实验一样的工具，而且可能还需要一位朋友的帮助。为什么不干脆搞一场以曼哈顿为主角的鸡尾酒派对呢？在第一轮实验中，你至少要做两杯酒；在第二轮实验中，你至少要做 3 杯酒。如果你厌倦了总是做同样的曼哈顿，可以改变它的比例或者用其他任何一款搅拌类鸡尾酒配方来代替。

曼哈顿

曼哈顿是我一直以来最爱的搅拌类鸡尾酒。我仍然喜欢用波本威士忌做的曼哈顿，但我的标准曼哈顿一定是用瑞顿房黑麦威士忌（Rittenhouse Rye）做的。黑麦威士忌、甜味美思和苦精的组合有一种魔力，让它总是那么恰如其分。15 年前，黑麦威士忌还不像如今这么常见，所以大部分曼哈顿都是用波本威士忌做基酒，而不是黑麦威士忌，而且味美思的用量也比现在的通常配方要少得多。在众多传统鸡尾酒专家的不断努力下，黑麦威士忌才重新在酒吧里占据了自己应有的位置。

味美思的用量之所以更少，一部分原因是人们用的是波本威士忌，而非黑麦威士忌，但最大的原因是人们用的是劣质味美思，甚至是放了很久、已经氧化了的味美思。20 世纪 90 年代早期的常见曼哈顿配方是 3 份或 4 份波本威士忌加一份味美思。如今市场上已经有大量优质味美思了，而且许多人都学会了正确的储存方法，即用真空酒塞密封后冷藏。在这款曼哈顿中，我用的是卡帕诺·安提卡（Carpano Antica）配方味美思，原料比例为 2.25 份黑麦威士忌兑 1 份味美思。当然，苦精也是必不可少的，而且只能用安高天娜——加 2 大滴。曼哈顿的标准装饰是一颗白兰地樱桃。遗憾的是我不得不省略这一步，因为 31 岁那年，我突然开始对樱桃严重过敏（到了危及生命的程度），所以现在只能用橙皮卷来装饰曼哈顿。

实验 2

不同的冰、不同的搅拌、同样的曼哈顿

下面的配方可做出两杯份量为 4 ⅓ 盎司（129 毫升）的曼哈顿，酒精度 27%，含糖量 3.3 克 /100 毫升，含酸量 0.12%。

制作两杯曼哈顿的原料

4 盎司（120 毫升）瑞顿房黑麦威士忌（酒精度 50%）

略超 1 ¾ 盎司（53 毫升）卡帕诺·安提卡配方味美思（酒精度 16.5%）

4 大滴安高天娜苦精

2 堆体积不同的冰（最简单的做法是一堆是你的常用冰，另一堆是凿成常用冰一半大小的冰）

2 颗白兰地樱桃或 2 个橙皮卷

工具

2 个金属摇酒听

2 个霍桑过滤器或茱莉普过滤器

2 个电子温度计

2 个碟形杯

实验过程

将黑麦威士忌、味美思和苦精混合后分成相等的两份。要一次性把它们混合好，因为这样才能保证两杯酒的成分完全相同。把体积较大的那堆冰块放入一个摇酒听，体积较小的那堆冰块放入另一个摇酒听。把过滤器盖在摇酒听上，甩掉冰块上多余的水。将混合好的酒分别倒入两个摇酒听，用电子温度计搅拌（如果你和你朋友一人搅拌一杯酒，这个步骤会轻松得多）。当温度计的数字降至 −2℃ 时停止搅拌，并立刻将酒滤入碟形杯，加上樱桃或橙皮卷装饰。尽量将所有的酒都从摇酒听里倒出来。

只要两杯酒的温度一样，搅拌的速度和时间并不重要。令人惊奇的是它们的味道、外观和液面线（酒跟杯壁相交的线）都是一样的。从本质上而言，两杯酒完全相同。第一次做这个实验时，我对结果感到震惊，尽管我知道相关物理学原理一定会导出这个结果。

根据上面的配方和做法，每杯曼哈顿的含水量应该在 1 ¼ 盎司（38 毫升）和 1 ½ 盎司（45 毫升）之间，酒精度在 26% ~ 27%。

这个实验还能让你掌握在家调酒的诀窍。调酒师每晚都在搅拌鸡尾酒。他们已经练就出了完美的搅拌技巧，就像高尔夫球手训练出了完美的挥杆技术那样。当你还在摸索调酒时，你的技巧可能没那么精准。如果你希望自己搅拌出来的鸡尾酒每次都完全一样，只需要像上面的实验里一样，用温度计来搅拌。达到理想温度后停止搅拌，稀释度就会每次都一样了，这意味着鸡尾酒也会每次都一样。

1

2

为了让你看得更清楚，左边 3 幅图用的是玻璃搅拌杯。你应该用金属材质的。1.将同样的曼哈顿倒入两个放有不同大小冰块的杯子。2.用电子温度计搅拌。3.当第一杯酒达到 −2℃时停止搅拌，继续将第二杯酒搅拌至 −2℃。4.结果是一样的。

基本准则的又一个证明

当调酒师需要一次性制作多杯酒时，他们希望这些酒能够同时上桌。一些酒可能需要摇匀，另一些酒可能需要搅拌，但它们必须同时送到客人面前。聪明的调酒师不会一杯杯地分开做，因为当你制作后面的酒时，先做好的酒会在杯子里慢慢变味。相反，流水线作业才是惯常的做法。鸡尾酒会放在加了冰的摇酒听里，要么等着被搅拌，要么已经搅拌好了等着被滤出。令人惊奇的是只要时间足够短（几分钟之内）、用的冰够大（不是刨冰即可），这段跟冰接触的额外时间并不会对鸡尾酒造成负面影响。正如我之前解释过的，静止冰的降温效果不强，不会造成稀释和冷却。我知道你可能不相信我说的，所以不妨自己做个实验。这一次，我们将制作 3 杯酒：1 杯是在搅拌前跟冰接触（"前接触"）、1 杯在搅拌后跟冰接触（"后接触"）、1 杯搅拌后立刻倒入杯中（"正常"）。

3

4

实验 3
跟冰接触的曼哈顿

制作 3 杯酒所需的原料

6 盎司（180 毫升）瑞顿房黑麦威士忌

2 ¾ 盎司（79 毫升）卡帕诺·安提卡配方味美思

6 大滴安高天娜苦精

3 堆相同大小和类型的冰

3 颗白兰地樱桃或橙皮卷

工具

3 个金属摇酒听

3 个碟形杯

计时器

吧勺

霍桑或茱莉普过滤器

过程

将黑麦威士忌、味美思和苦精混合后分成相等的 3 份，倒入摇酒听。在摇酒听上分别贴上"前接触"、"后接触"和"正常"的标签。将碟形杯放在摇酒听前面。一旦开始实验，你很容易将 3 个样本搞混，所以要贴好标签。

把一堆冰倒入"前接触"摇酒听，再把另一堆冰倒入"后接触"摇酒听。按下计时器。立刻开始搅拌"后接触"摇酒听里的酒，时间为 15 秒。尽量保持搅拌的稳定，你需要把这个过程重复两次。结束搅拌后等待 90 秒。此时计时器显示的时间应该是 1 分 45 秒。把最后一堆冰倒入"正常"摇酒听搅拌 15 秒，再搅拌"前接触"听 15 秒，然后把 3 杯酒滤入碟形杯。放上装饰。

这 3 杯酒应该基本上一模一样。如果你只做一遍实验，你可能有理由相信自己更喜欢其中一杯。但是，如果你多做几遍实验（就像我做过的那样），你会看到这些酒之间的任何差异都是随机、不可复制的。

这个实验仍然让我十分惊讶。将冰在酒里放 2 分钟居然不会毁了这杯酒。从直觉上讲，这似乎不合常理，但事实如此。与冰接触时间更长的酒会被稀释得更多一点，但完全可以忽略不计。

即使了解了这一点，它应该能够让我在一次性制作多杯搅拌类鸡尾酒时不再紧张，但我每次看到冰泡在酒里时还是会浑身不舒服。我的心告诉我这杯酒在变味，尽管我的大脑知道事实并非如此。要改变固有偏见需要时间。

尽管实验说明中要求用金属听，但为了更清楚地展示，我在这里用的是玻璃杯

准备 3 杯完全一样的未经稀释的曼哈顿，像图中那样贴好标签

时间 = 0 秒
在"Before"（前）杯和"After"（后）杯中加冰，搅拌"After"杯中的酒 15 秒

时间 = 15 秒
停止搅拌。在搅拌"Before"杯之前，你必须先将冰泡在酒里一段时间；在搅拌"After"杯之后，你必须将冰在酒里再泡一段时间

时间 = 105 秒
在"Normal"（正常）曼哈顿中加冰，然后同时搅拌它和"Before"曼哈顿

搅拌 15 秒

时间 = 120 秒
停止搅拌，将 3 杯酒滤出。它们应该是一样的，尽管"After"杯中的曼哈顿在搅拌结束之后静置了 105 秒，"Before"杯中的曼哈顿在搅拌之前就加冰静置了 105 秒，而"Normal"杯中的曼哈顿在搅拌之后立刻上桌

大吉利

摇匀与搅拌、直兑与机器搅拌

摇匀类鸡尾酒：大吉利

大吉利一直是我的最爱之一。几十年来，不走心的调酒师把他们做出来的、喝着像酷爱牌饮料的玩意儿叫大吉利，导致这款酒的名声不太好。真正的大吉利是美妙的。我希望你读完本章后也成为它的粉丝，如果你不是很喜欢它的话。在讨论鸡尾酒的细节之前，让我们先来了解一下摇酒和冰的关系。

有些调酒新手从自己的所见所闻推断，摇酒是一种功夫般的艺术，只有经过多年练习才能熟练掌握，这不是真的。在看过某些调酒师摇酒之后，他们可能还相信正确的摇酒堪比有氧运动，这也不是真的。而且，他们可能还觉得最好的鸡尾酒只能用最好的冰做出来，这（基本上）也不是真的。

好消息是用任何一种过得去的摇酒技法摇至少 10 秒，用几乎任何一种冰，都能做出一杯好喝、品质稳定的摇匀类鸡尾酒。

摇酒是个剧烈的运动过程。对调酒师而言，让冰迅速撞击摇酒听内壁是最剧烈、最高效和最实际的手工冷却 / 稀释技法。事实上，摇酒的效率是如此之高，以至于摇酒听内的鸡尾酒能够迅速达到热均衡状态。一旦达到均衡，进一步的冷却或稀释就几乎不再发生，无论你用的冰大小如何，无论你是不是继续摇酒。跟我们之前在搅拌实验里做的曼哈顿相比，摇匀类鸡尾酒的温度更低、稀释度更高。

之前我对鸡尾酒冷却科学的看法

在 20 世纪初，酒吧界对摇酒技法和用冰极其看重。整体而言，我是这种态度的支持者，因为我相信当你非常专心地去做一件事，结果很可能会变得更好，即使你一开始的设想是错的。然而，在新千年之初，调酒师对特定摇酒技法和特定冰块的痴迷到了走火入魔的程度。我有一个调皮的调酒师朋友叫埃本·克莱姆（Eben Klemm）。2009 年，他说服我在新奥尔良举办的酒吧行业盛会——鸡尾酒传奇大会上举办了一场研讨会，以打破这个现象。我在这一部分介绍的原理正是源自我们为这场研讨会做的准备工作，以及接下去两年里我们陆续举办的研讨会。

除了稀释和冷却，摇酒还会产生微小的气泡，从而为酒增添质感。有时你会在酒的表面看到一层泡沫，它们就是摇酒产生的气泡，而有时你只有通过显微镜才能看到气泡。但有件事是肯定的：没有气泡就没法做出合格的摇匀类鸡尾酒。这些气泡的持续时间不长，所以摇匀类鸡尾酒的质感是转瞬即逝的。摇匀类鸡尾酒的巅峰状态是在它刚被滤出时，接下来，在喝下去之前的每一秒，它的风味都在一点点流失，这是摇匀类鸡尾酒不宜大份量制作的原因之一。为了让客人获得满意的体验，你应该给他们奉上小份量的摇匀类鸡尾酒，这样鸡尾酒才能够在最佳状态下被享用。

用合适的原料调出合适的质感

左边的酒是用普通青柠汁做的，右边的酒是用澄清青柠汁做的。注意右边这杯酒是缺乏质感的。

只用烈酒和冰不能制作出优秀的摇匀类鸡尾酒，烈酒在摇匀后是没有质感的。我们最常用来营造质感的原料可能会让你感到惊讶：柑橘类果汁——柠檬汁和青柠汁。你可能想不到柠檬汁和青柠汁居然能产生泡沫，但只要把一些青柠汁挤到杯子里，再倒上赛尔兹气泡水，你就会看到一层稳定的泡沫在杯中形成。事实上，如果你分别用澄清青柠汁和未澄清的青柠汁来摇酒，并比较它们的味道，前者喝起来是死气沉沉且寡淡的，因为澄清会破坏青柠汁增强泡沫的能力。大部分未澄清果汁都含有大量植物细胞壁成分和其他植物多糖，如果胶，而它们能够为摇匀类鸡尾酒增添质感。你不需要使用黏稠的或含果肉的果汁，只要未经澄清就行。比如，过滤后的柑橘类果汁和未经过滤的柑橘类果汁效果一样，但前者美观得多。有些蔬果汁即使经过澄清也能产生丰富泡沫，如卷心菜汁和黄瓜汁。每使用一种新果汁都应摇一下，看看泡沫能持续多久。或者你也可以在杯子里加一点，用赛尔兹气泡水来测试：如果产生了大量泡沫，它用来制作摇匀类鸡尾酒的效果应该不错。

牛奶和奶油及含有这两种物质的烈酒都能很好地营造质感，尤其是在像白兰地亚历山大（Alexander）这样不含酸类的鸡尾酒里。我经常用澄清牛奶(乳清)来给牛奶浸洗烈酒增加质感(如果你不明白牛奶浸洗的意思，等你读完第 241 页的"浸洗"部分就懂了)。乳清是一种用途很广的鸡尾酒原料，因为它含有发泡能力很强的蛋白质，尽管其外观和味道都不像牛奶。跟牛奶不同的是它和酸性原料非常搭。蜂蜜糖浆也含有蛋白质，可以让酸味鸡尾酒产生泡沫。但调酒师最爱的传统发泡原料并非上面提到的这些，而是蛋清。蛋清富含蛋白质，如果用法得当，它能使鸡尾酒产生丰富、美味的泡沫。更多关于蛋清的知识见下页。

结论：在摇匀类鸡尾酒里加入能够产生泡沫的原料。

用于摇酒的冰

多年来，我做了很多实验，用不同种类的冰来摇制不同的鸡尾酒。我用分析法测量稀释度，并且做了平行品鉴测试。结果几乎总是一样的：如果你遵守几条简单的规则，那么冰的种类基本不会对稀释产生影响。不管是哪种冰，从酒店自动制冰机里的 3/4 英寸（2 厘米）见方的空心冰块到寇德–德拉夫特（Kold–Draft）制冰机制作的 1¼ 英寸（3 厘米）见方的坚硬冰块，它们的稀释量都是相同的，即使这些冰块的表面积有着很大差别。诀窍在于摇酒之前一定要把冰块表面的水甩掉：用小号调酒听把原料混合好，然后把冰放入大号摇酒听，再盖上过滤器盖，用力往下甩，以除去多余的水分。把冰放入小号摇酒听，开始摇酒步骤。

超出上述尺寸范围的冰块的稀释效果不同。碎冰会使摇出来的酒非常冰，但也会稀释过度。一枚 2 英寸（约 5 厘米）见方的冰块稀释效果还比不上同等重量的小冰块，但却能营造出更好的质感，我一直以来都对这个观点持否定态度，直到我自己确定无疑地证实了这一点。多年来，我一直不认同那些鼓吹用一枚大冰块摇酒的调酒师。直到有一年，我在很多观众之前做了一个测试，本意是为了证明用大冰块摇酒华而不实。我用了不同类型的冰来摇酒，然后把酒倒入量筒，以测量摇酒产生了多少泡沫。令我惊讶和尴尬的是大冰块对泡沫质量有积极、可重复的影响。我不知道原因

蛋清

在用蛋清调酒之前，你需要了解几件事。

蛋清不会让你的鸡尾酒产生怪味或蛋味。

把蛋清加入鸡尾酒里不会杀死蛋清里的细菌。根据鸡尾酒的酒精度，被污染的鸡蛋里的沙门菌需要几天至几周才会被消灭。如果你担心食品安全问题或者免疫功能不太好，可以用带壳、经过巴氏杀菌的优质鸡蛋。纸盒包装的巴式杀菌蛋清效果非常差。在我做的蛋清鸡尾酒平行品鉴测试里，胜出的总是新鲜鸡蛋，巴式杀菌带壳鸡蛋紧随其后，而纸盒包装的巴式杀菌蛋清效果则差得多。如果你准备用生鸡蛋给客人做酒，一定要先征求其同意，这个决定不应该由你来替他们做。

刚打出来的蛋清是没有味道的。有些蛋清会在打出来 10 ~ 15 分钟后产生一种令人讨厌的怪味（我觉得是湿狗的味道）。这种气味在鸡尾酒里尤其明显，会破坏酒的香气。幸运的是这种怪味会在几小时内消散。所以，你要么在做酒时才打蛋，并且做好后把酒立刻端给客人；要么提前几小时把蛋打好，放在无盖容器里冷藏，直到它的味道消散。除此之外的任何做法都不可取。

有些鸡蛋永远不会产生湿狗味。我不知道为什么。

许多调酒师会提前准备好蛋清，然后储存在塑料瓶里。对繁忙的酒吧而言，这是个不错的做法。

用蛋清调酒前，先把鸡尾酒里的其他原料——烈酒、糖、酸类、果汁混合在一起，然后加入蛋清。永远不要把顺序反过来，因为非常高的酸度和酒精度会使蛋清在摇酒前凝固，而凝固的蛋清看上去很恶心。在加入蛋清之前，混合好的鸡尾酒的酒精度不得超过 26%。如果超过了 26%，蛋清一定会凝固。接下来，你要做的是干摇，也就是不加冰摇酒。你只需要把摇酒听盖好，用力摇 10 秒左右就能分散蛋清，让鸡尾酒发泡。是的，这个步骤是必要的，我已经做过测试了，所以你无须再做。干摇时要小心，你的摇酒听可能会有分离的风险，因为温的酒不像冰的酒那样能够将两个听紧紧吸附在一起。一定要用滤茶器来过滤蛋清鸡尾酒。尽管用滤茶器会损失掉一部分来之不易的泡沫，但只有这样才能确保所有凝固的蛋清和卵黄系带（将蛋黄固定在鸡蛋中心的小突起，味道差）都被过滤掉。

除了发泡，蛋清还能软化鸡尾酒中的橡木味和单宁味，这也是它为什么适合调制威士忌酸酒的原因。

测试蛋清对威士忌酸酒的影响

让我们来做两杯不同的威士忌酸酒：一杯有蛋清，另一杯没有。我们会在无蛋清版威士忌酸酒里多加一点水，以确保两杯酒的稀释度基本相同。不过，如果你不想多加水也没问题。测试结果仍然有效。

无蛋清版威士忌酸酒

下面的配方可做出一杯份量为 6 $\frac{1}{5}$ 盎司（185毫升）的威士忌酸酒，酒精度16.2%、含糖量7.6克/100毫升，含酸量0.57%。

原料

2 盎司（60 毫升）波本或黑麦威士忌（酒精度59%）

略超 1/2 盎司（17.5 毫升）新鲜过滤的柠檬汁

3/4 盎司（22.5 毫升）单糖浆

略低于 3/4 盎司（20 毫升）过滤水

1 小撮盐

制作方法

将所有原料倒入摇酒听，加大量冰摇匀。滤入冰过的碟形杯。现在，马上制作下一杯酒。

蛋清版威士忌酸酒

下面的配方可做出一杯份量为 6 $\frac{3}{5}$ 盎司（197毫升）的威士忌酸酒，酒精度15.2%，含糖量71克/100毫升，含酸量0.53%。

原料

2 盎司（60 毫升）波本威士忌或黑麦威士忌（酒精度59%）

略多于 1/2 盎司（17.5 毫升）新鲜过滤的柠檬汁

3/4 盎司（22.5 毫升）单糖浆

1 小撮盐

1 个大号鸡蛋的蛋清（30 毫升）

制作方法

将除了蛋清之外的所有原料倒入摇酒听，确保混合均匀。加入蛋清，盖好摇酒听，用力摇 8 ~ 10秒（一定要紧紧按住摇酒听，否则酒会洒出来）。打开摇酒听，加入大量冰，再摇10秒。立刻用滤茶器将酒滤入冰过的碟形杯。观察一下这杯酒的美妙泡沫。它们慢慢地在酒的表面形成一层紧密泡沫的过程令人惊叹。

欣赏完泡沫的美妙之处和顺滑质感之后，集中精力感觉两杯威士忌酸酒在风味上的差异。加了蛋清的那杯没那么重的橡木味，而且口感更柔和。

如何用蛋清调酒：1.先把除了蛋清之外的所有原料倒入摇酒听，然后再加蛋清；2.不加冰用力摇，这一步被称为"干摇"；要小心，不加冰摇酒无法让你的摇酒听紧密吸附在一起

3.打开摇酒听：听中的酒看起来应该是这样的；4.加冰再摇；5.倒入酒杯观察。我用的是带细弹簧的霍桑过滤器。如果你没有，可以用滤茶器。下图：蛋清版威士忌酸酒倒入杯中之后的变化。

是什么，但大冰块的效果就是更好。我马上改变了自己的立场，坚持让我的酒吧里的调酒师用大冰块制作摇匀类鸡尾酒。但是要记住，一个大冰块的稀释能力不像几个小冰块那么强，这不是件好事。解决办法是在摇酒前同时在摇酒听里放入一个大冰块和几个小冰块。额外的小冰块似乎并不会影响大冰块带来的绝佳质感，同时又能给你需要的稀释度。

结论：除非你手头正好有 2 英寸（约 5 厘米）见方的冰块，你用哪种冰其实并不重要，把水甩掉。如果你有大冰块，可以同时用一个大冰块和两个小冰块。

你的摇酒技法

从专业角度而言，你的摇酒技法一点也不重要。当然，你可以懒洋洋地摇酒，让酒过度稀释，但我从来没有见过这样的事发生。反过来说，根据我做过的疯狂摇酒实验（我称之为"疯狂猴子"实验），发疯般地用力摇酒并不会让鸡尾酒温度更低或稀释度更高。只要你摇酒的时间在 8 ~ 12 秒，做出来的酒基本是一样的，所以疯狂摇酒只会浪费你的时间和精力。同理，我和不同的调酒师用相同的原料和相同的冰做过平行实验。结果，在这些用不同风格摇出来的鸡尾酒之间我并没有找到任何不同。从专业角度而言，这些全都不重要。不过，从个人风格的角度而言，摇酒技法还是相当重要的。在鸡尾酒世界里，我们不能忽略个人风格的作用。

我用上图所示的冰块摇了两杯酒。看看左边的酒是多么出色。用一个大冰块的摇酒效果更好

不同的冰、不同的摇酒风格、极小的影响

我在一套摇酒听里装了一个热电偶，用来测量摇酒时的温度。我运用了两种摇酒风格（蓝色代表正常风格，红色代表疯狂风格）和两种类型的冰［实线代表 1.25 英寸（3.2 厘米）见方的冰块，虚线代表糟糕的空心冰块］。每个组合测试两次，一共摇了 8 次酒。

总体而言，小冰块的冷却和稀释速度比大冰块更快，而疯狂摇酒的冷却和稀释速度也比正常摇酒更快，但它们之间的差异微不足道，而且并不总是可预测的。跟摇酒风格和冰块类型比起来，在计时、原料量取，以及最重要的一点——开始摇酒前冰块表面水等方面的误差所产生的影响要大得多。

当摇酒时间为 8 秒时，8 次摇酒之间的最大温度差只有 2.7℃；当摇酒时间为 10 秒时，温度差只有 2.3℃；当摇酒时间达到 14 秒时，温度差就只有 1.2℃ 了。

注意 12 秒之后的冷却曲线越来越直。几乎没有进一步的冷却或稀释发生。

结论：只要你摇够 10 秒，做出来的鸡尾酒就没问题。

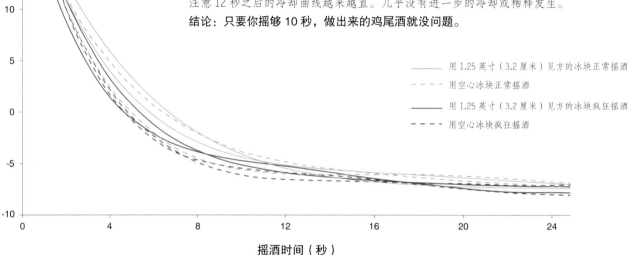

防止酒飞溅

如果你按照我的建议在小号听里先放酒再放冰块，很可能一不小心酒就会溅出来。在家里，你可以用手放入冰块，从而防止酒飞溅，但这在酒吧里行不通。相反，我会在小号听里调好酒，用冰铲把冰块放入大号听，然后把酒倒在冰上。跟在家里不一样的是我通常每次只会用摇酒听做一杯或两杯酒，所以不容易发生加太满的情况。

我不会建议你一定要用哪种摇酒风格，你需要自己去培养，但我可以给你一些如何使用摇酒听的建议。一定要把原料量取到小号听里，然后在小号听里加冰。只要做到了这一点，你就永远不会陷入把摇酒听填得太满而导致鸡尾酒洒出来的窘境。在小号听里加好冰之后，以略微倾斜的角度把大号听盖在它的上面，然后拍一下，让两个听紧密贴合在一起。倾斜的角度会让你在摇完酒后更容易把两个听打开。在你摇酒的时候，两个听会紧紧吸附在一起，很难打开……为了以防万一，总是把小号听朝着你自己这一边摇酒。如果两个听密封得不好、酒洒出来了，会比较尴尬。如果酒洒到了客人身上，可能会引发冲突。要打开两个听时，把小号听往两个听之间的空隙推，同时在空隙开始的地方用手掌拍打大号听（这一步听上去很难，其实操作起来并不难）。

结论：按自己喜欢的方式摇酒就好。

过滤和上桌

即使摇酒技法没那么重要，但你的过滤技法却是重要的。摇酒会产生许多小冰晶。如果你用的是透明大冰块，这些冰晶通常会像鹅卵石，而且形状比较规则。如果你用的是容易碎裂或者有很多小尖角的冰块，那么产生的冰晶会是各种各样的，还会混入一些冰屑。这些冰晶在摇酒壶里时并不会对稀释产生很大影响，但如果进入酒中，它们会比较迅速地融化，从而破坏酒的稀释度。许多调酒师都很讨厌自己做的酒里有冰晶。但我恰恰喜欢，前提是适量。你可以通过过滤来控制进入酒里的冰晶数量。摇匀类鸡尾酒是用霍桑过滤器来过滤的，它呈平板形，底下带有一圈弹簧。霍桑过滤器的底部叫作"闸门"，而你可以调整闸门位于摇酒听口的位置，从而控制进入酒里冰晶的量。我建议把闸门完全关闭，这样仍然能够让一些冰晶通过闸门。真正讨厌冰晶的人会在用完霍桑过滤器之后，再用滤茶器把酒过滤一遍。在使用标准霍桑过滤器和使用霍桑过滤器加滤茶器之外，还有一个折中的选择：使用"鸡尾酒王国"出品的细弹簧霍桑过滤器。

结论：注意闸门！

为什么摇酒听在摇酒时会紧紧吸附在一起

一开始，摇酒听是因为你的拍打而贴合在一起的。拍打的动作会排出部分空气，形成部分真空。但真正的吸附是在摇酒时产生的。

记住，冰在凝结时会膨胀，在融化时会收缩。摇酒会使大量冰融化。摇酒听里的空气一开始是室温，但在摇酒时会迅速降温并收缩。这 3 种收缩过程使摇酒听内形成了颇为强大的部分真空状态，这样两个听在摇酒时才不会分离。

融会贯通：调制大吉利

最后，该学习大吉利的调制方法了。摇匀类鸡尾酒有一种代表性的风格——酒精度较低、含糖量较高，而大吉利正是此类鸡尾酒的绝佳范例。海明威大吉利则属于另一种完全相反的代表性风格——酒精度高、含糖量低（如果用拟人方法来形容，海明威大吉利就是一个有糖尿病的酒鬼）。大吉利和海明威大吉利就像是摇匀类鸡尾酒光谱的两端。如果你对这两款酒烂熟于心，那么对介于它们之间的其他所有摇匀类酸酒都能做出很好的判断。

经典大吉利的原料

下面的配方能做出份量为 5 ⅓ 盎司（159 毫升）的大吉利，酒精度 15%，含糖量 8.9 克 /100 毫升，含酸量 0.85%。

2 盎司（60 毫升）清淡型朗姆酒（酒精度 40%）

3/4 盎司（22.5 毫升）单糖浆

3/4 盎司（22.5 毫升）新鲜过滤的柠檬汁

2 小滴盐溶液或 1 小撮盐

在稀释之前，这杯酒的份量为 105 毫升，酒精度 22%，含糖量 13.5 克 /100 毫升，含酸量 1.29%。

海明威大吉利的原料

下面的配方能做出一杯份量为 5⅘ 盎司（174 毫升）的海明威大吉利，酒精度 16.5%，含糖量 4.2 克/100 毫升，含酸量 0.98%。

2 盎司（60 毫升）清淡型朗姆酒（酒精度 40%）

1/2 盎司（15 毫升）路萨朵（Luxardo）黑樱桃利口酒（酒精度 32%）

1/2 盎司（15 毫升）新鲜过滤的西柚汁

2 小滴盐溶液或 1 小撮盐

在稀释之前，这杯酒的份量为 112 毫升，酒精度 25.6%，含糖量 6.4 克/100 毫升，含酸量 1.52%。

制作方法

用之前介绍过的方法将两杯酒分别摇匀：用正常冰摇 10 秒以上，滤入冰过的碟形杯。经典大吉利应该有 55 毫升左右的化水量，酒精度 15%，含糖量 8.9 克/100 毫升，含酸量 0.84%。海明威大吉利应该有 60 毫升左右的化水量，酒精度 16.7%，含糖量 4.2 克/100 毫升，含酸量 0.99%。如果你研究一下这些数字，就会发现两杯酒的化水比例是一样的。我做过实验，发现高烈度鸡尾酒的稀释度（用百分比表示）通常比低烈度鸡尾酒更高，而温度通常更低。同时摇制的高烈度鸡尾酒和低烈度鸡尾酒比起来，前者的最终酒精含量总是更高。同时，我还做过另一类实验，发现高含糖量鸡尾酒的稀释度（用百分比表示）总是比低含糖量鸡尾酒更高。如果将大吉利与海明威大吉利比较，这两个影响稀释的因素会彼此抵消。

品尝一下味道，看看自己喜欢哪一杯。我毫无疑问更喜欢经典大吉利，尽管它有点太甜了。我在制作它的时候会稍微减少糖浆的用量——单糖浆略少于 3/4 盎司，青柠汁整整 3/4 盎司。

在第二轮实验里，你要用同样的配方再做两杯酒。这次只摇 5 ~ 6 秒。结果应该会完全不同。你的摇酒时间不够长，所以做出来的酒会稀释不足。经典大吉利应该会甜到无法入口。海明威大吉利应该会太酸，但还能喝得下去。推论：随着糖溶化，它的风味会比酸类更快地弱化。因此，要营造出某种特定的风味特质，高稀释度的鸡尾酒需要添加更多糖或更少酸类。

如果你愿意做第三轮实验，可以再做两杯酒，但这次摇 20 秒。它们的稀释度会比摇 10 秒的两杯酒高一些，但不会像你预想的那么高，最后 10 秒的摇酒发生在冷却曲线的低处，所以产生的稀释极少。如果有任何风味上的不同，那么应该是"海明威大吉利"的口感有点寡淡，因为它本来就不高的含糖量更加弱化了。

右边是海明威大吉利，左边是经典大吉利。

搅拌类鸡尾酒：曼哈顿与内格罗尼（Negroni）

搅拌一杯酒可能看上去很简单。事实上，品质稳定的搅拌类鸡尾酒几乎要比其他任何种类的鸡尾酒都更难制作。搅拌是一种相对低效的冷却技法。你需要长时间地不断搅拌，才能使鸡尾酒达到尽可能低的温度。在我们的马天尼实验中，经过两分多钟的搅拌，温度和稀释度才稳定下来，任何人在做酒时都不应该搅拌这么久。冰块大小、搅拌速度及时间是主要变量。小冰块的表面积很大，能够迅速冷却和稀释。很细的刨冰能够极其迅速地冷却和稀释，只需要搅拌几秒就能让酒达到近乎均衡的状态（详见第 94 页的"机器搅拌类鸡尾酒"部分）。对大部分搅拌类鸡尾酒而言，这并不件好事，因为它们的稀释度不需要很高，也并不需要太冰。相反，2 英寸（约 5 厘米）见方的冰块的稀释和冷却速度非常慢，通常会使做出来的搅拌类鸡尾酒温度太高，而稀释度不足。有些调酒师喜欢这样的风格，但我并不喜欢。如果我要喝稀释度低、只是有点冰的鸡尾酒，我会点直兑类鸡尾酒（详见第 87 页）。搅拌类鸡尾酒应该介于直兑类和摇匀类鸡尾酒之间。因此，用来搅拌的最佳冰块应该是中等大小且偏干的。你可以用吧勺背部把大冰块凿成较小的冰块，或者用机器制冰，记得甩掉多余的水。冰的大小并不是关键，因为你可以通过搅拌时间和速度来调整鸡尾酒的稀释度和温度。如果所用的冰偏大，你需要搅拌得更久、更快，才能达到跟小冰块同样的效果。如果用的是小冰块，那就缩短搅拌时间或降低搅拌频率。

在实际生活中，你会经常碰到无法选择用哪种冰的情况，所以你要能够对搅拌做出调整，以适应不同的冰。改变技法并不是个好主意，只需要调整搅拌时间就可以了。你应该练习同时搅拌两杯酒，要做到两只手的搅拌速度相同。尽量保持一致的搅拌风格。如果你做到了风格一致，可以尝一尝自己在某个晚上最先做出来的几杯鸡尾酒，然后根据用冰来调整搅拌时间。

我更喜欢在不锈钢摇酒听里搅拌鸡尾酒，因为它是非常小的蓄热体。它不需要很多融化的冰就能冷却。它不会影响鸡尾酒的温度或稀释度。大号玻璃搅拌杯看上去赏心悦目，却是非常大的蓄热体，会使鸡尾酒的最终温度高几摄氏度，而这足以使鸡尾酒在端上来时会显得温度比较高。用冰和水预先冷却所有的搅拌杯能够解决这个问题，但并不需要这么麻烦。我的酒吧里的大部分调酒师都想用玻璃搅拌杯。我告诉他们没问题，只要保证每次搅拌一杯酒之前都用冰和水冷却一下搅拌杯，没有例外。金属听的效果往往更好。

大部分调酒师都会在搅拌杯里放入特别多的冰，然后再进行搅拌。但如果冰并不接触酒，这么做并没有用。当然，冰会在搅拌过程中下沉，所以少量的额外冰块可能是有用的，但大部分调酒师放的冰块大大超出了必要的程度。在最好的情况下，多余的冰不起作用；在最坏的情况下，它们表面附着的多余的水会使鸡尾酒过度稀释。冰太少也不是件好事。极少量的冰不能完成冷却的任务，冷却速度也不够快。理想的情况下，冰应该跟全部酒——从搅拌杯底部到酒表面都接触。为了保证这一点，放入的冰应该比严格需要的多一些，因为冰会浮起来，所以你需要在最上面放一些额外的冰，从而将所有冰下压到酒里。再放入更多的冰只会适得其反，如果是在家调酒则更不明智，因为家里冰的数量通常有限。

记住，搅拌鸡尾酒是个重复的游戏。先培养出自己的搅拌风格，然后保持一致，这样你做出来的酒就会每次都一样了。搅拌的本质是纯粹的稀释和冷却，没有质感和气泡产生。搅拌类鸡尾酒不会产生气泡，所以它们看上去可能会非常清澈。我非常喜欢这种清澈感，不希望在搅拌类鸡尾酒里添加任何东西去破坏它。搅拌类鸡尾酒相对较烈（我们的曼哈顿酒精度是 26%）。正是因为最终的酒精度高，所以大多数搅拌类鸡尾酒都是以烈酒风味为主导，而非清淡爽口风味。酒精度高达 26% 的鸡尾酒是很难做到爽口的。

搅拌类鸡尾酒的饮用方法：加冰还是不加冰？
内格罗尼

多年前，如果我看到有人点内格罗尼，我可以肯定地说，那人是在餐饮行业工作的。主厨和调酒师一直都爱喝它。如今，似乎所有人都知道了内格罗尼的好处。我遵循的经典配方是等份金酒、金巴利（Campari）和甜味美思。现代调酒师经常会加大金酒的份量，同时把味美思和金巴利的比例保持在 1 ∶ 1。这样做出来的内格罗尼是可以接受的。有人会把金巴利换成阿佩罗（Aperol）。这样做出来的内格罗尼也不错。有人会在经典配方中加入少许柑橘类果汁或少许苏打水，我个人不喜欢，但做出来的酒味道并不坏。正常稀释的内格罗尼好喝，过度稀释的内格罗尼也好喝。它还适合做成气泡版。虽然内格罗尼的风味鲜明、浓郁而复杂，但它的基本结构可以被解析，衍生出数以百计的改编版，它们都很好喝，也保留了内格罗尼的精髓。

永恒的问题：你喜欢在内格罗尼里加冰还是不加冰

不过，即使你选择的是经典内格罗尼配方（我推荐你这么做），你也要做一个最后的决定：上桌时加还是不加冰块？

鸡尾酒上桌时不加冰有两个原因。第一，不加冰的鸡尾酒非常优雅；第二，你可能不希望冰在融化过程中稀释酒液。例如，马天尼应该不加冰饮用，但如果不快速喝完，它会变温，而变温的马天尼不好喝。在不加冰的前提下，有两种方法能够解决鸡尾酒变温的问题：提高饮用速度或把酒做成小份量的。作为一个负责任的调酒师，我推荐后一种方法。多年前有一种令人遗憾的趋势：调酒师把酒的份量做得很大，只因为人们觉得小杯的酒不值自己付的酒钱。我会把温热的马天尼和悲伤联系起来。

鸡尾酒上桌时加冰有 4 个很好的理由：酒的味道会随着时间的推移而发生变化；酒可能会在杯子里放很长时间，如果不加冰，酒温会升高，影响口感；你发现酒太烈了，而刚解冻的冰块表面有水，能够带来一点额外的稀释度（尽管你可以通过延长搅拌时间来解决此问题）；或者你只是喜欢酒加了冰的样子。只要根据这些理由来决定酒是否加冰，你就不会出错。对内格罗尼和其他能够适应不同稀释度的鸡尾酒来说，加冰完全没问题。许多人都无法忍受升温后的内格罗尼。如果一款酒绝对不适合进一步稀释（如马天尼），可以做成小杯的，然后迅速喝掉。

需要给客人制作加冰饮用的鸡尾酒时，我实际上只会加一块冰——一块大冰块。它不会让鸡尾酒太快稀释，同时又能使它保持冰爽怡人。

多冰算太冰？
曼哈顿与内格罗尼

温度会对鸡尾酒的口感产生极大影响。有些酒在过度冷却之后口感会被完全破坏，包括大部分含有陈年和木桶陈酿烈酒的鸡尾酒，如曼哈顿。有些酒在经过深度冷却之后仍然好喝，但反之温度升高就不行了，如内格罗尼。在最后一个搅拌实验里，你将制作初始温度不同的两杯内格罗尼和两杯曼哈顿，然后比较一下它们变温后的口感。

制作两杯不同鸡尾酒的原料

曼哈顿

下面的配方可做出两杯份量为 4 1/3 盎司（129 毫升）的曼哈顿，酒精度 27%、含糖量 3.4 克 /100 毫升、含酸量 0.12%。

4 盎司（120 毫升）瑞顿房黑麦威士忌（酒精度 50%）

略超 3/4 盎司（53 毫升）优质甜味美思（酒精度 16.5%）

4 大滴安高天娜苦精

2 颗白兰地樱桃或橙皮卷

内格罗尼

下面的配方可做出两杯份量为 4 1/4 盎司（127 毫升）的内格罗尼，酒精度 27%、含糖量 9.4 克 /100 毫升、含酸量 0.14%。

2 盎司（60 毫升）金酒

2 盎司（60 毫升）金巴利

2 盎司（60 毫升）甜味美思

2 个橙皮卷

工具

4 个摇酒听

4 堆冰

2 个霍桑过滤器或茱莉普过滤器

4 个碟形杯

冰柜

实验过程

将黑麦威士忌、味美思和苦精混合在一起，然后将酒分成相等的两份。用同样的方法处理金酒、金巴利和味美思。在其中一杯曼哈顿和一杯内格罗尼里加入份量相同的冰块，搅拌约 15 秒，然后滤入两个带盖的容器。小心地将盖好的容器和碟形杯放入冰柜冷冻 1 小时。在这期间，它们的温度应该会下降 5℃ 或 10℃。现在，搅拌一下第二杯曼哈顿和第二杯内格罗尼，滤入两个碟形杯。将之前的两杯碟形杯从冰柜中取出，倒入冷冻过的酒，然后在 4 杯酒里都放上装饰。尝一下它们的味道。此时，两杯内格罗尼的味道应该都非常好：它们都处于最佳饮用时段。但曼哈顿就不一样了。刚做好的曼哈顿应该口感圆润诱人。相比之下，从冰柜里取出的曼哈顿口感平淡、缺乏活力，而且橡木味太浓郁了。继续品尝 20 分钟。你会发现，随着温度升高，从冰柜里取出的曼哈顿变成了你最爱的曼哈顿，而"新鲜"曼哈顿的味道依然还不错。从冰柜里取出的内格罗尼仍然好喝，而新鲜的内格罗尼变得越来越难以入口。

结论：温度是一种重要的鸡尾酒"原料"，而越冷并不总是意味着越好。几乎所有搅拌类鸡尾酒的最佳饮用温度都介于 −5℃ 和 −1℃ 之间，而有些鸡尾酒无论温度高低都好喝。

搅拌好内格罗尼和曼哈顿之后把它们放入冰柜冷冻几小时，然后取出，跟刚刚做好的酒同时品鉴。这能让你明确温度对不同鸡尾酒的影响

克里夫老式鸡尾酒（Cliff Old-fashioned）

直兑类鸡尾酒：老式鸡尾酒

直兑类鸡尾酒就是直接在酒杯里调制的鸡尾酒，将原料倒入加冰的酒杯，迅速搅拌一下即可。在所有鸡尾酒里，直兑类的稀释度是最低的。老式鸡尾酒是最具代表性的直兑类鸡尾酒，其配方很简单：威士忌、苦精和糖，用橙皮卷装饰。和许多简单的事物一样，老式鸡尾酒的精髓在于微妙。因为原料极少，所以每种原料的影响都很重要。点一杯老式鸡尾酒，你就能判断调酒师的水平如何（想要了解老式鸡尾酒的历史和关于其配方的争论，可以翻到第 357 页的"拓展阅读"）。

最好的老式鸡尾酒制作方法并不是最古老或最"正宗"的，而是你自己最喜欢的。我会用单糖浆，而非砂糖，在许多人看来，这是不可接受的。只有一条老式准则需要你遵守：要做出一杯稀释度尽可能低的鸡尾酒，它不太甜，能够很好地体现基酒的风味，适合慢慢品饮。不过，尽管我鼓励你按自己的喜好去做，但千万不要把捣碎的水果放到杯底，然后把这杯酒叫老式鸡尾酒。如果你加了捣碎的水果，可以给酒起一个新名字！下面，我要用我自己特别喜欢的一个配方来做一杯老式鸡尾酒。

直兑克里夫老式鸡尾酒

克里夫老式鸡尾酒是以我的朋友克里夫德·吉里伯特（Clifford Guilibert）命名的。有一次，克里夫德和我需要为了某个活动制作大量芫荽苏打水。芫荽苏打水跟干姜水很像，味道既清新又辛辣，给你的喉咙后部带来一丝温暖的感觉。在做完一批制作苏打水需要的糖浆后，克里夫德建议我们用它来做一杯老式鸡尾酒。这真是个绝妙的主意！

直兑老式鸡尾酒：1.如果无法直接将冰放进酒杯，可以用吧勺转动冰，直到它进入酒杯；2.放在未经冰冻的酒杯里的冰块；3.滴入苦精；4.倒入基酒；5.倒入糖浆；6.迅速搅拌一下；7.在酒的上方扭一下橙皮；8.将橙皮贴紧酒杯内壁，然后保持橙皮不动，轻轻转动酒杯，最后将橙皮留在杯中

克里夫老式鸡尾酒

原料

下面的配方能做出一杯份量为 3 盎司（90 毫升）的克里夫老式鸡尾酒，酒精度 32%，含糖量 7.7 克 / 100 毫升，含酸量为 0。

1 块 2 英寸（约 5 厘米）见方的透明冰块

2 大滴安高天娜苦精

2 盎司（60 毫升）爱利加（Elijah Craig）12 年波本威士忌（酒精度 47%）

你可以自行决定用哪一款波本威士忌，但最好选一款风味饱满、价格不太贵的。如果你预算充裕，那就用你喜欢的。我做过的最好的克里夫老式鸡尾酒是在一场慈善活动上，用的基酒是响 12 年日本威士忌。那个晚上，我们一共做了 200 杯。一瓶 750 毫升的响 12 年日本威士忌要卖 70 美元，所以这些鸡尾酒的成本之高可想而知，不过还好我并不是那个买单的人。

3/8 盎司（11 毫升）芫荽糖浆（Coriander Syrup）

这款老式鸡尾酒的反传统之处在于糖浆。你可以用常规 1 : 1 单糖浆制作更常见的版本。许多纯粹主义者都坚持用砂糖或方糖，然后一起捣压糖和苦精。他们喜欢颗粒感，而且整杯酒的甜度会慢慢发生变化。但我并不喜欢。

橙皮卷

工具

1 个双重老式杯（室温）

吸管或短搅棒（可不用）

制作方法（看似简单，关键点都在细节中）

我不会在冰过的酒杯里直兑老式鸡尾酒。没有冰过的酒杯在室温下是相对大的蓄热体。当你在室温下调酒时，你必须融化相当多的冰才能使酒杯的温度降到跟酒一样。这一点额外的融化能够提高鸡尾酒最初的稀释度，我喜欢这一点。如果你选择用冰过的酒杯，在直兑完成后延长搅拌时间也能达到同样的效果，但一开始做好的酒的温度会更低，我不喜欢这一点。另外，冰过的酒杯一开始看上去很美，但外壁慢慢会形成水珠，对老式鸡尾酒来说并不美观，因为喝这类酒需要慢慢细品。

像这样的细节——冰杯还是不冰杯——都属于个人偏好问题。但不管你冰不冰杯，都要了解它们带来的结果。

有些调酒师会直接先在杯子里直兑，然后再加冰块，因为这样他们在用吧勺搅拌原料时不会造成稀释。如果你习惯这么做，应该采用一个经过时间考验的做法：按照从便宜到贵的顺序放入原料。如果你在量取原料时出错了，先放便宜的原料意味着你不会把贵的原料也倒掉。几乎所有的专业调酒师都是这么做的，虽然他们几乎不会在量取原料时出错。

最后加冰块有个缺点：你必须将一块笨重的大冰块稳稳地放入杯中，不能让酒溅出来，而且你必须确保冰块跟酒杯尺寸相符。我更喜欢在调酒之前放入冰块，因为这样我能确保冰块在酒杯里看上去很美观。精心手凿的大冰块值得好好对待。把冰块放进双重老式杯。确保冰块大小是适合酒杯的，能够接触到杯底。接触不到杯底的冰块是大忌。如果冰块大小不合适，用吧勺转动它，这样它的棱角会融化，让冰接触到杯底。如果冰块实在太大了，可以先用刀把冰的棱角切掉。

如果你的惯常做法是先放冰，直兑时有两个选择：将原料倒入摇酒听搅拌均匀，然后倒入加有冰块的酒杯，或者直接在加有冰块的酒杯中搅拌原料。尽管摇酒听从技术角度而言无疑更优的选择，但我却更喜欢在加了冰块的酒杯中直兑，从审美角度而言，这么做更令人愉悦。一定要避免原料从冰块上飞溅开来，否则看上去会很愚蠢。放入原料的顺序是这样的：先放 2 大滴苦精，然后是威士忌，最后是芫荽糖浆。你要先放密度最小的原料，这样密度更大的原料在放入之后会下沉，形成自动混合的效果。搅拌时间约 5 秒，然后在酒的上方挤一下（快速扭转一下）橙皮，再用橙皮抹一下杯沿。如果你想在喝这杯酒时继续增加香气，将橙皮卷放入酒中即可。放和不放橙皮的效果有很大区别：你可以做个平行实验，一定会对结果感到震惊。不要小看橙皮的作用。尽量把所有的橙皮都做成一样的，挤橙皮的动作也要一样，这样做出来的酒才会保持稳定的品质。

芫荽糖浆配方

原料

125 克芫荽籽，最好带有清新柑橘香气（用来制作苏打水时糖浆用量减至 100 克）

550 克过滤水

500 克砂糖

5 克盐

10 克红辣椒粉

制作方法

将芫荽籽和水放入搅拌机搅打几秒，直到芫荽籽被完全打碎。将混合物倒入平底锅，加入砂糖和盐，用中火加热平底锅到混合物冒泡。放入红辣椒粉搅匀。关火，尝一下糖浆的味道，直到你的喉咙后部能够感觉到红辣椒的辣味（配方的这个部分无法量化，因为每一批红辣椒粉的味道都有很大不同）。迅速用粗孔过滤器过滤，避免浸渍出更多辣味，然后用平纹细布或细孔中式过滤器再次过滤。

如果糖浆是用于制作苏打水的，需要稍微减少配方中的芫荽籽的用量（除非你希望苏打水跟干姜水一样辣），而且充气时糖浆和水的比例是1∶4（你也可以用4份原味苏打水）。用青柠装饰，但澄清青柠汁的效果最好。

如果制法正确，这款糖浆的含糖量应该是50白利度，也就是说糖的比例按重量计算应该是50%，跟普通单糖浆一样。配方中多余的50克水被芫荽籽吸收了。在酒吧里，我们会用折射仪来纠正含糖量。

制作芫荽糖浆：1.搅拌芫荽籽和水；2.将搅拌好的混合物倒入锅中，加糖；3.中火加热；4.放入红辣椒粉；5.迅速过滤糖浆，我用了两个过滤器，即粗孔过滤器里放了细孔过滤器；6.做好的芫荽糖浆

你需要做的最后决定是要不要在酒里加一根搅拌棒。有了搅拌棒，客人可根据自己的喜好来增加稀释度。酒吧经常会用吸管代替搅拌棒，因为它很便宜，但客人并不需要通过吸管来喝这杯酒。如果你加了搅拌棒，就不要再放吸管了。它会一直移动，而且有戳到眼睛的风险。要用玻璃搅棒或金属搅棒，而且一定要为客人送上纸巾，方便他们把用过的搅棒放在上面。

如果你按照我介绍的方法制作，克里夫老式鸡尾酒的份量应该是 3 盎司（90 毫升）。在这 3 盎司酒里，5/8 盎司（19 毫升或 20%）是冰融化稀释形成的水。上桌时的酒精度约为 31%。

啜饮一口。这杯酒应该是凉的，但并不太冰。太冰的老式鸡尾酒会失去它本身的特质。将酒静置一会儿，在不触碰它的前提下观察。过一段时间之后，你应该会看到大冰块外层形成了一层水。注意这层融化的水几乎没有同酒融合，而且变化是慢慢发生的。轻轻晃动一下酒杯，让融化的水和鸡尾酒融合在一起，然后再啜饮一口，体会味道的变化。这杯克里夫老式鸡尾酒应该更凉了，而且增加的稀释度使它喝起来不再那么浓烈，但口感仍然是平衡的。如果你持续晃动酒杯，冰融化的速度会快得多，因为随着刚融化的水从冰块上脱离，一层新的酒会附着在冰块上。不要过度晃动，你要让变化慢慢发生，这正是你需要大冰块和大量时间的原因。每次都隔几分钟再啜饮，因为这样你才能看到酒是怎样随着时间而变化的。这个实验的意义正在于此（而你可能会想重复这个实验）：理解一杯酒怎样在长时间内保持平衡，即使它经历了一系列不同的温度和稀释度。随着稀释度的增加，一杯用大冰块调制的优质老式鸡尾酒至少在 20 分钟内喝起来都是令人愉悦的。

记住，任何直兑类鸡尾酒的精髓都在于随着时间而缓慢发生的变化。直兑类鸡尾酒应该一开始是很烈的，需要慢慢啜饮，而不是一口喝掉。过了一段时间，它的稀释度会增加，变得更爽口，给你的味蕾带来新一轮的享受。要记住，直兑类鸡尾酒必须在一系列不同的稀释度下都保持平衡。我们可以参考下面这些简单的原则来评估配方，并创作出属于自己的配方。

● 选用在各种不同的稀释度下都好喝的烈酒。有些烈酒在稀释度不足的情况下会很呛口，因此不适合用来直兑鸡尾酒。有些烈酒在纯饮时很好喝，但超过一定的稀释度后口感会变差，这样的酒也不能用。

● 避免酸类。酸性原料的风味和酸度在稀释之后无法保持平衡，如柠檬和青柠。即使加水或去掉水，平衡乙醇和糖的组合仍然能够保持平衡，但酸类就不能了。用来增加酸味的酸类原料只适用于稀释度固定的鸡尾酒。

● 用精油来给直兑类鸡尾酒增加明亮的风味。柠檬皮卷、橙皮卷和西柚皮卷的效果都很好。

● 充分利用苦精。苦精在不同的稀释度下味道都很好，而且能够融入鸡尾酒的其他风味之中，不会抢它们的风头。

● 花时间制作大冰块。如果你时间和精力充足，可以制作或采购美观的高品质透明冰块。

机器搅拌类鸡尾酒和刨冰鸡尾酒：玛格丽特

真正的玛格丽特应该是装在不加冰的碟形杯里，可以加盐圈，也可以不加，但许多人都喜欢搅拌机做的玛格丽特，包括我自己。如果做得好，机器搅拌类鸡尾酒是非常美妙的。而且，把它们做好是有诀窍的。

装满冰的搅拌机是极其高效的冷却机器。跟几乎其他所有方法比起来，它的降温和稀释能力都高得多。用搅拌机将冰搅打成极小的颗粒物，可极大地提高其表面积，而且搅拌的速度很快，使鸡尾酒在冰之间产生大量运动。我在酒吧里不会用搅拌机，因为运转声音太大了。我会用一个更好的工具——刨冰机。刨冰机同搅拌机一样能做出极小的冰晶，但不同的是前者不会搅动你的鸡尾酒。只需要稍微搅拌，刨冰机在稀释和冷却鸡尾酒方面的表现几乎跟搅拌机一样。搅拌机（尤其是价格便宜的那些）经常会在酒里留下没有完全打碎的冰块，而刨冰机的碎冰效果是非常均匀的。我用的是手动铸铁刨冰机，优点是操作起来没有声音，而且外观赏心悦目。不过，在家使用搅拌机就行了，所以你并不需要占有厨房台面空间来放大型刨冰机，除非你的空间多得不知道该怎么用。刨冰鸡尾酒和机器搅拌类鸡尾酒的配方可以互通使用。

摇匀类鸡尾酒配方无法直接应用于搅拌机。如果你用搅拌机来制作标准摇匀类鸡尾酒配方，结果会是不平衡的，即过酸、不够甜及稀释过度。你可以通过增加甜度或减少酸度来调整配方，让它们变得适用于搅拌机。稀释度的问题更难解决。大多数摇匀类鸡尾酒配方都含有太多液体，无法用机器搅拌得很好。怎么办？减少液体量！

摇匀的玛格丽特、机器搅拌的玛格丽特和一般机器搅拌类酸酒

摇匀的玛格丽特

下面的配方能做出一杯份量为 5⁹/₁₀ 盎司（178 毫升）的玛格丽特，酒精度 18.5%、甜度 6.0 克/100 毫升、含酸量 0.76%。

原料

2 盎司（60 毫升）特其拉（酒精度 40%）

3/4 盎司（22.5 毫升）君度（Cointreau）

3/4 盎司（22.5 毫升）新鲜过滤的青柠汁

1/4 盎司（7.5 毫升）单糖浆

5 小滴盐溶液或 1 大撮盐

做法

将所有原料一起摇匀，滤入酒杯（根据个人喜好在杯沿选加盐圈），尝味。

这个配方里的液体量是 3 ³/₄ 盎司（112.5 毫升）。当你用摇匀的方法来制作时，它可能会增加总量为 2 盎司（60 毫升）左右的水，整杯酒的份量略少于 6 盎司（178 毫升），酒精度约为 19%。如果你用搅拌机来制作这杯酒并可以想办法去除冰晶，那么你将看到它增加的水量约为 3 盎司（90 毫升），这太多了。你可以把上面配方里的原料放入搅拌机，再加入约 5 盎司（150 克）冰搅打，就知道我的意思了。下面是一个适用于搅拌机的简单改良配方。

搅拌机：功率曲线背后

即使在不加烈酒的情况下，旋转式搅拌机的叶片也是通过摩擦来融化冰的（在澄清果汁时，我其实会用搅拌机来做加热器）。它们能融化多少冰块取决于搅拌机的功率和你要搅拌的鸡尾酒的体积。在某个特定份量之下，搅拌机无法有效增加鸡尾酒能量。在这一阶段加入更多鸡尾酒会增加每毫升鸡尾酒每秒融化的冰量。到了某个时间点，搅拌机向每毫升鸡尾酒施加的摩擦力会达到最大值。进一步增加鸡尾酒会减少每毫升鸡尾酒每秒融化的冰量。我用的搅拌机叫维他普拉，这是一款功率非常大的搅拌机。如果把功率开到最大，加入 180 克冰和鸡

尾酒，每克液体每秒能融化 0.0007 克冰，也就是说搅拌 15 秒后能让鸡尾酒产生 1.9 毫升的额外稀释，而这只是最小的量。相比之下，如果把维他普拉的功率开到最大，加入 500 克冰和鸡尾酒，每克每秒融化的冰量是 0.029 克。这意味着搅拌 15 秒之后，每杯鸡尾酒能产生将近 8 毫升的额外稀释，这个量可不小。如果加入高达 1 升的冰和鸡尾酒，维他普拉融化的冰量为每克每秒 0.0016 克，也就是说，搅拌 15 秒之后，每杯鸡尾酒将产生 4.3 毫升的额外稀释。由此得到的结论是不要搅拌太久。只需要搅拌到质地刚刚好。

使用刨冰机

刨冰机的型号多种多样。任何能做出质感均匀的冰沙的机器都可以用，包括我儿子用的史努比刨冰机。我更喜欢能够从一大块冰条上刨冰的机器，其效果非常稳定，而且很容易操作。当我们在酒吧制作冰沙鸡尾酒时，我们会把冰直接刨到 5 盎司（150 毫升）容量的碟形杯里。为了使稀释度保持一致，可以采用下面的做法。

- 将你的鸡尾酒原料分成份量大概相同的两份。将一份倒入碟形杯。你需要让一部分冰立刻融化，沉入酒中，这才是这杯酒正确的呈现方式。
- 让冰沙直接落进碟形杯中，直到冰沙在杯中高高隆起，超过杯沿。你大概需要加 70 克冰沙。
- 用吧勺轻轻搅拌一下酒，完成冷却过程并使原料完全融合。有些冰会保留下来，而大部分冰会融化。

直接在碟形杯中制作冰沙。注意杯子里已经有一些液体了，所以冰会立即融化。干燥的碟形杯无法保留足够多的冰沙来做这杯酒

制作冰沙鸡尾酒：玛格丽特

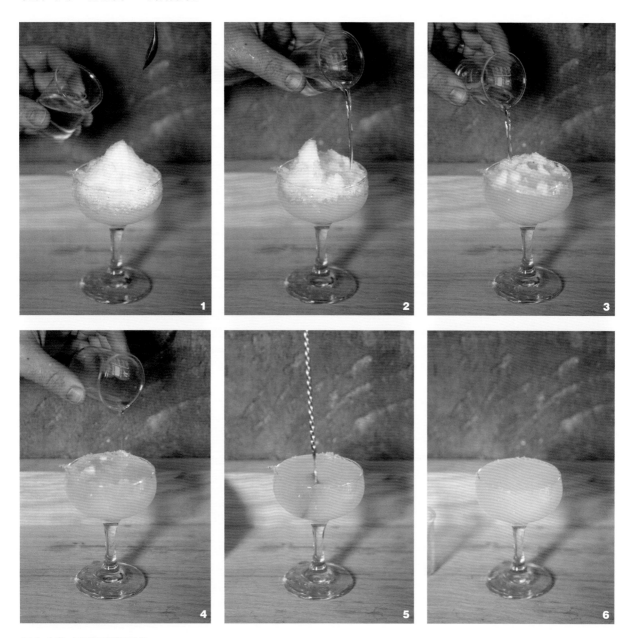

制作冰沙鸡尾酒玛格丽特

搅拌机制作的玛格丽特

下面的配方能做出一杯份量为 5 ⅓ 盎司（158毫升）的玛格丽特，酒精度 17.2%，含糖量 7.9 克 /100 毫升，含酸量 0.57%。

原料

1 盎司（30 毫升）君度（是的，你没看错，君度的量比梅斯卡尔多）

3/4 盎司（22.5 毫升）普利提达（La Puritita）梅斯卡尔（做这杯酒需要一款充满活力的银梅斯卡尔，因为用量太少了。特其拉的风味会无法展现。我用的是银梅斯卡尔，因为我不想酒里有橡木味）

1/2 盎司（15 毫升）黄色查特酒（Yellow Chartreuse）（非传统，但味道好极了）

1/2 盎司（15 毫升）新鲜过滤的青柠汁

10 小滴"地狱火"（Hellfire）苦精或任何不含酸类的辛辣原料

5 小滴盐溶液或 1 大撮盐

约 4 盎司（120 毫升）冰

制作方法

将所有原料放入搅拌机，搅打至冰完全变成碎冰，将酒倒出尝味。酒里应该残留一些冰。如果没有，说明你的搅拌时间过久了，叶片摩擦产生的能量已经使酒过度稀释。

搅拌机制作的玛格丽特一开始的配方份量是 2 ¾ 盎司（82.5 毫升），而不是摇匀配方的 3 ¾ 盎司（112.5 毫升）。搅拌会增加 2 ½ 盎司（75 毫升）左右的水，所以整杯酒最终的酒精度是 17.2%。这个配方之所以能成功是因为君度和黄色查特酒的酒精度和含糖量都高，所以配方中液体的量更少，尽管酒精度是一样的。因此，适用于搅拌机的配方是 2 ¼ 盎司（67.5 毫升），含有酒精度为 40% 的烈酒，含糖量约为 12.75 克，相当于比 0.7 盎司（21 毫升）略少的单糖浆，全部液体的份量只有 2 ¾ 盎司（82.5 毫升）！

这个配方的美妙之处在于它可以普遍推广。你只需要将酒精、糖、酸的比例保持在一个比较稳定的范围。下面我将介绍一般机器搅拌类酸酒的配方。

冰沙玛格丽特

一般原料

2¼ 盎司(67.5 毫升)含有约 0.9 盎司(27 毫升)乙醇和 12.75 克糖的液体

1/2 盎司（15 毫升）新鲜过滤的柠檬汁、青柠汁或其他酸果汁

4 盎司（120 毫升）冰

2 ~ 5 小滴盐溶液或一大撮盐

调配原料

要调配出适合搅拌机的配方，诀窍在于找到合适的烈酒、利口酒和风味组合，从而达到合适的乙醇、糖、体积比例。酒精度为 40% 的烈酒酒精含量适合，但不含糖。加入单糖浆会破坏液体的平衡。为了获得糖分，你可以选用高烈度利口酒（就像之前我们做的玛格丽特那样）或酒精度非常高的烈酒，如酒精度75.5% 的柠檬哈妥（Lemon Hart）朗姆酒，也可以给烈酒增甜。

增甜烈酒原料

下面的配方可做出份量为 1140 毫升（38 盎司）的烈酒，酒精度为 44% 或 35%。

212 克超细砂糖（普通砂糖也可以，但它们融化时间长）

1 升酒精度 40% 或酒精度 40% 烈酒

做法

将烈酒和糖倒入带盖的容器，摇晃至糖完全溶化。这个过程需要一段时间。你可以给烈酒加热：只要是在带盖的容器内进行的，酒精就不会挥发。不要煮沸，否则容器内压力升高，甚至可能爆炸。静待烈酒冷却。最后你会得到约 1120 毫升增甜烈酒。如果你用的是 750 毫升瓶装烈酒，要加入 159克超细砂糖。

● 如果你用的是酒精度 50% 烈酒，每杯酒需要用 2 盎司（60 毫升）。你可能需要一吧勺单糖浆，因为 2 盎司烈酒里的糖会比玛格丽特所含的糖分稍微低一点。现在，加入 1/4 盎司（7.5 毫升）你想要的液体如橙汁、石榴汁、水等，但要确保它不会太甜或太烈。

● 如果你用的是酒精度 40% 烈酒，要在酸类和盐中加入 2¼ 盎司增甜烈酒。这样酒精度会稍低一点，但效果仍然不错。对酒精度 40% 烈酒来说，并没有增加额外原料的空间。

示例 1

瑞顿房冰沙酸酒

下面的配方可做出一杯份量为 5 ¼ 盎司（157 毫升）的酸酒，酒精度 16.7%，含糖量 7.8 克 /100 毫升，含酸量 0.61%。

原料

2 盎司（60 毫升）增甜瑞顿房黑麦威士忌（酒精度 44%）

1/2 盎司（15 毫升）新鲜过滤的柠檬汁

1/4 盎司（7.5 毫升）新鲜过滤的橙汁

4 小滴盐溶液或 1 大撮盐

4 盎司（120 克）冰

做法

用搅拌机搅打均匀，即可饮用。

示例 2

冰沙大吉利

下面的配方可做出一杯份量为 5 ¼ 盎司（157 毫升）的大吉利，酒精度 15%，含糖量 8.1 克 /100 毫升，含酸量 0.57%。

原料

2 ¼ 盎司（67.5 毫升）增甜"富佳娜"白朗姆酒（酒精度 35%）

1/2 盎司（15 毫升）新鲜过滤的青柠汁

4 小滴盐溶液或 1 大撮盐

4 盎司（120 克）冰

做法

机器搅拌，喝掉，重复。

瑞顿房冰沙酸酒

鸡尾酒算法：
配方原理

　　最近我创建了一个鸡尾酒配方数据库，包括经典和我的原创，以便我研究它们的酒精度、含糖量、含酸量和稀释度。在这些特点之间，每个鸡尾酒类别——直兑、搅拌、摇匀、机器搅拌和气泡（我会在后面进行介绍）——都有清晰、充分的联系，无论每个具体配方的风味如何。这一点看上去可能很明显，但它带来的启示并非如此。我发现，在给定原料和鸡尾酒风格的前提下，我完全不需要尝味，就能设计出一个合格的配方。我针对这一点做了几十次实验，结果惊奇地发现：只要运用数学计算就能非常接近想要的结果。苦味有点不好控制，它非常难以量化，但至少有些因素是可以量化的。

　　我说的并不是把金酒换成朗姆酒，或者把青柠汁换成柠檬汁。我说的是假设原料是苹果汁、波本威士忌、君度和柠檬汁，我是否可以做一些调整，从而设计出一个具有相同风味特质的配方？是的，我可以。它的味道不会像大吉利，但感觉是一样的。我在本书中用数学的方式研发出了几个配方，但我不会告诉你是哪些，以免你会对它们有偏见。

　　我不知道应怎样评价这种能力。它有点令人不安。我告诉自己，我仍然需要了解风味融合的原理，我仍然需要运用我的大脑和味蕾，这是确定无疑的。如果你不知道该如何组合风味，再多数学知识也帮不了你。而且数学计算结果也不一定总是正确。有些鸡尾酒需要比平均值更多的糖或酸，有些鸡尾酒需要更少。鸡尾酒的"灵魂"在于你选择的香气和风味。但在评判现有配方和研发新配方时，数学对我的帮助非常大。

　　只要你知道原料的酒精度、含糖量和含酸量，以及你想要模仿的配方的目标酒精度、含糖量、含酸量和稀释度，就能轻易复制出你喜欢的某个配方的基本特质。正是出于这个原因，我的配方全部标明了酒精度、含糖量、含酸量和鸡尾酒成品的份量。要根据我的数字来计算你自己的新配方，你需要参考我在第108~109页列出来的基本原料表，包括酒精度、含糖量和含酸量。

· 酒精用体积百分比来表示。

· 糖以克/100毫升来表示，简写为g/100ml，它大致等于"百分比"。这可能是个奇怪的计量单位，但像糖这样的溶化固体物只能用质量/体积单位（如g/100ml）来表示，因为它们必须按体积计量。

· 酸可以用简单的百分比来表示。尽管酸和糖一样，也会碰到溶化固体物的问题，但是酸在鸡尾酒中的浓度非常低（通常比糖的浓度低得多），所以实际百分比和克/100毫升之间差异非常小，而用百分比比用数字简单多了。

· 体积用盎司（记住，本书中1盎司等于30毫升）和毫升来表示。

· 稀释度用百分比来表示。如果我说稀释度为50%，那意味着原始鸡尾酒配方中的每100毫升液体要用50毫升冰块融化的水来稀释，而鸡尾酒成品的体积是150毫升。如果我说稀释度为25%，那意味着原始鸡尾酒配方中的每100毫升液体要用25毫升冰块融化的水来稀释，而鸡尾酒成品的体积是125毫升。

温度、稀释和原料是怎样合作的

乙醇：鸡尾酒风格按酒精度从高到低排序为直兑类、搅拌类、摇匀类、蛋清摇匀类，最后是并列酒精度最低的机器搅拌类和气泡类。鸡尾酒风格按照温度从高到低排序也是这个顺序，除了气泡类和蛋清类的顺序要调换一下。这可能跟你预想的相反：酒精度高的鸡尾酒似乎应该温度更低，而不是更高，因为冷却通常被用来作为降低酒精度的一种手段。

在一口喝完纯伏特加前，要冰冻到极低温度——比任何鸡尾酒的温度都要低，目的是消除酒精的刺激。但对鸡尾酒配方而言，事实正好相反。为什么？因为传统鸡尾酒的基本准则。调制一杯高烈度鸡尾酒意味着稀释更少。根据基本准则，稀释和冷却是相关的，因此低稀释度也就代表着更高的温度。不同鸡尾酒风格的特点跟用冰块冷却的物理原理密切相关。我们觉得高烈度直兑类和搅拌类鸡尾酒在温度偏高时更好喝，而且低温会破坏这一类鸡尾酒里优质烈酒的风味。不过，我们很难说清这究竟是因为我们的口味偏好还是由于物理性质所致。

高烈度鸡尾酒的单位体积稀释度比低烈度鸡尾酒更高（而且根据基本准则，前者的温度会变得更低）。极限情况是试着用冰来冷却果汁（它的稀释度不会变得很高）和用冰来稀释纯乙醇（它的稀释度会变得非常高）。稀释后的纯乙醇比稀释后的水含有更多酒精，尽管纯乙醇稀释的倍数要高得多。

糖：记住，我们对甜味的感知会随着温度降低而变得非常迟钝，所以你会预计温度低的摇匀类鸡尾酒所含的糖要多于温度高的搅拌类鸡尾酒，才能让我们的味蕾感知到同样的甜度，而事实也正是如此。直兑类鸡尾酒的温度是最高的，添加的糖也最少，但是因为它们的稀释度极低，所以最终每个体积单位的含糖量往往会高于搅拌类鸡尾酒。

酸：温度对酸味感知的影响不如甜味感知那么大，而且酸味不会像甜味那样在稀释过程中迅速减弱。跟温度更高、稀释度更低的摇匀类鸡尾酒相比，高稀释度的冰鸡尾酒（如机器搅拌类）在每单位糖中所含的酸更少。搅拌类鸡尾酒的酸度通常低于摇匀类、机器搅拌类和气泡鸡尾酒，这并非由于它们的温度或含糖量，而是由于它们一般不应该是酸的。直兑类鸡尾酒含有极少的酸或不含酸。

计算稀释度

经过大量实验，我得出了一个方程式以计算搅拌酒和摇酒产生的稀释度，你要考量的只是最初的酒精度。它适用于各种酒精度的鸡尾酒。我发现我完全可以不考虑含糖量。在这些方程式中，酒精度必须以小数表示（22% 要写成 0.22），而计算出来的稀释度也是以小数表示。我对一系列鸡尾酒进行了测量，并且用 Excel 表格制作了数据曲线，然后才导出了这些方程式。

用 120 克 1/4 英寸（约为 0.6 厘米）见方的冰块搅拌 15 秒后，一杯搅拌类鸡尾酒的稀释度：

稀释率 = −1.21 × ABV^2 + 1.246 × ABV + 0.145

用 120 克 1/4 英寸见方的冰块摇酒 10 秒后，一杯摇匀类鸡尾酒的稀释度：

稀释率 = 1.567 × ABV^2 + 1.742 × ABV + 0.203

风味浓度和甜酸比： 风味浓度表示的是一杯酒中糖和酸的含量跟稀释度之间的比例。它很难量化，因为它跟糖和酸两种不同的原料有关。一般而言，稀释度高的鸡尾酒（如气泡类和机器搅拌类）的风味浓度低于高烈度鸡尾酒。甜酸比也就是你希望配方达到的那种甜味和酸味的平衡。如前所述，它会因鸡尾酒上桌时的温度和稀释度发生变化。

不同种类的鸡尾酒的结构

这些特殊的鸡尾酒风格准则基于我对 45 款经典鸡尾酒的研究，包括直兑类、搅拌类、摇匀类和蛋清摇匀类，以及我自己创作的 10 款气泡类和机器搅拌类鸡尾酒配方。在第 106—107 页的图表和第 108—113 页的附加配方表中，你可以对相关数值进行详细研究。所有数字都仅代表典型数值范围，而非硬性规定，而且我已经把异常数值从这些典型数值范围中剔除了。

直兑类鸡尾酒：一般而言，直兑类鸡尾酒的原料几乎全是酒，所以它们的酒精度在很大程度上取决于基酒的烈度。直兑类鸡尾酒是加冰块慢慢饮用的，所以它在一系列不同的稀释度下都应该好喝。这使得我们很难决定它的最佳甜酸比，合适的甜酸比会随着稀释度的变化

而变化。因此，直兑类鸡尾酒通常酸度极低或不含酸。

配方份量：2 1/3 ~ 2 1/2 盎司（70 ~ 75 毫升）

最初酒精度：34% ~ 40%

最初糖酸含量：含糖量约为 9.5 克 /100 毫升，不含酸

稀释度：约为 24%

最终份量：2 9/10 ~ 3 1/10 盎司（88 ~ 93 毫升）

最终酒精度：27% ~ 32%

最终糖酸含量：含糖量约为 7.6 克 /100 毫升，不含酸

搅拌类鸡尾酒：搅拌类鸡尾酒通常有一定酸度，但不会酸到令人讨厌的程度。跟其他风格的鸡尾酒相比，它涵盖的酒精度范围更广。我研究了 16 款搅拌类鸡尾酒，它们的酒精度为 21% ~ 29%，除了"寡妇之吻"，它的酒精度是 32%。内格罗尼是酒精度最低的搅拌类鸡尾酒。或许这正是它如此万能、在各种稀释度下都好喝的原因。下面的数字有个前提：你能够轻松用 120 克 1 1/4 英寸（约 3.2 厘米）见方的冰块搅拌 15 秒。

配方份量：3 ~ 3 1/4 盎司（90 ~ 97 毫升）

最初酒精度：29% ~ 43%

最初糖酸含量：含糖量 5.3 ~ 8.0 克 /100 毫升，含酸量 0.15% ~ 0.20%

稀释度：41% ~ 49%

最终份量：4 1/3 ~ 4 3/4 盎司（130 ~ 142 毫升）

最终酒精度：21% ~ 29%

最终糖酸含量：含糖量 3.7 ~ 5.6 克 /100 毫升，含酸量 0.10% ~ 0.14%

摇匀类鸡尾酒：摇匀类鸡尾酒通常是酸的，含有近乎于等份的单糖浆（或类似原料）、青柠汁或柠檬汁（或类似原料）。每盎司单糖浆的含糖量是每盎司青柠汁或柠檬汁含酸量的10倍，所以在大多数摇匀类鸡尾酒中，糖的含量都是酸的10倍。摇匀类鸡尾酒的最终酒精度大都是15%～20%。这里列出来的配方份量有时对碟形杯来说太大了。记住，这些数字代表的是你做出来的鸡尾酒的实际份量，而不是倒入酒杯中的份量。一旦你把残留酒和倒酒时的损失计算进去，最后杯中的酒液可能会少1/4盎司，有时甚至更多。下面的数字是用120克1¼英寸见方的冰块摇酒10秒后得出的。

配方份量：3¼～3¾盎司（98～112毫升）

最初酒精度：23.0%～31.5%

最初糖酸含量：含糖量8.0～13.5克/100毫升，含酸量1.20%～1.40%

稀释度：51%～60%

最终份量：5⅕～5⁹∕₁₀盎司（156～178毫升）

最终酒精度：15.0%～19.7%

最终糖酸含量：含糖量5.0～8.9克/100毫升，含酸量0.76%～0.94%

蛋清摇匀类：一个大号鸡蛋的蛋清通常约有1盎司（30毫升），所以蛋清摇匀类鸡尾酒稀释时一开始就比摇匀类鸡尾酒多了1盎司。因为稀释度更高，蛋清摇匀类鸡尾酒的甜酸比要高于其他摇匀类鸡尾酒。不过，由于它们被稀释得更多，酸和糖的总体水平往往更低。针对这一类鸡尾酒，我先干摇10秒，令蛋清发泡并跟酒融合，然后再加入120克1¼英寸见方的冰块摇酒10秒，才得出下面的数字。

配方份量：4⅓～4¾盎司（130～143毫升）

最初酒精度：18%～23%

最初糖酸含量：含糖量10.0～13.2克/100毫升，含酸量0.73%～1.00%

稀释度：46%～49%。注意这些稀释度比正常的摇匀类鸡尾酒低得多，因为它们一开始的酒精度更低。

最终份量：6⅔～7盎司（198～209毫升）

最终酒精度：12.1%～15.2%

最终糖酸含量：含糖量6.7～9.0克/100毫升，含酸量0.49%～0.68%

机器搅拌类鸡尾酒：我研究了前文中提到的机器搅拌类鸡尾酒。记住，我稍微"欺骗"了一下稀释法则，把糖直接溶化在酒里，使酒精度在稀释度极高的情况下仍然相当高。机器搅拌类鸡尾酒经过高倍稀释，所以它们每单位糖中的酸含量会比摇匀类鸡尾酒少一点。下面列出来的份量仅指鸡尾酒的液体部分，不包括未融化的冰晶。当把它们倒入酒杯时，它们会含有额外1½盎司（45毫升）的未融化冰晶。

配方份量：2¾盎司（82.5毫升）

最初酒精度：28.6%～32.8%

最初糖酸含量：含糖量15.0～15.4克/100毫升，含酸量1.08%～1.09%

稀释度：90%

最终份量：5¼盎司（157.5毫升）加额外的1½盎司（45毫升）冰晶

最终酒精度：15.0%～17.2%

最终糖酸含量：含糖量7.9～8.1克/100毫升，含酸量0.57%

气泡鸡尾酒：关于给鸡尾酒充气，我稍后再介绍细节。我研究了4款自创配方，以便让你了解典型的气泡鸡尾酒种类。所有的高烈度配方（酒精度16%以上）都是我多年前研发的。我创作的更复杂的新配方酒精度通常在14%～15%。气泡鸡尾酒的甜酸比一般低于摇匀类鸡尾酒，跟机器搅拌类鸡尾酒和蛋清鸡尾酒很接近。和其他高稀释度的鸡尾酒一样，它们的总体含糖量和含酸量都更低。气泡鸡尾酒在冷却之前就已经稀释过了，所以不需要区分最初和最终的数字。

配方份量：5盎司（150毫升）

酒精度：14%～16%

糖酸含量：含糖量5.0～7.5克/100毫升，含酸量0.38%～0.51%

内格罗尼

鸡尾酒平衡一览

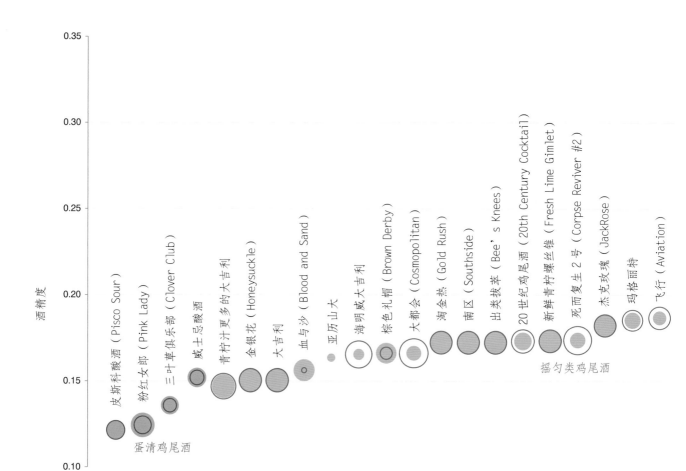

每个类别下的鸡尾酒都是根据酒精度来排序的，在横坐标轴上均匀排列，以便让你看得更清楚。带阴影的圆圈代表每100毫升酒液中糖的克数。空心圆圈代表含酸百分比。

○ 这样大小的空心圆圈代表含酸量为1%　　● 这样大小的实心圆圈代表含糖量为10 g/100 ml

边车（Sidecar）

香榭丽舍（Champs-Elysees）

最后一语（Last Word）

床笫之间（Between the Sheets）

白兰地库斯塔（Brandy Crusta）

闪灯（Blinker）

佩古俱乐部（Pegu Club）

内格罗尼

黑刺李（Blackthorn）

汉基帕基（Hanky Panky）

马提内（Martinez）

酒精度 45% 波本曼哈顿（Manhattan Bourbon 45% ABV）

波比彭斯（Bobby Burns）

罗布罗伊（Rob Roy）

老朋友（Old Pal）

老广场（Vieux Carre）

布鲁克林（Brooklyn）

珠宝（Bijou）

酒精度 50% 黑麦曼哈顿（Manhattan Rye 50% ABV）

锈钉（Rusty Nail）

改良威士忌鸡尾酒（Improved Whiskey Cocktail）

路易斯安那（De La Louisiane）

寡妇之吻

老式鸡尾酒

直兑类鸡尾酒

搅拌类鸡尾酒

机器搅拌类鸡尾酒

冰沙大吉利

冰沙玛格丽特

冰沙威士忌酸酒

气泡鸡尾酒

气泡玛格丽特

气泡威士忌酸酒

金汤力（干型）

气泡内格罗尼

离心机金果汁

琼脂金果汁

查借斯（Chartruth）

第 106 ~ 107 页"鸡尾酒平衡一览"中的配方详解

直兑类

老式鸡尾酒

原料份量：72.6 毫升

成品份量：90 毫升

开始时：酒精度 39.8%，含糖量 9.4 克 / 100 毫升，含酸量 0

结束时：酒精度 32.1%，含糖量 7.6 克 / 100 毫升，含酸量 0

2 盎司（60 毫升）波本威士忌（酒精度 47%）

3/8 盎司（11 毫升）单糖浆

2 大滴安高天娜苦精

在装有大冰块的老式杯中直兑，以橙皮卷装饰。

搅拌类

寡妇之吻

原料份量：76.6 毫升

成品份量：113.8 毫升

开始时：酒精度 47.9%，含糖量 5.5 克 / 100 毫升，含酸量 0

结束时：酒精度 32.3%，含糖量 3.7 克 / 100 毫升，含酸量 0

2 盎司（60 毫升）苹果白兰地（50 度）

1/4 盎司（7.5 毫升）法国廊酒（Benedictine）

1/4 盎司（7.5 毫升）黄色查特酒

2 大滴安高天娜苦精

搅拌后倒入碟形杯。

路易斯安那

原料份量：97.4 毫升

成品份量：143.6 毫升

开始时：酒精度 43.2%，含糖量 6.6 克 / 100 毫升，含酸量 0.09%

结束时：酒精度 29.3%，含糖量 4.5 克 / 100 毫升，含酸量 0.06%

2 盎司（60 毫升）黑麦威士忌（酒精度 50%）

1/2 盎司（15 毫升）法国廊酒

1/2 盎司（15 毫升）甜味美思

3 大滴佩肖（Peychaud）苦精

3 大滴安高天娜苦精

3 大滴苦艾酒

搅拌后滤入碟形杯，用一颗樱桃装饰。

改良威士忌鸡尾酒

原料份量：76.6 毫升

成品份量：113 毫升

开始时：酒精度 43.2%，含糖量 9.5 克 / 100 毫升，含酸量 0

结束时：酒精度 29.3%，含糖量 6.5 克 / 100 毫升，含酸量 0

2 盎司（60 毫升）黑麦威士忌（酒精度 50%）

1/4 盎司（7.5 毫升）路萨朵经典利口酒（Luxardo Maraschino）

1/4 盎司（7.5 毫升）单糖浆

2 大滴安高天娜苦精

搅拌后滤入用苦艾酒洗过杯并装有一块大方冰的老式杯，用柠檬皮卷装饰。

锈钉

原料份量：75 毫升

成品份量：110.4 毫升

开始时：酒精度 42.4%，含糖量 6 克 /100 毫升，含酸量 0

结束时：酒精度 28.8%，含糖量 4.1 克 / 100 毫升，含酸量 0

2 盎司（60 毫升）苏格兰威士忌（酒精度 43%）

1/2 盎司（15 毫升）杜林标（Drambuie）

搅拌后滤入装有一块大方冰的老式杯，用柠檬皮卷装饰。

黑麦曼哈顿

原料份量：88.3 毫升

成品份量：129.2 毫升

开始时：酒精度 39.8%，含糖量 4.9 克 / 100 毫升，含酸量 0.18%

结束时：酒精度 27.2%，含糖量 3.4 克 / 100 毫升，含酸量 0.12%

2 盎司（60 毫升）黑麦威士忌（酒精度 50%）

0.875 盎司（26.66 毫升）甜味美思

2 大滴安高天娜苦精

搅拌后滤入碟形杯，用一颗樱桃和橙皮卷装饰。

珠宝

原料份量：90.8 毫升

成品份量：132.9 毫升

开始时：酒精度 39.6%，含糖量 13.6 克 / 100 毫升，含酸量 0.2%

结束时：酒精度 27.1%，含糖量 9.3 克 / 100 毫升，含酸量 0.14%

1 盎司（30 毫升）金酒（酒精度 47.3%）

1 盎司（30 毫升）甜味美思

1 盎司（30 毫升）绿色查特酒（Chartreuse, Green）

1 大滴橙味苦精

搅拌后滤入碟形杯，用一颗樱桃和柠檬皮卷装饰。

布鲁克林

原料份量：97.6 毫升

成品份量：142.3 毫升

开始时：酒精度 38.3%，含糖量 6.1 克 / 100 毫升，含酸量 0.09%

结束时：酒精度 26.3%，含糖量 4.2 克 / 100 毫升，含酸量 0.06%

2 盎司（60 毫升）黑麦威士忌（酒精度 50%）

1/2 盎司（15.75 毫升）亚玛·匹康（Amer Picon）

1/2 盎司（14.25 毫升）干味美思

1/4 盎司（6.75 毫升）路萨朵经典利口酒

1 大滴安高天娜苦精

搅拌后滤入碟形杯，用一颗樱桃装饰。

老广场

原料份量：91.6 毫升

成品份量：133.4 毫升

开始时：酒精度 37.6%，含糖量 5.9 克 / 100 毫升，含酸量 0.15%

结束时：酒精度 25.9%，含糖量 4.1 克 / 100 毫升，含酸量 0.1%

1 盎司（30 毫升）黑麦威士忌（酒精度 50%）

1 盎司（30 毫升）干邑（Cognac, 酒精度 41%）

3/4 盎司（23.25 毫升）甜味美思

1/4 盎司（6.75 毫升）法国廊酒

1 大滴安高天娜苦精

1 大滴佩肖苦精

搅拌后滤入装有一块大方冰的老式杯。

老朋友

原料份量：105 毫升

成品份量：152.8 毫升

开始时：酒精度 37.5%，含糖量 5.8 克 / 100 毫升，含酸量 0.13%

结束时：酒精度 25.7%，含糖量 4 克 /100 毫升，含酸量 0.09%

2 盎司（60 毫升）黑麦威士忌（酒精度 50%）

3/4 盎司（22.5 毫升）金巴利

3/4 盎司（22.5 毫升）干味美思

搅拌后滤入碟形杯。

罗布罗伊

原料份量：99.1 毫升

成品份量：144.1 毫升

开始时：酒精度 37%，含糖量 3.7 克 /100 毫升，含酸量 0.14%

结束时：酒精度 25.5%，含糖量 2.5 克 / 100 毫升，含酸量 0.09%

2.5 盎司（75 毫升）苏格兰威士忌（酒精度 43%）

3/4 盎司（22.5 毫升）甜味美思

2 大滴安高天娜苦精

搅拌后滤入碟形杯。用柠檬皮卷装饰。

波比彭斯

原料份量：90 毫升

成品份量：130.4 毫升

开始时：酒精度 36.1%，含糖量 6 克/100 毫升，含酸量 0.15%

结束时：酒精度 24.9%，含糖量 4.2g/100 毫升，含酸量 0.1%

2 盎司（60 毫升）苏格兰威士忌（酒精度 43%）

3/4 盎司（22.5 毫升）甜味美思

1/4 盎司（7.5 毫升）法国廊酒

搅拌后滤入碟形杯。用柠檬皮卷装饰。

波本曼哈顿

原料份量：91.6 毫升

成品份量：132.6 毫升

开始时：酒精度 35.7%，含糖量 5.3 克/100 毫升，含酸量 0.2%

结束时：酒精度 24.6%，含糖量 3.7 克 /

100 毫升，含酸量 0.14%

2 盎司（60 毫升）波本威士忌（酒精度 45%）

1 盎司（30 毫升）甜味美思

2 滴安高天娜苦精

搅拌后滤入碟形杯。用一颗樱桃或橙皮卷装饰。

马提内

原料份量：98.4 毫升

成品份量：140.8 毫升

开始时：酒精度 32.2%，含糖量 9.5 克 / 100 毫升，含酸量 0.18%

结束时：酒精度 22.5%，含糖量 6.6 克 / 100 毫升，含酸量 0.13%

2 盎司（60 毫升）老汤姆金酒（酒精度 40%）

1 盎司（30 毫升）甜味美思

1/4 盎司（6.75 毫升）路萨朵经典利口酒

1 大滴安高天娜苦精

1 大滴橙味苦精

搅拌后滤入碟形杯。用柠檬皮卷装饰。

汉基帕基

原料份量：94 毫升

成品份量：134.4 毫升

开始时：酒精度 32.1%，含糖量 8 克/100 毫升，含酸量 0.29%

结束时：酒精度 22.4%，含糖量 5.6 克 / 100 毫升，含酸量 0.2%

1 ½ 盎司（45 毫升）甜味美思

1 ½ 盎司（45 毫升）金酒（酒精度 47%）

1 吧勺菲奈特·布兰卡（Fernet Branca）

搅拌后滤入碟形杯。用橙皮卷装饰。

黑刺李

原料份量：91.6 毫升

成品份量：130 毫升

开始时：酒精度 30%，含糖量 8.9 克/100 毫升，含酸量 0.15%

结束时：酒精度 21.1%，含糖量 6.3 克 / 100 毫升，含酸量 0.1%

1 ½ 盎司（45 毫升）普利茅斯金酒

3/4 盎司（22.5 毫升）甜味美思

3/4 盎司（22.5 毫升）黑刺李金酒

2 大滴橙味苦精

搅拌后滤入碟形杯。以橙皮卷装饰。

内格罗尼

原料份量：90 毫升

成品份量：127.3 毫升

开始时：酒精度 29.3%，含糖量 13.3 克 / 100 毫升，含酸量 0.2%

结束时：酒精度 20.7%，含糖量 9.4 克 / 100 毫升，含酸量 0.14%

1 盎司（30 毫升）甜味美思

1 盎司（30 毫升）金酒（酒精度 47.3%）

1 盎司（30 毫升）金巴利

搅拌后滤入碟形杯或装有一块大方冰的老式杯。用橙皮卷或西柚皮卷装饰。

摇匀类

佩古俱乐部

原料份量：106.6 毫升

成品份量：172 毫升

开始时：酒精度 33.8%，含糖量 6.7 克 / 100 毫升，含酸量 1.27%

结束时：酒精度 21%，含糖量 4.2 克 /100 毫升，含酸量 0.78%

2 盎司（60 毫升）金酒（酒精度 47.3%）

3/4 盎司（22.5 毫升）青柠汁

3/4 盎司（22.5 毫升）橙皮利口酒

1 大滴橙味苦精

1 大滴安高天娜苦精

摇匀后滤入碟形杯。用青柠圈装饰。

闪灯

原料份量：86.5 毫升

成品份量：140 毫升

开始时：酒精度 34.7%，含糖量 6.7 克 / 100 毫升，含酸量 0.62%

结束时：酒精度 21.4%，含糖量 4.1 克 / 100 毫升，含酸量 0.39%

2 盎司（60 毫升）黑麦威士忌（酒精度 50%）

3/4 盎司（22.5 毫升）西柚汁

1 吧勺覆盆子糖浆

摇匀后滤入碟形杯。

白兰地库斯塔

原料份量：97.5 毫升

成品份量：156.3 毫升

开始时：酒精度 32.5%，含糖量 7.6 克 /100 毫升，含酸量 0.92%

结束时：酒精度 20.2%，含糖量 4.7 克 /100 毫升，含酸量 1.28%

2 盎司（60 毫升）干邑（酒精度 41%）

1/2 盎司（15 毫升）橙皮利口酒

1/2 盎司（15 毫升）柠檬汁

1/4 盎司（7.5 毫升）路萨朵经典利口酒

摇匀后滤入有糖圈的碟形杯。用一大圈柠檬皮装饰。

床笫之间

原料份量：97.5 毫升

成品份量：156.2 毫升

开始时：酒精度 32.2%，含糖量 7.2 克 /100 毫升，含酸量 0.92%

结束时：酒精度 20.1%，含糖量 4.5 克 /100 毫升，含酸量 1.28%

1 ½ 盎司（45 毫升）干邑（酒精度 41%）

3/4 盎司（22.5 毫升）橙皮利口酒

1/2 盎司（15 毫升）白朗姆酒（酒精度 40%）

1/2 盎司（15 毫升）柠檬汁

摇匀后滤入碟形杯。在酒液上方扭一下柠檬皮卷，不放入酒杯。

最后一语

原料份量：90.1 毫升

成品份量：144.2 毫升

开始时：酒精度 32%，含糖量 15.4 克 /100 毫升，含酸量 1.5%

结束时：酒精度 20%，含糖量 9.6 克 /100 毫升，含酸量 0.94%

3/4 盎司（22.5 毫升）青柠汁

3/4 盎司（22.5 毫升）绿色查特酒

3/4 盎司（22.5 毫升）路萨朵经典利口酒

3/4 盎司（22.5 毫升）普利茅斯金酒

2 小滴盐溶液

摇匀后滤入碟形杯。

香榭丽舍

原料份量：105.8 毫升

成品份量：168.8 毫升

开始时：酒精度 31.4%，含糖量 8.3 克 /100 毫升，含酸量 1.28%

结束时：酒精度 19.7%，含糖量 5.2 克 /100 毫升，含酸量 0.8%

2 盎司（60 毫升）干邑（酒精度 41%）

3/4 盎司（22.5 毫升）柠檬汁

1/2 盎司（15 毫升）绿色查特酒

1/4 盎司（7.5 毫升）单糖浆

1 大滴安高天娜苦精

摇匀后滤入碟形杯。在酒液上方扭一下柠檬皮卷，不放入酒杯。

边车

原料份量：112.5 毫升

成品份量：178.2 毫升

开始时：酒精度 29.9%，含糖量 9.4 克 /100 毫升，含酸量 1.2%

结束时：酒精度 18.9%，含糖量 6 克 /100 毫升，含酸量 0.76%

2 盎司（60 毫升）干邑（酒精度 41%）

3/4 盎司（22.5 毫升）君度

3/4 盎司（22.5 毫升）柠檬汁

1/4 盎司（7.5 毫升）单糖浆

1 大滴安高天娜苦精

摇匀后滤入碟形杯。在酒液上方扭一下橙皮卷，不放入酒杯。

飞行

原料份量：105 毫升

成品份量：166 毫升

开始时：酒精度 29.5%，含糖量 8 克 /100 毫升，含酸量 1.29%

结束时：酒精度 18.7%，含糖量 5.1 克 /100 毫升，含酸量 0.81%

2 盎司（60 毫升）普利茅斯金酒

3/4 盎司（22.5 毫升）柠檬汁

1/2 盎司（15 毫升）路萨朵经典利口酒

1/4 盎司（7.5 毫升）紫罗兰利口酒（Crème de violette）

摇匀后滤入碟形杯。

玛格丽特

原料份量：112.8 毫升

成品份量：178 毫升

开始时：酒精度 29.3%，含糖量 9.4 克 /100 毫升，含酸量 1.2%

结束时：酒精度 18.5%，含糖量 6 克 /100 毫升，含酸量 0.76%

2 盎司（60 毫升）银特其拉（酒精度 40%）

3/4 盎司（22.5 毫升）青柠汁

3/4 盎司（22.5 毫升）君度

1/4 盎司（7.5 毫升）单糖浆

5 小滴盐溶液

摇匀后滤入碟形杯（盐圈可加可不加）。

杰克玫瑰

原料份量：105.8 毫升

成品份量：166.6 毫升

开始时：酒精度 28.7%，含糖量 13.5 克 /100 毫升，含酸量 1.28%

结束时：酒精度 18.2%，含糖量 8.5 克 /100 毫升，含酸量 0.81%

2 盎司（60 毫升）苹果白兰地（酒精度 50%）

3/4 盎司（22.5 毫升）红石榴糖浆

3/4 盎司（22.5 毫升）柠檬汁

1 大滴安高天娜苦精

摇匀后滤入碟形杯。

死而复生 2 号

原料份量：92.5 毫升

成品份量：144.3 毫升

开始时：酒精度 27.1%，含糖量 8.9 克 /100 毫升，含酸量 1.61%

结束时：酒精度 17.4%，含糖量 5.7 克 /100 毫升，含酸量 1.03%

3/4 盎司（22.5 毫升）柠檬汁

3/4 盎司（22.5 毫升）金酒（酒精度 47%）

3/4 盎司（22.5 毫升）君度

3/4 盎司（22.5 毫升）莉蕾白（Lillet Blanc）

3 大滴苦艾酒或潘诺（Pernod）

摇匀后滤入碟形杯。在酒液上方扭一下橙皮卷，不放入酒杯。

新鲜青柠螺丝锥

原料份量：105 毫升

成品份量：163.7 毫升

开始时：酒精度 27%，含糖量 13.5 克 / 100 毫升，含酸量 1.29%

结束时：酒精度 17.3%，含糖量 8.7 克 / 100 毫升，含酸量 0.82%

2 盎司（60 毫升）金酒（酒精度 47.3%）

3/4 盎司（22.5 毫升）青柠汁

3/4 盎司（22.5 毫升）单糖浆

摇匀后滤入碟形杯，用青柠圈装饰。

20 世纪鸡尾酒

原料份量：112.5 毫升

成品份量：175.4 毫升

开始时：酒精度 27%，含糖量 10.1 克 / 100 毫升，含酸量 1.32%

结束时：酒精度 17.3%，含糖量 6.5 克 / 100 毫升，含酸量 0.85%

1 ½ 盎司（45 毫升）金酒（酒精度 47%）

3/4 盎司（22.5 毫升）柠檬汁

3/4 盎司（22.5 毫升）白可可利口酒（Crème de cacao, white）

3/4 盎司（22.5 毫升）莉蕾白

摇匀后滤入碟形杯。

出类拔萃

原料份量：105 毫升

成品份量：163.6 毫升

开始时：酒精度 26.9%，含糖量 13.5 克 / 100 毫升，含酸量 1.29%

结束时：酒精度 17.2%，含糖量 8.7 克 / 100 毫升，含酸量 0.83%

2 盎司（60 毫升）金酒（酒精度 47%）

3/4 盎司（22.5 毫升）蜂蜜糖浆

3/4 盎司（22.5 毫升）柠檬汁

摇匀后滤入碟形杯。用柠檬圈装饰。

南区

原料份量：105 毫升

成品份量：163.6 毫升

开始时：酒精度 26.9%，含糖量 13.5 克 / 100 毫升，含酸量 1.29%

结束时：酒精度 17.2%，含糖量 8.7 克 / 100 毫升，含酸量 0.83%

2 盎司（60 毫升）金酒（酒精度 47%）

3/4 盎司（22.5 毫升）柠檬汁

3/4 盎司（22.5 毫升）单糖浆

将所有原料和一把薄荷叶一起摇匀，滤入碟形杯。用薄荷装饰。

淘金热

原料份量：105 毫升

成品份量：163.6 毫升

开始时：酒精度 26.9%，含糖量 13.5 克 / 100 毫升，含酸量 1.29%

结束时：酒精度 17.2%，含糖量 8.7 克 / 100 毫升，含酸量 0.83%

2 盎司（60 毫升）波本威士忌（酒精度 47%）

3/4 盎司（22.5 毫升）柠檬汁

3/4 盎司（22.5 毫升）蜂蜜糖浆

摇匀后滤入装有一块大方冰的老式杯。

大都会

原料份量：105 毫升

成品份量：162.5 毫升

开始时：酒精度 25.7%，含糖量 8.4 克 / 100 毫升，含酸量 1.63%

结束时：酒精度 16.6%，含糖量 5.5 克 / 100 毫升，含酸量 1.05%

1 1/2 盎司（45 毫升）绝对柑橘伏特加

3/4 盎司（22.5 毫升）君度

3/4 盎司（22.5 毫升）蔓越莓汁（Cranberry Juice）

1/2 盎司（15 毫升）青柠汁

摇匀后滤入碟形杯。在酒液上方扭一下橙皮卷（可以选择点燃），不放入酒杯。

注：大都市的创作者托比·切奇尼（Toby Cecchini）告诉我，上面的这个配方是被修改过的版本，并不正宗。他认为下面这个酸度更高的配方才是正版。

托比·切奇尼的大都会
（不在"鸡尾酒平衡一览"中）

原料份量：139 毫升

成品份量：215 毫升

开始时：酒精度 25.9%，含糖量 7.2 克 / 100 毫升，含酸量 1.85%

结束时：酒精度 16.7%，含糖量 4.7 克 / 100 毫升，含酸量 1.19%

2 盎司（60 毫升）绝对柑橘伏特加

1 盎司（30 毫升）君度

3/4 盎司（22.5 毫升）青柠汁

1/2 盎司（15 毫升）蔓越莓汁

摇匀后滤入碟形杯，用橙皮卷装饰。

棕色礼帽

原料份量：105 毫升

成品份量：162.5 毫升

开始时：酒精度 25.7%，含糖量 11.8 克 / 100 毫升，含酸量 0.69%

结束时：酒精度 16.6%，含糖量 7.6 克 / 100 毫升。含酸量 0.44%

2 盎司（60 毫升）波本威士忌（酒精度 45%）

1 盎司（30 毫升）西柚汁

1/2 盎司（15 毫升）蜂蜜糖浆

摇匀后滤入碟形杯。在酒液上方扭一下西柚皮卷，不放入酒杯。

海明威大吉利

原料份量：112.6 毫升

成品份量：174.1 毫升

开始时：酒精度 25.6%，含糖量 6.4 克 / 100 毫升，含酸量 22%

结束时：酒精度 16.5%，含糖量 4.1 克 / 100 毫升，含酸量 0.98%

2 盎司（60 毫升）白朗姆酒（酒精度 40%）

3/4 盎司（22.5 毫升）青柠汁

1/2 盎司（15 毫升）西柚汁

1/2 盎司（15 毫升）路萨朵经典利口酒

2 小滴盐溶液

摇匀后滤入碟形杯，用青柠圈装饰。

亚历山大

原料份量：97.5 毫升

成品份量：150.4 毫升

开始时：酒精度 25.2%，含糖量 4.7 克 / 100 毫升，含酸量 0

结束时：酒精度 16.4%，含糖量 3.1 克 / 100 毫升，含酸量 0

2 盎司（60 毫升）干邑（酒精度 41%）

1 盎司（30 毫升）重奶油

1/4 盎司（7.5 毫升）德梅拉蔗糖糖浆

摇匀后滤入碟形杯，用肉豆蔻粉装饰。

血与沙

原料份量：90 毫升

成品份量：137.7 毫升

开始时：酒精度 23.9%，含糖量 12.3 克 /100 毫升，含酸量 0.28%

结束时：酒精度 15.6%，含糖量 8 克 /100 毫升，含酸量 0.19%

1 盎司（30 毫升）苏格兰威士忌（43 度）

3/4 盎司（22.5 毫升）希零（Heering）樱桃利口酒

3/4 盎司（22.5 毫升）甜味美思

1/2 盎司（15 毫升）橙汁

摇匀后滤入碟形杯。用橙皮卷（可以选择点燃）装饰。

大吉利

原料份量：105 毫升

最终份量：159.5 毫升

开始时：酒精度 22.9%，含糖量 13.5 克 /100 毫升，含酸量 1.29%

结束时：酒精度 15%，含糖量 8.9 克 /100 毫升，含酸量 0.85%

2 盎司（60 毫升）白朗姆酒（酒精度 40%）

3/4 盎司（22.5 毫升）青柠汁

3/4 盎司（22.5 毫升）单糖浆

摇匀后滤入碟形杯。

金银花

原料份量：105 毫升

最终份量：159.5 毫升

开始时：酒精度 22.9%，含糖量 13.5 克 /100 毫升，含酸量 1.29%

结束时；酒精度 15%，含糖量 8.9 克 /100 毫升，含酸量 0.85%

2 盎司（60 毫升）白朗姆酒（酒精度 40%）

3/4 盎司（22.5 毫升）青柠汁

3/4 盎司（22.5 毫升）蜂蜜糖浆

摇匀后滤入碟形杯，用青柠圈装饰。

大吉利（青柠汁更多的版本）

原料份量：108 毫升

最终份量：163.4 毫升

开始时：酒精度 22.2%，含糖量 13.2 克 /100 毫升，含酸量 1.42%

结束时：酒精度 14.7%，含糖量 8.7 克 /

100 毫升，含酸量 0.94%

2 盎司（60 毫升）白朗姆酒（酒精度 40%）

0.875 盎司（25.5 毫升）青柠汁

3/4 盎司（22.5 毫升）单糖浆

摇匀后滤入碟形杯。

蛋清鸡尾酒

威士忌酸酒

原料份量：130.1 毫升

最终份量：197.9 毫升

开始时：酒精度 23.1%，含糖量 10.9 克 /100 毫升，含酸量 0.81%

结束时：酒精度 15.2%，含糖量 7.1 克 /100 毫升，含酸量 1/23%

2 盎司（60 毫升）黑麦威士忌（酒精度 50%）

3/4 盎司（22.5 毫升）单糖浆

0.625 盎司（17.5 毫升）柠檬汁

2 小滴盐溶液

1 盎司（30 毫升）蛋清

先不加冰干摇，令蛋清发泡，然后加冰摇匀，滤入碟形杯。

三叶草俱乐部

原料份量：135 毫升

最终份量：201.4 毫升

开始时：酒精度 20.3%，含糖量 10 克 /100 毫升，含酸量 0.73%

结束时：酒精度 13.6%，含糖量 6.7 克 /100 毫升，含酸量 0.49%

2 盎司（60 毫升）普利茅斯金酒

1/2 盎司（15 毫升）杜凌干味美思

1/2 盎司（15 毫升）覆盆子糖浆

1/2 盎司（15 毫升）柠檬汁

1 盎司（30 毫升）蛋清

先不加冰干摇，令蛋清发泡，然后加冰摇匀，滤入碟形杯。用一颗覆盆子装饰。

粉红女郎

原料份量：142.5 毫升

最终份量：209.4 毫升

开始时：酒精度 18.3%，含糖量 13.2 克 /100 毫升，含酸量 0.95%

结束时：酒精度 12.4%，含糖量 9 克 /100 毫升，含酸量 0.64%

1 ½ 盎司（45 毫升）普利茅斯金酒

1 盎司（30 毫升）蛋清

3/4 盎司（22.5 毫升）柠檬汁

1/2 盎司（15 毫升）红石榴糖浆

1/2 盎司（15 毫升）单糖浆

1/2 盎司（15 毫升）莱尔德保税苹果杰克（Lairds Applejack Bottled in Bond）

先不加冰摇，令蛋清发泡，然后加冰摇匀，滤入碟形杯。

皮斯科酸酒

原料份量：135 毫升

最终份量：197.5 毫升

开始时：酒精度 17.8%，含糖量 11/2 克 /100 毫升，含酸量 1%

结束时：酒精度 12.1%，含糖量 7.2 克 /100 毫升，含酸量 0.68%

2 盎司（60 毫升）皮斯科（酒精度 40 度）

1 盎司（30 毫升）蛋清

3/4 盎司（22.5 毫升）青柠汁

3/4 盎司（22.5 毫升）单糖浆

先不加冰干摇，令蛋清发泡，然后加冰摇匀，滤入碟形杯。用 3 小滴安高天娜苦精或秘鲁琼丘（Chuncho）苦精装饰。

机器搅拌类鸡尾酒

冰沙威士忌酸酒

配方份量：157.7 毫升

最终份量：157.7 毫升

开始时：酒精度 16.7%，含糖量 7.8 克 /100 毫升，含酸量 0.61%

结束时：酒精度 16.7%，含糖量 7.8 克 /100 毫升，含酸量 0.61%

2 ½ 盎司（75 毫升）水

2 盎司（60 毫升）增甜酒精度 44% 波本威士忌

1/2 盎司（15 毫升）柠檬汁

1/4 盎司（7.5 毫升）橙汁

4 小滴盐溶液

加入 120 克冰块一起用搅拌机搅打，滤出大冰渣，倒入碟形杯。

冰沙玛格丽特

配方份量：158 毫升

最终份量：158 毫升

开始时：酒精度 17.2%，含糖量 7.9 克 /100 毫升，含酸量 1.27%

结束时：酒精度 17.2%，含糖量 7.9 克 /100 毫升，含酸量 1.27%

2 ½ 盎司（75 毫升）水

1 盎司（30 毫升）君度

3/4 盎司（22.5 毫升）银梅斯卡尔（酒精度 40%）

1/2 盎司（15 毫升）黄色查特酒

1/2 盎司（15 毫升）青柠汁

10 小滴"地狱火"苦精

加入 120 克冰块一起用搅拌机搅打，滤出大冰渣，倒入碟形杯。

冰沙大吉利

原料份量：157.7 毫升

成品份量：157.7 毫升

开始时：酒精度 15%，含糖量 8.1 克 /100 毫升，含酸量 1.27%

结束时：酒精度 15%，含糖量 8.1 克 /100 毫升，含酸量 1.27%

2 ½ 盎司（75 毫升）水

2 ¼ 盎司（67.5 毫升）增甜酒精度 35% 朗姆酒

1/2 盎司（15 毫升）青柠汁

4 小滴盐溶液

加入 120 克冰块一起用搅拌机搅打，滤出大冰渣，倒入碟形杯。

气泡鸡尾酒

查储斯

原料份量：165 毫升

成品份量：165 毫升

开始时：酒精度 18%，含糖量 8.3 克 /100 毫升，含酸量 1.21%

结束时：酒精度 18%，含糖量 8.3 克 /100 毫升，含酸量 1.21%

3 ¼ 盎司（97 毫升）水

1 ¾ 盎司（54 毫升）绿色查特酒

1/2 盎司（14 毫升）澄清青柠汁

冰冻后充气。

金汤力（琼脂澄清）

原料份量：165.1 毫升

成品份量：165.1 毫升

开始时：酒精度 16.9%，含糖量 5 克 /100 毫升，含酸量 1.16%

结束时：酒精度 16.9%，含糖量 5 克 /100 毫升，含酸量 1.16%

2 ⅝ 盎司（80 毫升）以琼脂澄清的西柚汁

2 盎司（59 毫升）金酒（酒精度 47.3%）

7/8 盎司（26 毫升）水

2 小滴盐溶液

冰冻后充气。

金果汁（离心机澄清）

原料份量：165 毫升

成品份量：165 毫升

开始时：酒精度 15.8%，含糖量 7.2 克 /100 毫升，含酸量 0.91%

结束时：酒精度 15.8%，含糖量 7.2 克 /100 毫升，含酸量 0.91%

1 ⅞ 盎司（55 毫升）金酒（酒精度 47.3%）

1 ⅞ 盎司（55 毫升）用离心机澄清的西柚汁

1 ⅜ 盎司（42 毫升）水

3/8 盎司（10 毫升）单糖浆

4 大滴香槟酸

冰冻后充气。

气泡内格罗尼

原料份量：165.1 毫升

成品份量：165.1 毫升

开始时：酒精度 16%，含糖量 7.3 克 /100 毫升，含酸量 0.38%

结束时：酒精度 16%，含糖量 7.3 克 /100 毫升，含酸量 0.38%

2 ¼ 盎司（67.5 毫升）水

1 盎司（30 毫升）甜味美思

1 盎司（30 毫升）金酒（酒精度 47.3%）

1 盎司（30 毫升）金巴利

1/4 盎司（7.5 毫升）澄清青柠汁或香槟酸

2 小滴盐溶液

冰冻后充气。在酒上方扭一下西柚皮卷，不放入酒杯。

金汤力（干型）

原料份量：164.6 毫升

成品份量：164.6 毫升

开始时：酒精度 15.4%，含糖量 4.9 克 /100 毫升，含酸量 0.41%

结束时：酒精度 15.4%，含糖量 4.9 克 /100 毫升，含酸量 0.41%

7/8 盎司（87 毫升）水

1 ¾ 盎司（53.5 毫升）金酒（酒精度 47.3%）

3/8 盎司（12.8 毫升）奎宁单糖浆

3/8 盎司（11.25 毫升）澄清青柠汁

2 小滴盐溶液

冰冻后充气。

气泡威士忌酸酒

原料份量：162 毫升

成品份量：162 毫升

开始时：酒精度 15.2%，含糖量 7.2 克 /100 毫升，含酸量 0.44%

结束时：酒精度 15.2%，含糖量 7.2 克 /100 毫升，含酸量 0.44%

5/8 盎司（78.75 毫升）水

1 ¾ 盎司（52.5 毫升）波本威士忌（酒精度 47%）

5/8 盎司（18.75 毫升）单糖浆

3/8 盎司（12 毫升）澄清柠檬汁

2 小滴盐溶液

冰冻后充气。

气泡玛格丽特

原料份量：165.2 毫升

成品份量：165.2 毫升

开始时：酒精度 14.2%，含糖量 7.1 克 /100 毫升，含酸量 0.44%

结束时：酒精度 14.2%，含糖量 7.1 克 /100 毫升，含酸量 0.44%

2 ½ 盎司（76 毫升）水

2 盎司（58.5 毫升）银特其拉（酒精度 40%）

5/8 盎司（18.75 毫升）单糖浆

3/8 盎司（12 毫升）澄清青柠汁

4 小滴盐溶液

冰冻后充气。

鸡尾酒原料百分比

注: 我所列的在售烈酒的酒精度都是准确的。对同时含有糖和酒精的酒（如查特酒）而言，要测量其酒精度很难，所以我是根据品牌公布的资料和自己的专业经验来估算含糖量的。对以葡萄酒为基酒的利口酒而言，含酸量也是这样估算出来的。果汁的含糖量和含酸量是根据美国政府和商业果农公布的标准原果汁（而不是浓缩果汁）的平均数据估算的，而威克森（Wickson）苹果是我自己用折射仪测量的。当然，各种水果的甜度和酸度有着很大不同。至于增味烈酒的酒精度，我也尽我所能进行准确估算。

下表中没有纯烈酒。纯烈酒的瓶身上有标准酒精度，而且通常不含糖，可滴定酸也极少，即使在橡木桶中陈酿过也是如此。

鸡尾酒原料组成百分比

种类	原料	乙醇	糖	可滴定酸
味美思	卡帕诺 · 安提卡配方	16.5%	16.0%	0.60%
	杜凌白味美思（Dolin Blanc）	16.0%	13.0%	0.60%
	杜凌干味美思	17.5%	3.0%	0.60%
	杜凌红味美思（Dolin Rouge）	16.0%	13.0%	0.60%
	一般干味美思（Generic Dry Vermouth）	17.5%	3.0%	0.60%
	一般红味美思（Generic Sweet Vermouth）	16.5%	16.0%	0.60%
	莉蕾白	17.0%	9.5%	0.60%
	马蒂内利（Martinelli）	16.0%	16.0%	0.60%
利口酒	西奥西阿罗阿玛罗（Amaro CioCiaro）	30.0%	16.0%	0.00%
	亚玛 · 匹康（Amer Picon）	15.0%	20.0%	0.00%
	阿佩罗	11.0%	24.0%	0.00%
	法国廊酒	40.0%	24.5%	0.00%
	金巴利	24.0%	24.0%	0.00%
	绿色查特酒	55.0%	25.0%	0.00%
	黄色查特酒	40.0%	31.2%	0.00%
	君度	40.0%	25.0%	0.00%
	白可可利口酒	24.0%	39.5%	0.00%
	紫罗兰利口酒	20.0%	37.5%	0.00%
	杜林标	40.0%	30.0%	0.00%
	菲奈特 · 布兰卡	39.0%	8.0%	0.00%
	路萨朵经典利口酒	32.0%	35.0%	0.00%
苦精	安高天娜	44.7%	4.2%	0.00%
	佩肖	35.0%	5.0%	0.00%
果汁	阿什米德克纳尔苹果	0.0%	14.7%	1.25%
	康科德葡萄	0.0%	18.0%	0.50%
	蔓越莓	0.0%	13.3%	3.60%
	澳大利亚青苹果	0.0%	13.0%	0.93%

种类	原料	乙醇	糖	可滴定酸
	西柚	0.0%	10.4%	2.40%
	蜜脆苹果	0.0%	13.8%	0.66%
	橙子	0.0%	12.4%	0.80%
	草莓	0.0%	8.%	1.50%
	威克森苹果（Wickson Apple）	0.0%	14.7%	1.25%
酸类	香槟酸	0.0%	0.0%	6.00%
	柠檬汁	0.0%	1.6%	6.00%
	青柠酸橙	0.0%	0.0%	6.00%
	青柠汁	0.0%	1.6%	6.00%
	青柠强度的橙汁	0.0%	12.4%	6.00%
甜味剂	70 白利度焦糖糖浆（70 Brix caramel syrup）（甜度低是因为糖在焦糖化过程中被分解了，这是我猜测的）	0.0%	61.5%	0.00%
	黄油糖浆	0.0%	42.1%	0.00%
	芜菁糖浆	0.0%	61.5%	0.00%
	德梅拉拉蔗糖糖浆	0.0%	61.5%	0.00%
	迪耶糖浆（Djer Syrup）	0.0%	61.5%	0.00%
	蜂蜜糖浆	0.0%	61.5%	0.00%
	枫糖浆	0.0%	87.5%	0.00%
	任何坚果杏仁糖浆	0.0%	61.5%	0.00%
	商业杏仁糖浆	0.0%	85.5%	0.00%
	奎宁单糖浆	0.0%	61.5%	0.00%
	单糖浆	0.0%	61.5%	0.00%
其他	赤霞珠（Cabernet Sauvignon）	14.5%	0.2%	0.55%
	椰子水	0.0%	6.0%	0.00%
	意式浓缩咖啡	0.0%	0.0%	1.50%
	酸橙汁	0.0%	12.3%	4.50%
增味烈酒	咖啡萨凯帕（Café Zacapa）	31.0%	0.0%	0.75%
	巧克力伏特加（Chocolate Vodka）	40.0%	0.0%	0.00%
	哈雷派尼奥辣椒特其拉（Jalapeño Tequila）	40.0%	0.0%	0.00%
	柠檬草伏特加（Lemongrass Vodka）	40.0%	0.0%	0.00%
	牛奶浸洗朗姆酒（Milk-Washed Rum）	34.0%	0.0%	0.00%
	花生酱果冻伏特加（Peanut Butter and Jelly Vodka）	32.5%	16.5%	0.25%
	增甜酒精度 50% 烈酒（Sugared 100 Proof）	44.0%	18.5%	0.00%
	增甜酒精度 40% 烈酒（Sugared 80 Proof）	35.0%	18.5%	0.00%
	茶味伏特加（Tea Vodka）	34.0%	0.0%	0.00%
	姜黄金酒（Turmeric Gin）	41.2%	0.0%	0.00%

第三部分

新技法和理念

另类冷却

准备好探索除冰水之外的鸡尾酒冷却方法了吗？让我们先从你的冰柜开始，然后再介绍液氮和干冰。

像"鸡尾酒忍者"那样使用你的家庭冰柜

我家冰柜的温度约为 –23.5℃，对我的大部分冰柜冷却技法而言，这是个绝佳温度。我还有一台冰柜，它的最低温度可设置在 –20℃ 和 –18℃ 之间，这对后面的配方来说还不够低。在冷冻酒精、糖和水的混合物时，几摄氏度温差就能产生很大差别。你应该确认一下自己的冰柜温度有多低。做法很简单，只需要把一瓶酒精度为 40% 以上的纯烈酒放入冰柜过夜即可。它不会结冰。用电子温度计测一下酒液的温度，这就是你的冰柜温度。如果你的冰柜温度在 –18℃，那说明你把温度调得太高了，应调低。这么做是明智的。你的冰激凌和冷冻食品会受益的。我在不同的地方读到过这样的建议：把冰柜温度调高一点能够省电。很显然这些作者并没有研究过 –18℃ 以上温度对冷冻食品的寿命和品质的影响。把冰柜温度调高无疑是捡了芝麻丢了西瓜。

冰冻鸡尾酒

在"传统鸡尾酒"部分，我介绍了用冰制作机器搅拌类鸡尾酒的方法，它们的酒液里含有冰晶。现在，我们来学习一下如何制作冰冻鸡尾酒。如果你想复制 7-11 便利店的"思乐冰"风格，可以提前批量制作好鸡尾酒，储存在可重复利用的容器中（根据具体的配方，我用的是容量为 1 夸脱的塑料容器或密保诺密封袋），但要去掉很容易变质的原料（如青柠汁），同时加水起到稀释作用，用搅拌机搅打后倒入酒杯。搅拌机制作单杯饮品的效果并不好，所以每次宜制作两杯以上。诀窍在于找准稀释度。最后的酒精度应该低于 15.5%。我的建议是 14%，比大多数摇匀类鸡尾酒更低。需要将酒精度保持在较低的范围，这样你的冰柜才能发挥作用，使鸡尾酒冻结。糖也会降低鸡尾酒的冰点，所以不要让含糖量超过 9 克 /100 毫升。

假设鸡尾酒配方的份量是 2 盎司（60 毫升）、基酒是酒精度 40% 的烈酒，你需要添加约 3 ½ 盎司（105 毫升）以水为基础的原料和最多 3/4 盎司（可用 22.5 毫升）的单糖浆（约 14 克糖）。

这些鸡尾酒需要很长时间才能完全冻结，所以要提前一个晚上来批量制作。当你第二天早上醒来时，查看一下鸡尾酒的状态。如果鸡尾酒的冻结状态看上去不令你满意，你的冰柜温度可能是 −20℃，还不够低。别灰心，你只需要稍微调整一下技法。在你准备用机器搅拌鸡尾酒的 3 ~ 6 小时之前，在酒里加入青柠汁。鸡尾酒被稍稀释后就会完全冻结了。

冰冻技法可以应用在许多鸡尾酒中。下面这个简单的大吉利配方能够帮你快速入门。

思乐冰

冰冻大吉利

下面的配方能做出两杯份量为 5 ⅗ 盎司（169 毫升）的冰冻大吉利，酒精度 14.2%，含糖量 8.4 克 /100 毫升，含酸量 0.93%。

原料

4 盎司（120 毫升）白朗姆酒（酒精度 40%），最好是口感纯净的平价朗姆酒，如富佳娜

4 盎司（120 毫升）过滤水

1 ½ 盎司（45 毫升）单糖浆

4 小滴盐溶液或 2 小撮盐

1 ¾ 盎司（52.5 毫升）新鲜过滤的青柠汁

制作方法

在你准备制作鸡尾酒的前一天，将朗姆酒、水、单糖浆和盐溶液或盐混合在一起。将混合好的酒倒入宽口塑料容器或密保诺（Ziploc）密封袋，放入冰柜冷冻。需要饮用时，将冻结的大吉利从冰柜中取出，直接放入搅拌机，然后加入青柠汁，搅打成冰沙状后倒入杯中。爱搞派对的大学生们：不用谢，但千万别喝太快。

左图：冰冻鸡尾酒从冰柜里拿出来时的质感应该是这样的　　右图：冰冻大吉利

"乌木"与"象牙"

　　放在一起的两杯酒———一杯深色，一杯浅色，和谐共处。但其中任何一杯酒单独拿出来都毫不逊色。

　　这两杯酒本质上都是冰冻味美思。"乌木"是卡帕诺（Carpano）甜味美思（如果你买不到卡帕诺，可以用另一款优质甜味美思代替），加一点伏特加可稍微降低甜度，另外还有少许柠檬汁（你不需要很多柠檬汁，味美思以葡萄酒为基底，所以已经带有酸度了）。我很喜欢这款鸡尾酒。即使它的温度极低，但味美思的纯粹风味仍然得以凸显，同时又不会让你觉得太甜腻。

　　"象牙"的基酒是一款甜型白味美思——杜凌白味美思。它同样加入了一点伏特加，稀释了风味，但它是用青柠汁来增加酸味的。它的口感要比你想象中的味美思鸡尾酒明亮、清新得多。

　　味美思稀释之后会迅速氧化，口感会变得很差，所以这些酒必须装入密保诺密封袋，并排出里面所有空气后冰冻，而不是装入大号容器，因为这样它们会暴露在大量空气中。将酒倒入密封袋，封口按到 90% 的位置。放下密封袋，将所有空气排出，然后将封口完全按紧。

"乌木"与"象牙"

"乌木"

下面的配方能做出两杯份量为 4 ⅘ 盎司（145.5 毫升）的"乌木"，酒精度 14.4%，含糖量 8.4 克 /100 毫升，含酸量 0.74%。

原料

5 盎司（150 毫升）卡帕诺味美思（酒精度 16%，含糖量约 16 克 /100 毫升，含酸量约 0.6%）

1 ½ 盎司（45 毫升）伏特加（酒精度 40%）

2 ½ 盎司（75 毫升）过滤水

4 小滴盐溶液或 2 小撮盐

略少于 3/4 盎司（可用 21 毫升）新鲜过滤的柠檬汁

制作方法

在制作鸡尾酒之前，提前一天把味美思、伏特加、水和盐溶液（或盐）混合在一起。将混合液倒入密保诺密封袋，排出所有空气后冰冻。饮用时，将密封袋从冰柜中取出，直接将混合液倒入搅拌机，加入柠檬汁后搅打至冰沙状，单独饮用或同"象牙"一起享用。

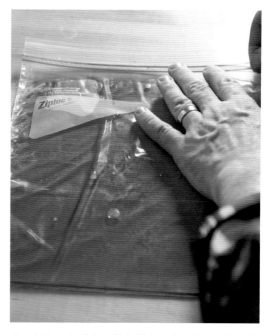

将空气从密保诺密封袋中排出。空气会对鸡尾酒产生不利影响，因为它会让稀释的味美思氧化

"象牙"

下面的配方能做出两杯份量为 4 ⅗ 盎司（138 毫升）的"象牙"，酒精度 13.9%，含糖量 7.9 克 /100 毫升，含酸量 0.81%。

原料

5 ½ 盎司（165 毫升）杜凌白味美思（酒精度 16%，甜度约 13 克 /100 毫升，含酸量约 0.6%）

1 盎司（30 毫升）伏特加（酒精度 40%）

2 盎司（60 毫升）过滤水

4 小滴盐溶液或 2 小撮盐

略少于 3/4 盎司（可用 21 毫升）新鲜过滤的柠檬汁

制作方法

在制作鸡尾酒之前，提前一天把味美思、伏特加、水和盐溶液（或盐）混合在一起。将混合液倒入密保诺密封袋，排出所有空气后冰冻。饮用时，将密封袋从冰柜中取出，直接将混合液倒入搅拌机，加入柠檬汁后搅打至冰沙状，单独饮用或同"乌木"一起享用。

果汁摇

你还可以采取另一种简单方式来利用家庭冰柜：果汁摇。每当有人要我研发一个不用高级设备也能在家里做的配方时，我一定会用到这个方法。

大多数果汁都很难被做成口感平衡的鸡尾酒，因为它们的浓度不够。在你加了足够多的果汁并营造出想要的风味后，就不能用冰对它进行进一步稀释了。苹果汁、西柚汁、草莓汁和西瓜汁含水太多，无法调制用冰来冷却的鸡尾酒。简单的冷却解决方案：把果汁做成冰块，用于摇酒。

乍一看，果汁摇太简单了。准备几个冰格，用量酒器将果汁倒入冰格中，然后冰冻即可。调酒时，用量酒器将烈酒和其他软饮倒入摇酒壶，加入果汁冰块摇匀。不过，有一个需要注意的问题。

用普通冰块摇酒时，你加入多少冰并不重要。不管你用多少冰，摇酒过程中融化的水量差不多都是一样的（如果你忘记了原因，可以温习一下"传统鸡尾酒"部分的第47页）。果汁摇并非如此。果汁冰块是由糖、酸、风味和水组成的。用果汁冰块摇酒时，先融化的部分比后融化的部分含有更多糖、酸，风味更浓郁。因此，加入太多果汁冰块会破坏鸡尾酒的平衡。

在运用果汁摇技法时，你需要加入份量正好的果汁冰块，才能营造出想要的风味。接下来，你要练习一个我称为"摇到结束"的技法，即鸡尾酒摇到果汁冰块完全融化。你会听到冰块在摇酒壶里裂开的声音，而当你听到酒晃动的声音变得像冰沙，同时摇酒听变得非常冰，这表明摇酒完成了。尽管这个过程比普通摇酒更费劲，但它并不像你想象的那么难，因为冰冻果汁比冰冻水更软。

我用果汁摇来制作摇匀类酸酒（如大吉利、威士忌酸酒、玛格丽特）。通常而言，在最终酒精度为15.5%～20%，含糖量为6.5～9克/100毫升，含酸量为0.84%～0.88%时，这些鸡尾酒的口感最佳。根据你的配方和选用的果汁，你可能不希望只用果汁稀释，整杯酒喝起来果汁味道太重。在这种情况下，只要

果汁摇会让摇酒听变得非常冰

加一点普通冰块就可以了。只要你加的普通冰块不是太多，具体加多少并不重要，因为果汁冰块在摇酒时的融化速度比普通冰块快得多。多 30 毫升或少 30 毫升并没有关系。

你可以用搅拌机来模拟果汁摇：用冰冻水果代替冰冻果汁就行。这种搅拌机技法超简单，而且我必须承认这样做出来的酒通常是好喝的，但水果中的果胶和其他固体物会带来一种果昔般的质感，而我并不喜欢这种质感。尽管我对它的态度有所保留，但你尽可以大胆尝试搅拌整只冰冻水果。你加入的冰冻水果的份量应该略大于果汁的份量，因为水果含有固体物，而且你还需要加一点冰，让酒的质感更松软，从而更容易入口。

与用普通冰块摇酒相比，果汁摇会使酒的温度更低，人人都喜欢，而且人人都可以做。下面是几个果汁摇配方。

在搅拌机中用冰冻
水果模拟果汁摇

草莓班迪托（Strawberry Bandito）

你是不是觉得，特其拉和草莓这个组合听上去没什么创意？其实该组合的味道好极了。不同草莓的甜度和酸度会有很大不同。如果你选用的草莓（或草莓汁，如果你买的是预制果汁）跟我的不一样，你将不得不调整下面配方中的比例。如果你希望做出来的酒的冰沙感更重，可以在摇酒前将特其拉放入冰柜储存。我用的是以哈雷派尼奥辣椒浸渍的特其拉，但用普通银特其拉来做也会很好喝。

下面的配方能做出一杯份量为 4 3/5 盎司的草莓班迪托，酒精度 17.1%，含糖量 9.0 克 /100 毫升，含酸量 0.96%。

草莓汁冰块

原料

2 盎司（60 毫升）草莓汁（含糖量 8 克 / 100 毫升，含酸量 1.5%）（或者你也可以用 2 1/2 盎司（75 克）冰冻草莓和 15 克冰，但别说是我告诉你的）

2 盎司（60 毫升）以哈雷派尼奥辣椒浸渍的特其拉，详见第 185 页（酒精度 40%）

1/4 盎司（7.5 毫升）新鲜过滤的青柠汁

略少于 1/2 盎司（可用 12.5 毫升）单糖浆

2 小滴盐溶液或 1 小撮盐

制作方法

在开始制作鸡尾酒前的几小时，量取 2 份 1 盎司（30 毫升）草莓汁，倒入冰格中冰冻（你准备做几杯酒就倒入几个冰格）。这款酒有很多未经冰冻的原料，所以如果你想让酒更冰，可以预先把特其拉、青柠汁和单糖浆放入冰箱冷藏。饮用时，将特其拉、青柠汁、单糖浆和盐溶液或盐倒入摇酒听，加 2 块草莓汁冰，摇至冰块完全融化，酒中没有大颗粒物残留。用霍桑过滤器将酒滤入冰过的碟形杯。尽情享用吧！

草莓班迪托

摇晃德雷克

摇晃德雷克（Shaken Drake）

　　这款酒的原料是未澄清西柚汁和顾美露（Kümmel）（产自德国的一种葛缕子利口酒）。顾美露比更出名的斯堪的纳维亚"表亲"阿夸维特（Aquavit）更甜，但也不是太甜。西柚和葛缕子堪称天生一对。一吧勺枫糖浆平衡了西柚的苦味。尽管 3 种原料都含糖，但做出来的酒并不太甜。西柚有苦味，所以这款酒的盐用量要高于平均水平。如果你喜欢盐圈杯，它正好适用于这款酒。如果你找不到顾美露，可以用阿夸维特代替，同时稍微加大枫糖浆的用量。

　　下面的配方能做出一杯份量为 4 ⅗ 盎司的摇晃德雷克，酒精度 15.6%，含糖量 10.2 克 /100 毫升，含酸量 1.03%。

原料

　　2 盎司（60 毫升）新鲜榨取和过滤的西柚汁（含糖量 10.4 克 /100 毫升，含酸量 2.4%）

　　1 ½ 盎司（45 毫升）赫本（Helbing）顾美露利口酒（酒精度 35%）

　　1/2 盎司（15 毫升）伏特加（酒精度 40%）

　　1 吧勺（4 毫升）B 级枫糖浆（含糖量 87.5 克 /100 毫升）

　　5 小滴盐溶液或 1 小撮盐

制作方法

　　在你开始制作鸡尾酒前的几小时，量取 2 份 1 盎司（30 毫升）的过滤西柚汁，倒入冰格冰冻（你准备做几杯酒就倒入几个冰格）。饮用时，将顾美露、伏特加、枫糖浆和盐溶液或盐倒入摇酒听，加两枚西柚汁冰块，摇至冰块呈冰沙状，酒中没有大颗粒物残留（需要摇至少 30 秒）。你的摇酒听会变得非常冰。用霍桑过滤器将酒液滤入冰过的碟形杯。

椰子苏格兰威士忌（Scotch and Coconut）

我的朋友尼尔斯·诺伦（Nils Noren）很喜欢椰子水和苏格兰威士忌的组合。我从他那里借鉴了这一组合，调制出一款不同寻常的摇匀类鸡尾酒。我选用的苏格兰威士忌是雅柏（Ardbeg）10年，因为我想用一款泥煤味艾雷岛（Islay Scotch）威士忌的烟熏特质来搭配椰子水。椰子水本身有点麝香味，需要一些果味来平衡，所以我加入了君度，它能带来甜度和橙味，同时又不会增添酸度。我不喜欢在苏格兰威士忌里加水果酸类。不过，我发现这款酒需要一点点酸味，所以我添加了少许柠檬汁。酒做完后，我用橙皮卷（橙皮油能够带来明亮的口感，同时又不会增加额外的酸度）和八角茴香来装饰。通常而言，我很讨厌有可食用原料飘在我的酒里，但八角茴香的香气跟椰子水太搭了，所以我破了例。

你选用的椰子水很重要，因为市面上大部分品牌都挺糟糕的。尽量选择未经巴氏高温消毒的椰子水，能够自制是最理想的。适合饮用的椰子水并不来自超市里常见的那种棕色椰子。要去亚洲水果店买未成熟的椰青，它们的汁水是专门用来喝的。它们的外壳通常是米白色或白色，还覆盖着一层纤维。出售时，厚厚的椰壳会被削去一部分。在椰子的顶部凿两个洞，一个用于倒出椰子水，另一个用于进空气，然后将椰子水倒出。一部分椰壳会混在椰子水里，所以要先过滤再使用。

下面的配方能做出一杯份量为 4⁷⁄₁₀ 盎司（142 毫升）的椰子苏格兰威士忌，酒精度 18.6%，含糖量 5.9 克/100 毫升，含酸量 0.32%。

原料

2 ½ 盎司（75 毫升）新鲜椰子水（含糖量 6.0 克/100 毫升）

1 ½ 盎司（45 毫升）雅柏 10 年苏格兰威士忌（酒精度 46%）

1/2 盎司（15 毫升）君度（酒精度 40%，含糖量 25 克/100 毫升）

1/4 盎司（7.5 毫升）新鲜过滤的柠檬汁

2 小滴盐溶液或 1 小撮盐

1 个八角茴香

1 个橙皮卷

制作方法

在制作鸡尾酒之前的几小时，量取 2 份 1 ¼ 盎司（37.5 毫升）的过滤新鲜椰子水，倒入冰格冰冻（你准备做几杯酒就倒入几个冰格）。饮用时，将苏格兰威士忌、君度、柠檬汁和盐溶液（或盐）倒入摇酒听，加两块椰子水冰块，摇至冰块呈冰沙状且酒中没有大颗粒物残留。摇酒听会变得非常冰。用霍桑过滤器将酒液滤入冰过的碟形杯。在酒的上方扭一下橙皮卷，用橙皮朝里的一面抹一下杯沿，无须放入酒杯。在酒的表面放一颗八角茴香做装饰。

下页：制作椰子苏格兰威士忌
1. 在椰青上凿两个洞，一个用于倒出椰子水，另一个用于进空气；2. 将椰子水倒出并过滤；3. 将椰子水倒入冰格后冰冻；4. 做好的酒，可以放装饰了

批量制作搅拌类鸡尾酒

跟摇匀类鸡尾酒相比，很多搅拌类鸡尾酒都可以提前批量制作，而且品质不受影响。事实上，它们的品质很可能会更好。摇匀类鸡尾酒无法提前制作，因为它们的标志性质感只能来自摇酒过程。我在"传统鸡尾酒"部分介绍过，搅拌鸡尾酒只有两个作用：冷却与稀释。你可以利用冰柜轻松地将这两个步骤分开。你可以选择自己想要的稀释度，并且把它冷却到自己想要的温度。提前把酒做好，然后将其放入冰柜冷冻还能帮你大量、快速地制作出优质鸡尾酒。我会在酒吧里批量制作完全稀释的鸡尾酒，然后将其放入高级冰柜，冷却到我想要的温度。遗憾的是普通冰柜的温度太低，不适合用来储存搅拌类鸡尾酒。首先，冰柜会使鸡尾酒结晶，其次，搅拌类鸡尾酒在温度太低时口感并不好。解决办法：只把酒放入冰柜，最后才加入冰水稀释。

让我们重温一下曼哈顿。我想让你学会如何一次性轻松制作大量曼哈顿。多年前的一个晚上，我和妻子一时兴起走进了时代广场豪生酒店（Howard Johnson's）。你可能会问：豪生酒店有什么好去的？原因不是刚卸任查尔斯·戴高乐私人厨师的雅克·佩平（Jacques Pépin）在那里推出了新菜炸蛤蜊条。不，我们是被窗户上的一块复古手写招牌所吸引。招牌上写的是"我们能向你推荐一扎曼哈顿吗"？是的，你们当然能！可惜的是酒店里的侍者只是茫然地盯着我们，因为那块招牌是很早以前留下来的，而扎壶鸡尾酒早在1995年就不供应了。如果他们有下面这个配方就好了。

制作扎壶曼哈顿：1.将酒倒入塑料瓶，挤出空气后盖上盖子，以防止氧化。将塑料瓶放入冰柜；2.在冰柜里冰冻过的曼哈顿；3.量取冰水；4.将冰冻过的曼哈顿和冰水倒入冰过的扎壶；5.搅拌；6.倒入酒杯

扎壶曼哈顿

下面的配方能做出 7 杯份量为 4 ⅖ 盎司（132 毫升）的曼哈顿（你也可以根据需要制作），酒精度 26%，含糖量 3.2g/100ml，含酸量 0.12%。

原料

14 盎司（420 毫升）瑞顿房黑麦威士忌（酒精度 50%）

6 ¼ 盎司（187.5 毫升）卡帕诺・安提卡配方味美思（酒精度 16.5%，含糖量约 16%，含酸量 0.6%）

1/4 盎司（7.5 毫升）安高天娜苦精

10 ½ 盎司（315 毫升）冰水（冰镇过的水；不要把冰加在水里）

你想要的任意装饰

工具

1 升装塑料苏打水瓶

冰过的扎壶

冰过的碟形杯

制作方法

将黑麦威士忌、味美思和安高天娜苦精倒入苏打水瓶。将瓶中多余的空气挤出，盖好盖子，放入冰柜冷冻至少 2 小时。苏打水瓶中的酒不会跟空气接触，所以味美思在冷冻期间不会变质。此外，尽管我并不喜欢用塑料瓶来储存烈酒，但是万一你不慎将瓶子装得太满，塑料瓶不会像玻璃瓶那样在冰柜中爆裂。

饮用时，将鸡尾酒从冰柜中取出，跟冰水一起倒入冰过的扎壶，稍微搅拌一下。如果你的冰柜温度为 −20℃，最后做出来的鸡尾酒温度应该为 −3.3℃ 左右，比搅拌出来的鸡尾酒更冰一点。在碟形杯上放好装饰，尽情倒入曼哈顿吧！

专业水准的即饮瓶装鸡尾酒

如果你的冰柜温控足够精准，可以提前制作即饮搅拌类鸡尾酒并装瓶存放。我的酒吧里总是常备即饮瓶装搅拌类鸡尾酒，而曼哈顿是常见选择。我们会一次性制作30杯，配方跟扎壶曼哈顿很相似，但更简单。

下面的配方能做出30杯份量为 4 ¼ 盎司（136毫升）的曼哈顿，酒精度26%，含糖量3.2克/100毫升，含酸量0.12%。

原料

3瓶750毫升装瑞顿房黑麦威士忌

1瓶1升装卡帕诺·安提卡配方味美思

1盎司（30毫升）安高天娜苦精

1700毫升过滤水

将所有原料混合，分别倒入30个容量为6.35盎司（187毫升）的香槟风格玻璃瓶中。现在挑战来了。你不能只是盖上盖子、冷冻，然后希望这样就能做出最好的曼哈顿。瓶中空余部分的空气足以在几小时内改变味美思的风味，因为已稀释的鸡尾酒里的味美思极不稳定。为了解决这个问题，我们可以在将鸡尾酒装瓶后加入少量液氮。如果你买不到液氮也没关系，你的鸡尾酒只会氧化一点点而已。

我们用的瓶子有跟啤酒瓶一样的冠形瓶盖，所以，当液氮开始冒泡，将气泡中的空气排除出去时，我们要将瓶盖轻轻放在瓶口。液氮停止冒烟说明已经完全挥发，这时可以用压盖机压紧瓶盖了（压盖机价格便宜，可以在任何自酿啤酒店买到）。瓶子经过这样的净化处理，瓶内的酒就可以长时间保存了。

接下来是第二个挑战：精准冷却。我们在酒吧里用的是非常精准的兰德尔（Randall）FX冰柜，温度设为 -5.5℃。常见的冰箱温度（4.4℃）会使做出来的酒温度比较高，而常见的冰柜温度（-20℃）又会使酒结冰。即使酒不结冰，温度在 -6.7℃ 以下都会严重破坏曼哈顿的风味和香气，直到温度稍微上升之后才会缓解。如果我要在一个派对上供应曼哈顿，我会用冰和盐来冷却它。注意：盐冰的组合后酒会变得太冰。你可以先在冰里加10%的盐（按重量计算），充分混合均匀。量一下温度：如果太冰了，可以加水；温度高则可以加盐。你可以随身带一些盐，根据冰融化的情况添加。记住，在倒酒之前要先擦去盐（详见下页图片）。

瓶装鸡尾酒有许多优势。它们上桌的速度很快；做出来的酒比搅拌出来的更冰，而且不会过度稀释；它们的风味每次都一致；酒不会在搅拌时残留在冰块上，因此没有任何损失；最重要的是客人可以按照自己的节奏把鸡尾酒倒入冰过的碟形杯，无须担心酒杯装得太满而导致喝时酒会洒出来。

上页：专业水准的瓶装曼哈顿： 1. 将提前冷却好的曼哈顿装入玻璃瓶，加一点液氮以排除空气；2. 液氮完全停止冒烟就说明它已经挥发完毕；3. 压紧瓶盖

呈现瓶装鸡尾酒：1. 在冰里加入大量盐和一点水。把玻璃瓶插入加好盐的冰里，使鸡尾酒冷却。2. 冰冻并装饰碟形杯。3. 倒酒。4. 完成

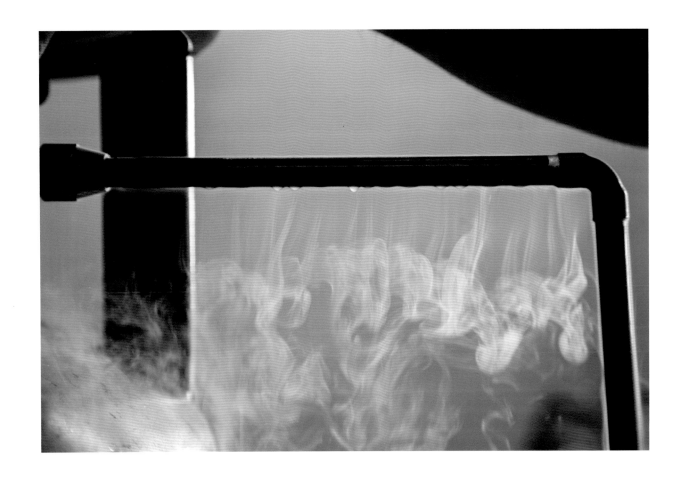

用冷冻剂冷却：
液氮和干冰

现在来学习一下冰柜做不到的冷却技法。我们进入了高技术含量的领域。

关于液氮和干冰的基本信息，包括至关重要的安全须知，详见第 5 页的"工具"部分。不要在不了解时使用这些冷冻剂，也就是说，使用的前提是必须有经验丰富的人对你进行过培训，而且你对这些冷冻剂的用法了如指掌。永远不要让客人直接接触像液氮或干冰这样的冷冻剂。如果你用冷冻剂处理了一杯酒，这杯酒上桌时应该已经看不到冷冻剂的踪影了，留下的只有冷却效果。操作不当可能会使你或你旁边的人丧命，而这种不当并不总是很容易发现。

用液氮摇滚鸡尾酒

液氮

　　顾名思义，液氮就是液态的氮气，它在标准大气压下的温度是 –196 ℃。液氮会不停沸腾，变成氮气进入空气中，而空气的主要成分正是氮气。现在，你可以用液氮来冷却鸡尾酒。你可以较为容易地判断出氮气什么时候已完全挥发，从而不用担心客人会接触到液氮。但用液氮冷却鸡尾酒很容易出问题。

　　虽然液氮的温度极低，但每克液氮的冷却能力只相当于 1.15 克冰，要达到真正的冷却效果，需要的液氮比你预想得多。反之，如果你加的液氮过多，则会非常迅速地将物体冷却过头。液氮会漂浮，所以你不能把它倒在酒的表面，然后指望这样就能达到冷却效果。液氮会漂浮到表面，在液体上形成一层冻住的壳，而液体底部则不受影响，这可不是你想要的。搅拌并不能很好地使液氮与酒混合，除非你搅拌得非常用力，但这很难做到，因为当你把液氮跟温度相对高的液体混合时，液氮会剧烈沸腾，让酒溅得到处都是，液氮也有可能溅到你的手臂上，而且它会起很多雾，严重阻碍你的视线。鉴于这些原因，我并不推荐用液氮来冷却单杯鸡尾酒。液氮适合用来冷却批量制作的鸡尾酒，我把这一技法称作"摇滚"。

摇滚技法：取两个大号容器，要特大的。它们的容量应该是你要做的鸡尾酒份量的 4 倍，最好是 6 倍。如果容器是不锈钢材质的，在冷却过程中一定不要用裸露的手去接触它们，否则会有冻伤的危险。如果你用的是塑料容器，注意不要保存液氮过久，否则容器会因为低温而裂开。千万不要用玻璃容器，它们可能会爆裂。我通常会用塑料容器，虽然它们有裂开的风险。

将鸡尾酒倒入大号容器，然后在表面倒入份量约为鸡尾酒 2/3 的液氮。迅速（记住，不能让塑料容器变脆裂开）拿起容器，将里面的鸡尾酒和液氮一起倒入第二个容器。液氮烟雾会飘得到处都是。再迅速地将鸡尾酒和液氮一起倒回第一个容器。继续来回倒，在两个容器之间摇滚鸡尾酒，直到烟雾完全消失，这是液氮挥发完毕的标志。如果液氮加少了，鸡尾酒温度会升高。倒入更多液氮，重复上述步骤。如果鸡尾酒太冰（也就是说，它已经变成固体了），可以将容器外壁放在流动的自来水下，同时搅拌凝固的酒，它会迅速融化。

如果不搅拌液氮，它只会飘浮在酒液表面，冻成一层壳，而大部分酒则没被冷却

如果你在摇滚过程中将鸡尾酒洒得到处都是，台面变得一团糟，原因是你的操作不够精准或容器不够大。记住，我已经告诉过你，要选择比你预想中更大的容器！诀窍：如果你觉得鸡尾酒快要沸腾并且洒出来了——你的感觉在这方面是很准的——只需要暂时停下来，然后来回倒一半的鸡尾酒，直到沸腾停止。只倒一半酒能够减少混合的份量，从而减轻沸腾的程度。

在用这个方法冷却时，我一般是为了批量制作用普通摇匀技法无法制作的鸡尾酒。比如，大批量的气泡鸡尾酒通常用摇滚技法制作。在家里会用到果汁摇技法的鸡尾酒也是如此。注意不要过度冷却鸡尾酒，否则它的味道会很糟糕，而且会冻伤客人的舌头。如果鸡尾酒变成了固体，那就是冰得过头了。如果鸡尾酒只呈冰沙状，那不具危险性，但温度已经低于理想状态了。

**用肉眼观察鸡尾酒的冷却程度
（从左到右）**：1.这杯酒太冰了，
将它喝下可能会很痛苦；2.这
杯酒不会对你造成伤害（除非
你喝得太快），但它也太冰了，
口感不平衡；3.对用木桶陈年
烈酒调制的鸡尾酒而言，这杯
酒仍然太冰了，不过如果你几
分钟后才把它端上桌则完全没
问题；4.这杯酒可以喝了

用液氮冷却玻璃杯：用液氮冷却玻璃容器是最好的方式。这么
做感觉棒极了，看上去也棒极了，而且只会对容纳鸡尾酒的那一部分进行冷却，
避开了杯底和杯脚，所以不会在桌子上留下一圈讨厌的水迹。建议你把液
氮保存在一个开口的真空隔热保温瓶里，它可以保存几小时。从保温瓶中
倒一点液氮到玻璃杯中，转动一下杯子，就像你在观察一杯高级葡萄酒那
样。在几秒之内，玻璃杯就会变冰。将多余的液氮倒回保温瓶，倒在地板
上或倒入你想要冷却的下一个玻璃杯。只需要几秒，杯子就会起霜，真的
很奇妙。

要记住，你用的是液氮，所以要遵守一些安全守则。永远不要在任何
人的面前用液氮冷却玻璃杯。如果你不小心把液氮泼出来了或者玻璃杯裂
开了，他人可能会受伤。永远不要在裸露的原料或冰槽上方用液氮冷却玻

璃杯，如果玻璃杯碎了，你的产品也就毁了。

　　要选择合适的玻璃杯。你只能选择杯身朝上聚拢的酒杯，如香槟杯、葡萄酒杯和碟形杯。不要用马天尼杯，因为当你转动酒杯时，液氮可能会从杯子里洒出来，溅到眼睛里。有些酒杯——即使是那些杯身朝上聚拢的——也会在接触到液氮时裂开，因为快速冷却会产生巨大压力。通体都厚、杯底和杯沿很平或者杯壁薄、杯底厚的酒杯更容易裂开。品脱杯和洛克杯都不是好的选择。许多高脚杯和大多数香槟杯都不会因为盛放液氮而裂开，但最好先做测试。每种杯型都用两三个酒杯做测试。如果用来测试的杯子都没碎，可以采购更多的同一款酒杯，它们应该都不会碎。根据我的经验，一种特定的杯型要么会一直碎，要么几乎从来不会碎。一款酒杯是否适合冷却不是由它的品质决定的。

对专业酒吧而言，用液氮冷却酒杯意味着我不需要购买专门的冰柜用于冷却酒杯。在家里用冰柜冷却酒杯可能更方便。但在酒吧，液氮能够使我们的吧台空间利用最大化。

干冰

干冰是固态的二氧化碳。之所以叫干冰，是因为二氧化碳在正常大气压下无法以液态存在，它会直接从固态变成气态，这一过程叫作升华。干冰看上去像是更平易近人的冷冻剂，更容易使用，不易造成冻伤，而且因为是固态，比液氮更容易操作。另外，尽管干冰比液氮的温度高得多——温和的 $-78.5\,^\circ\mathrm{C}$——但不要被它更高的温度骗了。在重量相等的情况下，干冰的冷却能力几乎是液氮的 2 倍，因为二氧化碳需要很多能量才能从液态转化成气态（每克 136.5 卡），而每克液氮只需要 47.5 卡的能量就能挥发。

在冷却过程中，不论将干冰置于何种液体中都会对它造成轻微的充气效果。跟液氮不同的是干冰可以包裹在固体上或跟其他液体混合，形成很大的表面积，有利于鸡尾酒迅速冷却。如果将一大块干冰放入一杯液体中，一开始液体会冒泡，并且形成一层美妙的二氧化碳烟雾。然而，液体会迅速平静下来，冷却速度也慢了许多。观察一下液体，干冰仍然在里面，但一层液体表面已经结冰了，跟液体隔绝开来。用工具将结冰层敲碎，冷却速度会再次变快。

安全守则：永远不要用干冰在密封容器中对鸡尾酒充气，除非你是一名有资质的工程师，能够用超压安全阀设计压力容器。你可以在网上找到这样的照片：一名毫无安全意识的人员将干冰扔进汽水瓶里，然后盖上盖子，结果汽水瓶在他手里爆炸了。细想一下，还是别这么做。

干冰还有一个鲜为人知却很有趣的用途：冷却大批量制作的鸡尾酒。你需要一台温度可设定在冰点以下的浸入式循环器（Immersion Circulator，一种带加热器的设备，能够使液体保持在非常精准的温度）、一个大塑料桶、大量低价伏特加和一些干冰。将伏特加（它的冰点很低）倒满塑料桶，放入浸入式循环器，然后加干冰。循环器里的泵会使伏特加一直处于运动状态，它会搅拌伏特加，确保冷却效果是均匀的。如果温度降到 $-16\,^\circ\mathrm{C}$ 以下，循环器里的加热器会启动，以防止过度冷却。

假设你要做一款高烈度一口饮，并且希望在将它递给客人时的温度是 –16 ℃。你只需要将瓶装酒放入塑料盆中，倒入低价伏特加，再放入浸入式循环器。启动循环器，将温度设置在 –16 ℃。现在，放入几大块干冰。接下来你要做的就是不时看一眼伏特加的运动情况，确保冷却是均匀的。我用这个方法在各种活动上供应了几千杯一口饮和鸡尾酒。这一技巧还能用来冷却气泡鸡尾酒。

使用干冰仍然要注意安全：一定要防止误食干冰。

共晶凝固（Eutectic Freezing）

如果你的预算不多，时间却很充裕，而且你真的想在婚礼上使大批鸡尾酒保持在一个特定的温度，可以试试共晶凝固。我们已经知道，在水里加盐会降低水的冰点。但你可能不知道的是在某个特定的浓度下，盐和水的混合液会在同一个温度凝固和融化。这一现象被称为共晶凝固。这些共晶溶液可以将温度保持在一个稳定点，就像普通冰水混合液能够一直保持在 0 ℃（在其他盐浓度下，溶液温度会随着融化过程的进行一直升高，无法达到稳定水平）。

不同的盐溶液有不同的共晶点。当溶液中盐含量为 23.3%（按重量计算），食盐就会达到共晶点 –21.2℃。这个温度对大多数鸡尾酒来说都太低了。适用于鸡尾酒的"魔力盐"是氯化钾。含有 20% 氯化钾和 80% 水的混合液（按重量计算）共晶点为 –11℃。最棒的是氯化钾非常便宜。有些人会把它撒在路面上防止结冰，一般可以在家庭装修用品店里找到大袋装氯化钾。

要让批量制作的鸡尾酒保持比饮用温度稍低一点的温度，你可以将 20% 氯化钾和 80% 水混合在一起。确保氯化钾完全溶解后放入冰柜冰冻。需要使用时，将已经凝固的氯化钾和鸡尾酒一起放入保温箱中（当然，鸡尾酒必须是瓶装的，因为氯化钾会破坏风味），这样你的鸡尾酒就能连续几小时保持同一个温度。你也可以将氯化钾倒入塑料汽水瓶中冰冻，然后把它们直接跟保温箱里的鸡尾酒放在一起。要获得冷却效果需要一些时间，所以你必须不时移动这些汽水瓶，以保持温度稳定。

泰国罗勒大吉利（Thai Basil Daiquiri）

氮气捣压和搅拌机捣压

捣压是指在调酒之前用捣棒压碎原料的过程，目的是在调酒前释放新鲜风味。问题在于捣压会破坏草本植物结构，激活多元酚氧化酶（PPOs），这是一种有负面作用的酶，会使水果和草本植物变成棕色，尝起来有氧化的味道。正是出于这一原因，草本植物被捣压后的口感永远不会像你希望的那么新鲜。当你捣压一片薄荷，它会变成黑色，而且尝起来就像是沼泽地散发出来的气味，PPOs 正是罪魁祸首。

氮气捣压和搅拌机捣压是我研发出来的用于对抗 PPOs 的技法。假设我想将新鲜罗勒捣压进金酒里。在氮气捣压时，我会用液氮将罗勒冻成固体，用捣棒捣碎，然后浇上金酒，给罗勒解冻。被捣得极碎的罗勒吸收了金酒，不会变成棕色，而会保持美妙、鲜艳的绿色。它的口感也会非常新鲜、强烈。如果我的手头没有液氮，我可以用搅拌机捣压：只需要一起捣压罗勒和金酒，然后过滤出来就行。我的金酒会是绿色新鲜的，但不会像氮气捣压的版本那么新鲜。

右边的叶片是被捣棒捣压过的。PPOs 已经开始起破坏作用了

氮气捣压和搅拌机捣压能够对抗 PPOS 的原因

敌人的敌人就是你的朋友。而 PPOs 有两大劲敌：一个劲敌是酒精，40 度烈酒就能完全并永久地让 PPOs 失效；另一个劲敌是柠檬汁和青柠汁里的抗坏血酸（维生素 C），它是一种抗氧化剂，能够减缓柠檬汁和青柠汁的作用。

用烈酒和维生素 C 并不足以挽救普通的捣压。当草本植物漂浮在烈酒中时，你无法有效捣压。即使你可以，普通捣压也无法在 PPOs 产生破坏之前让烈酒进入叶片。你需要一样秘密武器——液氮或搅拌机。

液氮会迅速冷冻草本植物。PPOs冷冻后无法产生破坏作用。草本植物在液氮中会变得很脆，所以用普通的捣棒就能把它们捣碎，几乎呈粉末状。我把这一技法叫氮气捣压（注意：普通冰柜的冷冻速度不够快或者温度不够低，所以并不适用于这一技法）。氮气捣压完毕后，要用烈酒让草本植物解冻。烈酒会使PPOs失去活性，所以草本植物在解冻之后仍然是绿色的。如果用氮气捣压罗勒或薄荷类草本植物，并且在解冻时不加烈酒，它们几乎立刻就会变黑。用烈酒解冻草本植物之后，加入有抗氧化性的柑橘类果汁，你就完全战胜了PPOs。

相比之下，搅拌机是将草本植物打成泥并跟酒融合。因为搅打速度非常快，PPOs还来不及发挥效力就被酒精杀死了。

无论是氮气捣压还是搅拌机捣压，你都要将剩余的原料加入，像平常一样摇匀，然后用滤茶器将酒滤入冰过的酒杯。过滤很重要。没人希望泥状或粉末状的草本植物粘在杯壁上或自己的牙齿上。如果是氮气捣压，你应该在摇匀后过滤。在摇酒听里加冰摇动草本植物能够萃取出更多风味。如果是搅拌机摇匀，你可以在摇匀前过滤，因为搅拌机已经将你需要的风味全部萃取出来了。

氮气捣压和搅拌机捣压类鸡尾酒的色泽非常惊艳，而且具有极其浓郁的草本风味。这两种技法能够非常彻底地萃取风味，所以我有时也会在PPOs影响不大时运用它们。玫瑰不会迅速氧化，但我曾经将一朵新鲜玫瑰氮气捣压到金酒里，然后充气。最后做出来的酒是新鲜的粉色，而且闻上去有玫瑰香气。

上图： 液氮使叶片变得很脆，甚至裂开
下图： 右边是一堆氮气捣压的泰国罗勒，它们的质感正是你想要的

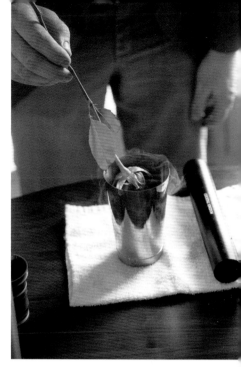

氮气捣压和搅拌机捣压哪个更好？

氮气捣压无疑更好，但遗憾的是大多数人都买不到液氮。在我看来，搅拌过程中空气会进入草本植物和烈酒的混合物，所以跟氮气捣压相比，它的抗氧化作用要差一些。如果不得不用数字来表示，我认为搅拌机捣压的效果是氮气捣压的90%。好消息是搅拌机捣压是大多数人都能完成的，并且它也是不错的技法。如果我从来没有尝过氮气捣压类鸡尾酒，那么我不会对搅拌机捣压有任何怨言。因为大多数读者都会用搅拌机，我就先从搅拌机捣压开始介绍。

搅拌机捣压的诀窍

你无法用搅拌机捣压单杯鸡尾酒。烈酒必须完全覆盖搅拌机的叶片，否则草本植物会暴露在空气中变成棕色，并且产生沼泽地般的味道。根据搅拌机型号的不同，我通常每次至少捣压两杯酒。一定要确保叶片被完全覆盖。如果酒液的水平线太低了，你可以在搅拌前加入酸类原料，但其他原料一定要在搅拌之后再加（以保持酒精度）。一开始，要慢速搅拌几秒，将草本植物打碎，然后高速搅拌几秒即可。过度搅拌会使大量空气进入，只能起到反作用。

你不需要在搅拌机捣压之后立刻摇酒。你可以先搅拌，加入其他原料，然后在你想摇的时候再摇酒。搅拌后可以最多间隔多久再摇酒取决于你用的草本植物。薄荷最多15分钟，我就开始注意到它的变化了。罗勒可间隔约45分钟，我才开始发现它有明显变化。像欧当归（Lovage）这样不会变成棕色的草本植物可以间隔更久。

用搅拌机捣压时，你还可以在摇酒前用细孔中式过滤器过滤。提前过滤能够使鸡尾酒更快饮用（你也可以在摇完酒后用普通霍桑过滤器过滤）。

几乎所有配方都可以运用氮气捣压或搅拌机捣压技法。不适合的是含水量极高、风味浓度极低的原料，如西芹。氮气捣压西芹的效果并不差，但你必须用大量西芹才能获得浓郁的芹菜风味，这会使搅拌机捣压的西芹变成无法过滤的西芹汤。

上图：冷冻玫瑰
下图：氮气捣压玫瑰鸡尾酒

氮气捣压时，一定不要用手握住摇酒听，只接触顶部，而且要用防裂捣棒

氮气捣压的诀窍

非常重要的一点是只有在经过培训并且对所有相关风险（详见第 5 页"工具"部分和第 118 页"另类冷却"部分）都非常了解的情况下才能使用液氮。

我总是在不锈钢摇酒听中进行氮气捣压。在倒入液氮时，不锈钢会变得非常冰，足以冻伤皮肤。你的手只能接触靠近顶部的边缘，这一部分没有被冷冻。你凭肉眼就能看出摇酒听的哪些部分太冰了，不能用手碰。一定不要逞英雄。

在倒液氮之前，先把草本植物放入摇酒听。倒入少量液氮。小心地转动摇酒听，几秒后草本植物就会变脆（记住，不要碰到冰冷的摇酒听底部）。液氮会剧烈沸腾。如果你加的液氮不够，它会在草本植物完全冷冻前挥发。这时你需要再加一点。

如果加的液氮过多，它会突然停止沸腾，而摇酒听的底部仍然有厚厚的一层液氮。我可不想在这样的情况下进行捣压。第一，会泼溅，而液氮溅出来是很危险的。第二，如果摇酒听底部有大量液体，你很难用捣棒进行准确的捣压。第三，液氮会让原料和摇酒听变得非常冰，从而影响摇酒时鸡尾酒的稀释度——融化的冰会不够。液氮加多了也别担心，在捣压前将多余的液氮倒掉。当液氮停止沸腾时，摇酒听底部应该只留有几毫米厚的液氮。然后你就可以将草本植物捣成粉末状了。

一定要用优质捣棒。捣棒必须能一直伸到摇酒听的底部，同时又足够大，可起到较好的研磨效果。不要用很小的 3/4 英寸（约 19 毫米）直径捣棒，直径为 1 ½ 英寸（38 毫米）的捣棒是理想选择。捣棒的材质也很重要。不要用玻璃捣棒，它会变脆后碎裂。很多塑料和橡胶捣棒也有同样的问题。木头捣棒的效果很棒，我用老式的法式擀面杖制作过大量氮气捣压类鸡尾酒，但我的最爱是来自"鸡尾酒王国"的"坏家伙"捣棒（BAM）。尽管它是塑料材质的，却永远不会出现缺口或碎裂。我已经用它做了几千杯氮气捣压类鸡尾酒了。

搅拌机捣压的效果几乎跟氮气捣压一样好。用搅拌机捣压时，你应该在摇酒前将颗粒物滤出（如右图所示）。为了让你看得更清楚，我用了玻璃杯来装摇酒前的酒

　　捣压一定要用力，腕部动作要明显，不要随随便便地捣压。如果草本植物捣压不当，做出来的酒的颜色会很淡。捣压需要练习，但最终你一定能做出跟本书图片里颜色一样的鸡尾酒。捣压完草本植物之后，摇酒听里应该还会有一点液氮残留。倒入烈酒的手法一定要正确。当最后一点液氮挥发完毕时，你应该听到轻轻的"噗"的一声。我再次强调：在你进行下一步之前，液氮必须已经全部挥发掉了。用吧勺搅拌几秒，加入酸类原料（如果配方中有酸），然后再加其他原料。混合好的酒不应该太冰。如果酒太冰了，可以用冷自来水冲洗摇酒听外壁，使温度升高一些，否则摇酒后的稀释度会太低。加入酸类原料，用力摇匀。用滤茶器过滤掉所有的草本植物粉末。这杯酒就做好了。

　　记住，只要氮气捣压的步骤正确，你就不用担心客人会直接接触到液氮。摇酒之前，你必须确保所有液氮都已挥发。万一没有做到这一点（其实这不可能发生），如果你试着用残留有液氮的摇酒听摇酒，液氮会沸腾，导致两个摇酒听炸开（绝对不要尝试这么做。你绝对不想让液氮溅得到处都是，对吧？）。

通用诀窍

　　搅拌机捣压和氮气捣压有一个共同的缺点：它们会让你的酒吧工具变得一团糟。草本植物碎屑会粘在物品上。在家里，这不是大问题。在专业酒吧里，我建议为氮气捣压专门准备一套摇酒听、一个滤茶器和一个霍桑过滤器。我非常讨厌看到一片草本植物的碎屑毁掉与它无关的一杯酒，而且即使你洗杯子洗得非常卖力，失误仍会经常发生。

配方

　　注意：下面的配方是单杯鸡尾酒的份量。这些配方适用于氮气捣压。如果用搅拌机捣压，你必须每次至少做2杯，3杯及以上更好。要确保酒的表面始终超过搅拌机的叶片。

氮气捣压步骤详解： 1.将准备好的草本植物放入摇酒听；2.倒入适量液氮，冷冻草本植物；3.这张图里的液氮过多。这种情况下，你无法进行有效的捣压，而且做出来的酒的稀释度不够；4.这样刚刚好；5.捣压；6.捣压好的草本植物应该是这样的；7.倒入烈酒化冻，然后加入酸类原料和糖浆，加冰摇匀；8.用滤茶器将鸡尾酒滤入冰过的碟形杯。

TBD：泰国罗勒大吉利

这款酒是我为了氮气捣压技法而特意研发的。TBD是一款典型的大吉利，只不过加入了泰国罗勒。泰国罗勒的味道不像意大利辣球罗勒，它有种美妙的茴香特质，我很喜欢。即使讨厌茴香的人也会喜欢它。这是我能想到的最新鲜的饮料了。

下面的配方能做出一杯份量为 5 ⅓ 盎司（160 毫升）的 TBD，酒精度 15%，含糖量 8.9 克 /100 毫升，含酸量 0.85%。

原料

5 克（7 片大的）泰国罗勒叶

2 盎司（60 毫升）富佳娜白朗姆酒（酒精度 40%）或其他口感纯净的白朗姆酒

3/4 盎司（22.5 毫升）新鲜过滤的青柠汁

略少于 3/4 盎司（20 毫升）单糖浆

2 小滴盐溶液或 1 小撮盐

制作方法

在摇酒听中氮气捣压泰国罗勒。倒入朗姆酒搅拌。倒入青柠汁、单糖浆和盐溶液或盐。检查一下，确保混合好的酒没有冰冻。加冰摇匀，用滤茶器滤入冰过的碟形杯。

你也可以将配方原料的用量加倍，用搅拌机捣压泰国罗勒、朗姆酒和柠檬汁。倒入单糖浆和盐溶液（或盐）搅拌，然后用细孔过滤器过滤。加冰摇匀，滤入两个冰过的碟形杯。

泰国罗勒大吉利

西班牙克里斯（Spanish Chris）

梅斯卡尔（Mezcal）和龙蒿（Tarragon）是个非常好的组合，但单凭它们的风味还不能令人满意。它们还需要少量樱桃利口酒。这3种原料放在一起就是无敌的"三驾马车"。顺便说一句，西班牙克里斯是常年潜伏在布克和德克斯地下研发实验室里的一个家伙。

下面的配方能做出一杯份量为5盎司（149毫升）的西班牙克里斯，酒精度15.3%，含糖量10克/100毫升，含酸量0.91%。

原料

3.5克（一小把）新鲜龙蒿叶

1 ½ 盎司（45毫升）普利提达梅斯卡尔或其他口感相对纯净的银梅斯卡尔（酒精度40%）

1/2 盎司（15毫升）路萨朵樱桃利口酒（酒精度32%）

3/4 盎司（22.5毫升）新鲜过滤的青柠汁

1/2 盎司（15毫升）单糖浆

3 小滴盐溶液或一大撮盐

制作方法

在摇酒听中氮气捣压龙蒿。倒入梅斯卡尔和樱桃利口酒搅拌。倒入青柠汁、单糖浆和盐溶液（或盐）。检查一下，确保混合好的酒没有冰冻。加冰摇匀，用滤茶器滤入冰过的碟形杯。

你也可以将配方原料的用量加倍，用搅拌机捣压龙蒿、梅斯卡尔、樱桃利口酒和青柠汁，再倒入单糖浆和盐溶液（或盐）搅拌，然后用细孔过滤器过滤。加冰摇匀，滤入两个冰过的碟形杯。

扁叶（The Flat Leaf）

你可能以为用欧芹没办法做出好喝的鸡尾酒，但你错了。这款扁叶呈鲜明的绿色，口感清新，不带辛香特质。它尝起来就像春天的味道，但你在冬天也会喜欢喝它。

这款酒用的柑橘类水果是苦橙，一种柑桔属植物。苦橙也称酸橙，而它也的确很酸。这款酒并不需要用到精致的塞维利亚酸橙，它的橙皮光滑美观，汁水相对不那么苦。这款酒用的是一种橙皮看上去很丑、汁水很苦的苦橙。这种苦橙一般能在拉丁美洲食品杂货铺里买到，标签上写着"阿兰西亚"（Arancia）。20多年前，我在跟我现在的妻子约会时爱上了这种苦橙。她父母的家在亚利桑那州凤凰城，房子外面就生长着这种橙树。我开始用这些树上结的果实来制作酸橙水／苦橙水。那里的街道两旁长满了这种苦橙树，但果实无人问津。真可惜。如果你买不到酸橙，可以用青柠汁代替。

你可以用欧当归代替欧芹，做出一杯很棒的改编版。我喜欢欧当归，它的味道就像是欧芹和西芹混合后的味道。西芹的特质里带点芹菜籽的味道，这正是我很喜欢它的原因。

下面的配方能做出一杯份量为 5 ½ 盎司（164毫升）的扁叶，酒精度17.7%，含糖量 7.9 克 /100 毫升，含酸量 0.82%。

原料

4 克新鲜欧芹叶或 4 克（一小把）新鲜欧当归叶

2 盎司（60 毫升）金酒（酒精度 47.3%）

1 盎司（30 毫升）新鲜榨取和过滤的酸橙汁／苦橙汁或 3/4 盎司（27.5 毫升）新鲜过滤的青柠汁

1/2 盎司（15 毫升）单糖浆

3 小滴盐溶液或一大撮盐

制作方法

在摇酒听中氮气捣压欧芹或欧当归。倒入金酒搅拌。倒入果汁、单糖浆和盐溶液（或盐）。检查一下，确保混合好的酒没有冰冻。加冰摇匀，用滤茶器滤入冰过的碟形杯。

你也可以将配方原料的用量加倍，用搅拌机捣压欧芹或欧当归、金酒和酸果汁。倒入单糖浆和盐溶液（或盐）搅拌，然后用细孔过滤器过滤。加冰摇匀，滤入两个冰过的碟形杯。

香芹酮（Carvone）

这款酒的基酒是来自瑞典的超级烈酒——阿夸维特（Aquavit），主要风味是葛缕子籽和薄荷。它是对手性的研究。在化学中，手性分子指的是由两种有相同的结构组成、彼此互为镜像的分子。它们并非完全相同，就像你的右手和左手不完全相同一样。化合物香芹酮是葛缕子和薄荷的主要风味化合物，但它是手性的。R(−)香芹酮是留兰香的主要香气成分。它的镜像 S(+)香芹酮则是葛缕子（和另一种瑞典人最爱的草本植物——莳萝）的主要香气来源。我通常对风味配对感到抗拒，因为它们具有化学相似性。具有化学相似性的原料为什么搭配在一起味道就会很好呢？但这次不一样。我是在一次有机化学讲座上了解到香芹酮的手性的。我的第一个念头是真是个好故事，用来做风味配对就更好了。

这款酒跟之前的几款氮气捣压类鸡尾酒不一样，因为它不含酸，所以薄荷的捣压时间更短。

下面的配方能做出一杯份量为 3 ⁹⁄₁₀ 盎司（117 毫升）的香芹酮，酒精度 20.4%，含糖量 6.8 克/100 毫升，含酸量 0%。

原料

6 克（一大把）新鲜薄荷叶

2 盎司（60 毫升）里尼（Linie）阿夸维特（酒精度 40%）

略少于 1/2 盎司（13 毫升）单糖浆

3 小滴盐溶液或一大撮盐

1 个柠檬皮卷

制作方法

在摇酒听中氮气捣压薄荷。倒入阿夸维特搅拌。倒入单糖浆和盐溶液（或盐）。检查一下，确保混合好的酒没有冰冻。加冰摇匀，用滤茶器滤入冰过的碟形杯。用柠檬皮卷装饰。

你也可以将配方原料的用量加倍，用搅拌机捣压薄荷和阿夸维特。倒入单糖浆和盐溶液（或盐）搅拌，然后用细孔过滤器过滤。加冰摇匀，滤入两个冰过的碟形杯。用两个柠檬皮卷装饰。

火红的拔火棍

美国殖民地时期的某个寒夜，你走进一家酒馆，点了一杯热饮。酒吧老板一定会给你做一杯弗利普（Flip）：啤酒或西打（Cider）加烈酒和糖，用刚从壁炉里拿出来的火红的拔火棍加热。在美国南北战争前后，弗利普的配方发生了变化，鸡蛋被加了进去，而且既可以做成热饮，也可以做成冰饮。热弗利普不再用拔火棍加热，而改为加开水，但这样就失去了它的某些精髓。几年前，我决定把火红的拔火棍带到21世纪，让大家重新尝到这种已经遗失的味道。

要知道，火红的拔火棍并不只是像锅那样的加热工具。直接放入酒里的火红的拔火棍是一种高温风味制造器。拔火棍能够做出绝佳的烧烤风味、焦香风味和焦糖风味，而这些风味是在酒里很难呈现的。你可以做两杯热饮：一杯是在平底锅里加热水做，另一杯用火红的拔火棍做。比较一下它们的味道，你将永远都不想喝平底锅做的了。用拔火棍做的热饮拥有独特而迷人的香气，充满了酒吧的整个空间。当有人用拔火棍做酒时，酒吧里的每个人的精神都会为之一振，特别是外面天气很冷时。

火红的旅程：传统拔火棍

第一次尝试用拔火棍做酒时，我买了一件叫作焊接铜（Soldering Copper）的装备，它是一块沉重的八角形尖头铜柱，用来焊在铁棍的顶端。焊接铜并不贵，而且容易买到。用喷枪加热焊接铜，或者将煤气炉开到高火，把焊接铜放在上面加热10分钟，颜色变成暗红时将它插进酒里，效果是令人惊叹的。

铜通常会在加热的酒里留下一股味道。有时这种铜味并不明显，有时它甚至是件好事。多年来，我和我的主厨朋友尼尔斯·诺伦都是用焊接铜来制作格拉格（Glögg）的。格拉格是一种瑞典的圣诞节热酒，而我觉得有铜味的格拉格更好喝。

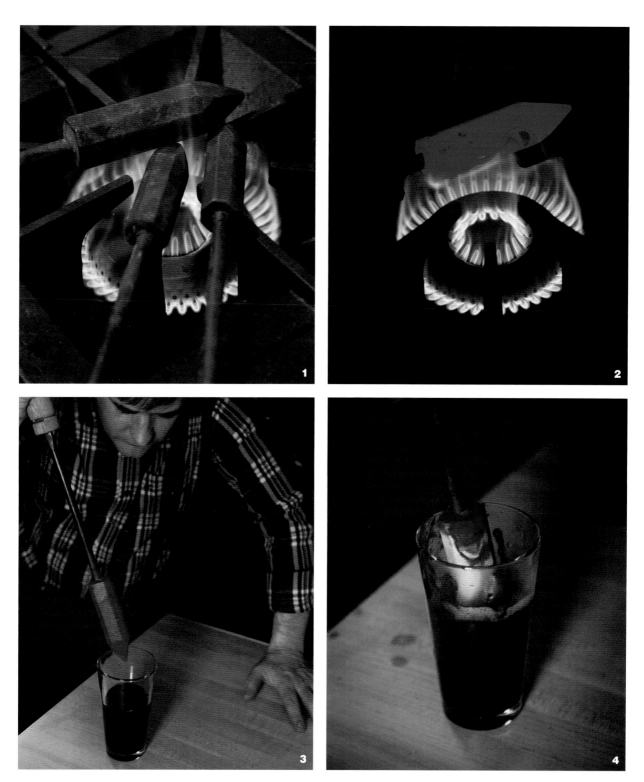

用焊接铜做酒： 1.猛火加热焊接铜直到……2.它们变成炽热的红色；3.将焊接铜插入酒里；4.一开始好像什么都没发生。莱登弗罗斯特效应会阻止酒液迅速沸腾，但随后疯狂的沸腾就开始了

因为有铜，有时喝酒就像是在吮吸一枚硬币。我试过改用铸铁，最原始的火红的拔火棍可能就是铸铁的。但它将酒的味道变得太糟糕了，就像是补铁剂，而且加热效果远远比不上铜。（我很好奇当年的殖民者是怎样使铁的味道变得不那么糟的。或许他们已经习惯这种糟糕的味道了？）我也试过不锈钢块，但效果不是很好。不锈钢是相对低效的导热体，而且蓄热效果不佳。

热石（Hot Rocks）

后来我又尝试了热石。我请一位朋友帮我切割了一些用来制作韩国石锅拌饭的石锅（每个人都应该入手这些非常棒的石锅）。我会在煤气炉上放一个炒锅支架，里面放满石锅石，加热到它们开始发出暗光，此时温度约为430℃。将几块热石放入酒中，酒会沸腾冒泡。这种做法的效果相当不错，而且我考虑过专门创作一个"热石鸡尾酒"类别，但后来觉得还是不应该向客人供应装有430℃石头的酒饮。如果你有胆量尝试热石技法，要注意：大多数石头会在加热时爆炸，危险的石屑会飞向各个方向。你必

将热石放入酒中，一开始沸腾是温和的，莱登弗罗斯特效应再次发挥了作用，然后整杯酒开始猛烈沸腾，最后又平静下来

须选用耐热的石头，如石锅石和某些皂石。

自热式拔火棍

在知道了热石技法的局限性之后，我开始用各种浸没式加热器来制作自热式拔火棍。我把加热元件（跟电炉丝很像）弯成短短的螺旋形状，做出了我的第一批试验品。与电炉丝一样，它们在温度升到很高时会变成亮红色。它们比我之前用的拔火棍和热石烫多了，其中有一个特别烫，当我把它插入鸡尾酒中后，酒居然开始燃烧了。

火红的拔火棍第一次插电时的温度是最高的，以后它就再也达不到如此高的温度了。它尚未被氧化，所以它会进入白炽状态并开始闪光

点燃鸡尾酒有两个显著影响：整杯酒看上去更酷了，同时酒精度会比在沸腾时降低得更快。我陷入了进退两难的境地。我应该做一根能点燃鸡尾酒的拔火棍，还是回归温度更低的拔火棍技法？我必须二选一。我不能做一根不是每次都能将鸡尾酒点燃的拔火棍，因为燃烧会改变酒精度。要做出一杯平衡的鸡尾酒，我必须提前知道这杯酒是否会燃烧。如果不燃烧，我必须加更多水或延长沸腾时间，以获得同样的酒精度。如果燃烧，我会减少加热时间或加更多酒，这意味着在加强基酒风味的同时不会提高鸡尾酒的最终酒精度。

你居然会想要降低热鸡尾酒的酒精度，这可能会让大多数人感到惊讶。当你把一杯酒精度过高的热鸡尾酒举到嘴边，它散发的酒气会很刺鼻，令人不快。

所以，是从不点燃还是一直点燃？你可能已经猜到了：我选择了一直点燃。原因并不只是我喜欢火，而是因为它能够增强鸡尾酒成品的风味。

要确保任何火红的拔火棍类鸡尾酒能够立刻点燃，需要达到相当高的温度，即 870 ~ 899 ℃。这么高的温度已经很接近市面上你能买到的浸入式加热器的自熔点了。而且，当你每次把火红的拔火棍插进酒里，它都会经历对自身有害的热循环，它的金属合金和绝缘性会迅速减弱。因此，我在设计时

使用拔火棍

面临着不小的挑战。

　　我没有选择弯成螺旋状的拔火棍，它看上去有点像电影《科学怪人》（*Frankenstein*）里的道具，既不卫生也不专业。相反，我选择了高温筒式加热器。筒式加热器是专门用来插入工业金属模具的钻孔中进行加热的设备。我用的型号呈空心棍状，是用一种叫因科镍（Incoloy）的高温防腐蚀镍铬铁合金做成的。空心棍内部是细长的导线电阻加热器，弯成小螺旋状，并且围绕在一个更大的螺旋上（这样可以在小体积内增加加热元件的长度）。电阻丝上还缠绕着氧化镁绝缘材料，以防止短路。

　　经过几十次测试后，我发现直径 3/4 英寸（约 1.9 厘米）、长度 4 英寸（约 10.2 厘米）、功率 500 瓦的筒式加热器效果最佳。如果加热器功率小于 500 瓦，无法达到你想要的温度；功率大于 500 瓦，加热器会烧毁，这个过程很壮观，会冒出大量火花。一开始我用的是 1500 瓦功率的加热器，并且用热电偶温度计来控制温度，以防加热器烧毁。在该功率下，用拔火棍做一杯酒只需要 30 秒；而功率为 500 瓦时，拔火棍需要 90 秒来恢复工作状态。但这么做有个问题：1500 瓦加热器总是会迅速烧毁，而且冒出的大量火花会吓到旁边的人。热电偶温度计总是会控温失败，导致加热器烧毁。我开始用不同大小和功率的加热器做试验，最终找到了一款不需要控温就能达到理想效果的加热器——功率 500 瓦、直径 3/4 英寸、长度 4 英寸。

不过，所有这些试验的最终结果并非一劳永逸，因为哪怕是 500 瓦加热器也逃脱不了最终坏掉的命运，它只是使用寿命更长。有时连续的热循环会使加热器内部的绝缘材料开裂失效，产生电弧和火花。500 瓦加热器很少会出现这种情况，而且即使出现电弧，它的危险性也比 1500 瓦加热器小，但仍会吓到旁边的人。加热器最常见的故障是老化。加热器内部的电阻丝会慢慢氧化，氧化之后电阻会加大，产生的功率会减小，无法使鸡尾酒燃烧。拔火棍就这样老化了。在一家忙碌的酒吧里，拔火棍每周 7 天、每天从下午 6 点到凌晨一两点都开着，过一个月左右就会老化。在家里，它的使用寿命要长得多，但我永远不会出售它。想想那需要多少保险吧。我也不会告诉你制作方法，因为我不推荐你自制。

拔火棍使用技巧

在用火红的拔火棍做酒时，我总是选择普通品脱杯。多年来，我从来没有碰到杯子碎掉的情况。如果你不等它们冷却下来就一杯杯地做酒，它们会开裂，但从来不会碎，直到某天突然有一个杯子碎掉了。现在，我推荐你用圆形金属托架来抓取品脱杯，防止杯子碎掉而造成烫伤。

用拔火棍加热鸡尾酒的时间要看个人选择。拔火棍使用技巧难以用语言来描述，每名调酒师都要靠自己去摸索。几乎所有用过拔火棍的调酒师都喜欢上了它，因为它让他们觉得自己真正在控制某种原始的东西，并且在创造新风味，而不只是把已有的风味混合在一起。

如何呈现热酒

热酒要用宽口矮杯装，如茶杯或咖啡杯，而不是像马克杯那样的圆柱形高杯。高杯绝对不适合热酒，它会使酒精蒸汽聚集，令品酒者无法准确感知酒的风味。表面积很大的茶杯有助于酒精蒸汽大范围扩散，让它不会那么集中。如果你把一杯在茶杯中闻起来很美妙的酒倒入玻璃高杯，它的香气甚至可能会变得令人难以忍受。

火红的拔火棍类鸡尾酒的风味特质

无论你使用哪种拔火棍技巧，有些风味要点必须牢记。在用拔火棍加热鸡尾酒时，添加的糖要比普通热饮多一些。你对蔗糖的感知能力会随着温度上升而增加，所以热饮所需的糖（蔗糖）通常比冰饮少，但拔火棍会让酒里的一部分糖焦糖化，带来宜人的风味，同时也降低了甜度。如果你用的甜味剂中含有大量果糖，如龙舌兰，甜度则会随着温度上升而减弱，即使你不把它点燃。因此，一定要增加糖的用量。

拔火棍加热会让某些苦味（如啤酒中的啤酒花）增强。如果要用到啤酒，我会选择苦味较轻并带有果味的类型，通常是修道院（Abbey Ale）啤酒，而且我基本不会选择拉格啤酒（Lagers）。像安高天娜这样的苦精在拔火棍类鸡尾酒中表现非常好。

许多拔火棍类鸡尾酒都适合用陈年烈酒调制。只用白色烈酒调制的拔火棍类鸡尾酒极少。威士忌、黑朗姆酒、干邑和苹果杰克是做热酒的基础。许多利口酒和阿玛罗（Amaros）都是极佳的热酒风味修饰剂，甚至用作基酒。菲奈特·布兰卡（一种餐后利口酒）是几乎所有调酒师的心头爱，但我非常不喜欢它。然而，它加热后的味道很好。野格（Jäermeister）的官方饮用建议是要非常冰，但我做过不少好喝的燃烧野格。

如果配方中有酸类，注意控制用量。很多酸类加热后味道不佳。拔火棍类鸡尾酒中最常用的酸类是柠檬汁。我们习惯在热茶中加柠檬汁，所以它似乎适合很多酒。偶尔我会用热青柠汁，但高温会增强青柠的苦味，令人不快。酸橙在热饮中的效果非常好。

两个配方

在操作下面的配方时，如果你用的是能够点燃酒的拔火棍，燃烧时间为 7 ~ 10 秒；用不点燃的拔火棍，加热时间为 15 ~ 20 秒。平底锅配方的燃烧时间跟拔火棍配方一样。

其他热饮制作方式

如果你不想自制火红的电拔火棍和购买焊接铜，该怎么办？我想出来的最佳代替方案只适用于含有单糖浆的配方，而且在燃烧酒之前必须把单糖浆换成在平底锅里烧焦的糖。如果你不在乎在厨房里点火，这种做法每次都会给人留下深刻印象。

在平底锅中把糖烧焦。要把糖烧成深色，但又不能太深。第 3 张图片是完美示范，第 4 张图片里的糖太焦了

5.倒入基酒并点燃，会产生明火；6.迅速倒入酒精度更低的酒；7.关火，将锅底粘着的一层焦糖搅拌至溶化；8.倒入杯中

用拔火棍制作的火红艾尔（Red-Hot Ale）

火红艾尔

这是一款老式的拨火棍类鸡尾酒。跟你的曾曾曾曾曾祖母的做法一样。

拨火棍版

下面的配方能做出一杯份量为 4 ⅗ 盎司（138 毫升）的火红艾尔，酒精度 15.3%，含糖量 3.5 克 /100 毫升，含酸量 0.33%。最终份量和酒精度因加热时间变化而有所不同。

原料

1 盎司（30 毫升）干邑

3 盎司（90 毫升）有麦芽味但没有啤酒花味的修道院啤酒 [我喜欢用奥米岗（Ommegang）修道院啤酒来做这款酒]

1/4 盎司（7.5 毫升）单糖浆

1/4 盎司（7.5 毫升）新鲜过滤的柠檬汁

3 大滴快速橙味苦精（详见第 189 页）或商业橙味苦精

2 小滴盐溶液或 1 小撮盐

1 个橙皮卷

制作方法

将除了橙皮之外的所有原料混合，用拨火棍加热。倒入茶杯，在酒的上方挤一下橙皮。

平底锅版

下面的配方能做出一杯份量为 4 ⅗ 盎司（138 毫升）的火红艾尔，酒精度 15.3%，含糖量无法计算，含酸量 0.33%。最终份量和酒精度根据燃烧时间而有所不同。

原料

2 ½ 茶勺（12 克）砂糖

1 盎司（30 毫升）干邑

3 大滴快速橙味苦精或商业橙味苦精

3 盎司（90 毫升）修道院啤酒

1/4 盎司（7.5 毫升）新鲜过滤的柠檬汁

2 小滴盐溶液或 1 小撮盐

1 个橙皮卷

制作方法

先将砂糖倒入平底锅。猛火加热，直到砂糖开始焦糖化。注意控制糖色，它应该呈一种特定的深棕色——颜色深，但还没有烧焦。立刻倒入干邑，将锅朝火倾斜，干邑会开始燃烧。如果你用的是电炉，可以用长柄丁烷打火机点火。要小心！火焰会烧得很高。让干邑燃烧几秒，在锅里还有火焰时加入苦精。然后倒入啤酒，关火。最后加入柠檬汁和盐溶液（或盐），关火。用勺子搅拌至焦糖溶化（小心不要被蒸汽烫伤）。倒入茶杯，在酒的上方挤一下橙皮。

火红西打

另一款老式的鸡尾酒，但原料是西打。

拔火棍版

下面的配方能做出一杯份量为 4 ³/₅ 盎司（138 毫升）的火红西打，酒精度 15.3%，含糖量 6.5 克 /100 毫升，含酸量 0.31%。最终份量和酒精度因加热时间变化而有所不同。

原料

1 盎司（30 毫升）苹果白兰地（酒精度 50%。我用的是莱尔德保税苹果白兰地）

3 盎司（90 毫升）含酒精苹果西打（要用质量好的。我一般用诺曼底风格西打）

1/2 盎司（15 毫升）单糖浆

1/2 盎司（15 毫升）新鲜过滤的柠檬汁

2 大滴快速橙味苦精或商业橙味苦精

2 小滴盐溶液或 1 小撮盐

1 根肉桂棒

制作方法

将所有液体原料混合，将肉桂棒放入加热杯后再用拔火棍加热。倒入茶杯，放上肉桂棒。

平底锅版

下面的配方能做出一杯份量为 4 ³/₅ 盎司（138 毫升）的火红西打，酒精度 15.3%，含糖量无法计算，含酸量 0.31%。最终份量和酒精度根据燃烧时间而有所不同。

原料

3 茶勺（12.5 克）砂糖

1 盎司（30 毫升）苹果白兰地（酒精度 50%）

1 根肉桂棒

2 大滴快速橙味苦精或商业橙味苦精

3 盎司（90 毫升）含酒精苹果西打

1/4 盎司（7.5 毫升）新鲜过滤的柠檬汁

2 小滴盐溶液或 1 小撮盐

1 片橙皮

制作方法

将砂糖倒入平底锅。猛火加热，直到砂糖开始变成棕色，但不要烧焦。加入干邑和肉桂棒，点火。让干邑燃烧几秒钟（注意安全！）。在锅里还有火焰时加入苦精，然后倒入西打。最后加入柠檬汁和盐溶液（或盐），关火。用勺子搅拌至焦糖溶化（小心不要被蒸汽烫伤）。倒入茶杯，在酒的上方挤一下橙皮。

快速浸渍、改变压力

　　浸渍指的是两个相互关联的过程，它可以指将某种固体的风味萃取到液体中，或将某种液体的风味融入固体中。当你煮咖啡时，这个过程是单向的：咖啡很好喝，但泡过的咖啡渣就不好了。做咖啡是将咖啡粉的风味萃取到液体中。当你用白兰地浸渍樱桃时，你会得到两种美味的产品：白兰地风味的樱桃和樱桃风味的白兰地。当你运用浸渍技法时，你其实是在自制带有某种明显风味的新烈酒，我喜欢在简单、不复杂的鸡尾酒中使用浸渍原料，而且浸渍原料的风味必须是整杯酒的主角。

iSi 发泡器

根据操作方法的不同，浸渍过程仅需几秒或几分钟，也可能持续几天至几周。鸡尾酒世界中的大多数传统浸渍都需要数天至数周来完成。关于传统浸渍技法的书有很多，我在"拓展阅读"中推荐了一些。在这里，我们将着重学习快速浸渍，它只需要几秒或几分钟就能完成。

现代快速浸渍技法有两种，它们的原理都是通过操控压力来萃取风味，而且通常需要用到 iSi 发泡器和箱式真空机两种烹饪工具之一。这两种工具的工作原理正好相反，它们就像是彼此的镜像。iSi 发泡器是增加压力，然后再降至大气压力；箱式真空机是减小压力，然后再升至大气压力。无论是何种浸渍，它们都能胜任，但 iSi 发泡器用于液体浸渍的效果最佳，而箱式真空机用于固体浸渍表现则更出色。

我将先介绍 iSi 发泡器，因为在酒吧里，液体浸渍比固体浸渍重要得多。用浸渍技法制作的烈酒和苦精足以成为一杯鸡尾酒的主角。固体浸渍则通常用于装饰。

用 iSi 发泡器进行快速一氧化二氮浸渍

快速一氧化二氮浸渍

一氧化二氮浸渍是我用 iSi 发泡器和 N_2O（一种可溶于水、乙醇、脂肪的甜味麻醉气体）研发出来的技法。你可能知道后者的另一个名字，即笑气或氧化亚氮。在快速浸渍过程中，氮气在压力的作用下溶于液体，让液体进入固体并从固体中萃取风味。随后，你迅速释放压力，氮气会沸腾，将吸附了新风味的液体从固体中排出。

快速一氧化二氮浸渍与传统浸渍

快速浸渍并不比传统的长时间浸渍更好或更差，只是不同而已。跟长时间浸渍相比，快速浸渍萃取的苦味、辣味和单宁成分往往更少。如果你觉得某款产品太苦、太辣或者单宁味太重，那就选择快速浸渍。如果你用可可豆来浸渍烈酒，快速浸渍产生的苦味会比浸渍数周更淡，而且不需要用到那么多糖。同缓慢浸渍相比，快速浸渍的哈雷派尼奥辣椒特其拉具有更多辣椒本身的风味，辣味很淡。这种风味转变的结果之一就是快速浸渍从特定份量的固体原料中萃取的风味一般会更少，所以跟传统浸渍相比，快速浸渍需要用到的固体原料更多。

在开始学习操作方法之前，让我们先来了解一下在这一部分会用到的主要工具——发泡器。

iSi 奶油发泡器：设计与用法

奥地利 iSi 公司出品的奶油发泡器是这一领域的先行者，它由一个不锈钢容器和一个螺旋式瓶盖组成。你可以通过顶部的单向阀用气弹（充气弹）来施加压力，然后通过同样位于顶部的启动阀和喷嘴来释放压力或挤出奶油。发泡器可以用 CO_2 或 N_2O 气弹，但对打发奶油和浸渍而言，你只能用 N_2O（CO_2 会使所有原料的味道都有种充气感）。打发奶油时，将奶油倒入发泡器，拧紧瓶盖，然后用气弹施加压力。N_2O 会在高压下溶于奶油。当你想使用打发好的奶油时，将发泡器头朝下拿起，按压启动阀，就能将充满氮气的奶油挤出来了。当奶油离开加压容器时氮气会膨胀，起到打发奶油的效果。发泡器的大小由容量决定。最常见的两种是半升发泡器（实际容量 772 毫升）和 1 升发泡器（1262 毫升）。

20 世纪 90 年代晚期，加泰罗尼亚（Catalan）主厨费兰·阿德里亚（Adrià）开始在他的斗牛犬餐厅（El Bulli）用奶油发泡器制作各种泡沫，这是现代美食运动的开端之一。从那时起，奶油发泡器对烹饪界的重要性就上了一个台阶。很快，每位称职的现代厨师都拥有了自己的发泡器，毕竟它是为数不多的几乎人人都能买得起的烹饪工具之一。我本人就有几个，但我很少用，因为我发现自己真的很不喜欢大多数制作出来的泡沫。它们通常都风味不足，而且用法也不对。如果用对了地方，泡沫是很棒的，但它们很少会被用对。

确保发泡器瓶盖内部是干净的

我的发泡器就这样闲置了，被丢弃在一旁。直到几年前的某一天，我在思考浸渍的原理时得出了一个推论：我的奶油发泡器应该能够完成绝佳的快速浸渍。我的推论是正确的，现在我的发泡器再也不会闲置了。

一氧化二氮浸渍技法概论（以及几个能让你避免尴尬的小诀窍）

在开始操作之前，确保你准备好了所有原料、几个空容器、一个过滤器和一个计时器，还有充足的氮气弹。现在，检查一下你的发泡器。垫圈在正确的位置吗？如果不在，发泡器将无法密封，氮气会泄漏（我已经因为没有检查垫圈而出过几次丑了）。确保发泡器瓶盖内部的阀门是干净的。如果阀门不干净（这种情况经常发生，因为你会用发泡器连续浸渍），发泡器也无法密封。这意味着更多尴尬场面的出现。最后，闻一下发泡器。如果有人在发泡器还是湿的情况下就把它盖紧了，它会产生强烈的异味。你将不得不"享受"给它除味的过程，同时提醒自己永远不要在用完发泡器后把盖子拧紧。

现在，我们可以正式操作了。假设你想将姜黄的风味萃取到金酒中。姜黄是个很好的选择，因为它具有渗透性、香气及色泽浓郁、富含风味，这些特质是理想的固体浸渍原料所必备的。金酒也是个很好的选择，因为它酒精度高、风味纯净（所以它可以跟姜黄很好地融合）、无色透明（所以它不会破坏姜黄的美妙色泽）。先把姜黄放入发泡器，然后倒入金酒。拧紧瓶盖，装入气弹。如果你的配方要用到两粒气弹（正如这个配方一样），那就先摇晃发泡器几秒，然后迅速装入第二粒气弹。现在，发泡器内的压力高达 360 PSI！摇晃发泡器。在摇晃时，气体会溶于液体，而根据配方和发泡器大小的不同，发泡器内部的压力会降到 72 ~ 145 PSI。压力还会令金酒和 N_2O 的溶液渗入姜黄中。

现在你需要等待，但时间不长，通常只需要 1 ~ 5 分钟。这个配方的等待时间是 2.5 分钟。定好计时器。快速浸渍的速度太快了，哪怕只有 15 秒的时间差，也会让浸渍的风味变化。在等待过程中，渗入姜黄的金酒会迅速从中萃取风味。我通常会在等待过程中不时摇晃一下发泡器。我不知道这么做有没有作用，但我是个闲不住的人。

浸渍时间到了之后将发泡器头朝上放置，然后尽可能快速地释放压力。在喷嘴上套一个容器，用来接住喷出来的物质。在释放压力时氮气会膨胀沸腾，从溶液中逸出，令带有姜黄风味的金酒从姜黄中分离出来，重新融入其余的金酒中。要将发泡器压力完全释放掉。如果阀门在释放压力时被颗粒物堵住了，你会有所察觉。如果出现了这种情况，你应该用力按压阀门，起到疏通的作用。如果还是不行，你可以将发泡器放入一个容器中，小心地打开瓶盖。iSi 瓶盖的线圈内有一个泄压装置，会让液体沿着发泡器的边缘流下，而不是把瓶盖炸飞，这是你为什么应该选择 iSi 的另一个原因。

压力释放完毕之后，拧开发泡器的瓶盖，听一下里面的声音。你会听到冒泡的声音，因为氮气在不断逸出，将风味从姜黄中萃取出来。当冒泡声渐渐停止，将金酒滤出，浸渍过程就完成了。我不知道具体的原因，但浸渍烈酒的风味似乎会在过滤之后的几分钟内发生变化，通常是变得更浓郁。这可能是因为氮气从酒中逸出。我通常会将浸渍烈酒静置 10 分钟后再使用。

最近 iSi 推出了一款发泡器附件，专门用来解决释放压力时的泄漏和阀门堵塞问题，让浸渍变得更容易了。不过，不论用传统方法还是使用新附件，技法本身都是一样的。

如果你的阀门堵塞了，你不能通过脉冲排气阀来疏通它，你可以拧开盖子作为最后的手段。这一过程是混乱的，而且会变得相当困难，如果阀门是在全压力的情况下

一氧化二氮浸渍变量及控制

选择固体原料

即使你的目标是将风味从固体萃取到液体，浸渍的原理也总是相反，它是将液体浸渍到固体中。选择正确的固体原料很重要。用于快速浸渍的任何固体原料都必须具有渗透性，即它必须有气孔。咖啡、可可豆、高良姜、生姜、胡椒等大多数植物产品都有气孔，适合用于浸渍。在快速浸渍过程中，N_2O 的压力会使这些气孔充满液体。固体原料中的气孔越大、数量越多，进入它们的液体就越多，萃取的风味也就越多。

你使用的气体是非常重要的!

我刚开始推广一氧化二氮浸渍技法时,有些人把它叫做氮气浸渍,因为有一个叫做"氮空化"的实验室技法从表面看起来跟它非常相似。所谓氮空化,就是通过巨大的压力（800 PSI/55 巴）迫使氮气（N_2），而不是一氧化二氮（N_2O）进入溶液中。当压力释放后,极其微小的氮气泡会成形又破灭。气泡破灭产生的压力会破坏细胞。氮空化和一氧化二氮浸渍的区别在于后者的压力要低得多——释放压力时接近 800 PSI,跟氮空化的压力完全不在一个数量级。一氧化二氮浸渍的原理是利用 N_2O 的高度可溶性。在这一方面,氮气完全不适用。二氧化碳（C_2O）也溶于酒精和水,所以它可以用来代替 N_2O,但残余的 C_2O 会改变烈酒的味道。

气孔只有在液体能够进入的情况下才有用,所以对原料做一些事先处理通常是必要的。将原料切成薄片或磨成粉能够产生更大的表面积,这样液体能够进入的气孔就更多。原料切多薄、磨多碎会对快速浸渍出来的风味产生重要影响,尤其是与传统长时间浸渍相比。在保证工作速度的同时,不要忽视了切片或研磨程度一致的重要性。

固液比

跟传统浸渍相比,快速浸渍通常需要更多固体原料,因为它从某种特定原料中萃取的风味成分比传统浸渍少。这听上去不是什么好消息,但事实并非如此。当我选择快速浸渍时,原因是我想要减少某种我不喜欢的风味的萃取比例,如柠檬草的清洁剂味道。如果我延长快速浸渍的时间,萃取出跟传统浸渍一样多的风味,酒里就会有清洁剂味道。相反,我会用大量柠檬草做快速浸渍。看一下后面的配方,你能了解某种原料的具体用量。

温度

温度会极大地改变浸渍速度。大多数快速浸渍是在室温下完成的。室温不会像蒸煮那样改变原料的风味,而且相对稳定。低温不是件好事。如果你在低温下浸渍,浸渍速度会变慢,而且在释放压力时气泡量不够,萃取的风味也就少多了。高温则会带来反向的双重负面影响:大量快速风味萃取和过量气泡。不过,当我想萃取大量风味时（包括苦味）,我会给浸渍过程加温（详见第 188 页"快速苦精"部分）。因为 iSi 发泡器是密封的,挥发性香气不会在加热时损失掉,这与在锅里加热浸渍原料不一样。记住在释放压力前让发泡器冷却即可。

压力

发泡器内部的压力是个非常重要的变量。我通常希望压力尽量大。压力越大意味着浸渍更快速、更平衡。你可能会觉得可以降低浸渍压力并延长浸渍时间，但这么做几乎永远不可能达到同样的效果。浸渍速度对风味平衡而言至关重要。压力越大，风味转移的速度就越快，这意味着你能更好地优先选择萃取的香气、主要风味和果味，同时减轻苦味和浑浊风味。我不知道为什么会这样，但事实就是如此。

如果想让每次快速浸渍配方的结果稳定，你必须每次都在发泡器内设定同样的压力。你需要严格遵守配方，包括添加的原料份量、使用的发泡器大小和气弹数量。所有这些因素都会影响压力，正如我们在下表中看到的一样。

iSi 压力表

所有试验温度均为 20℃，使用标准的 10 毫升、7.5 克 N$_2$O 气弹，使用奥地利 iSi 发泡器，时间是 2013 年 7 月 18 日				使用第一粒气弹后瓶体内的压力				使用第二粒气弹后瓶体内的压力			
				初始阶段		摇 10 次后		初始阶段		摇 10 次后	
大小	液体份量	液面上空间	液体	PSI	巴	PSI	巴	PSI	巴	PSI	巴
0.5 升	500	272	水	197	13.6	119	8.2	iSi 官方不推荐			
1 升	1000	262	水	200	13.8	77	5.3	260	17.9	14.8	10.2
1 升	1000	262	水	197	13.6	不摇，放入第二粒气弹		354	24.4	161	11.1
0.5 升	500	272	油	186	12.8	94	6.5	iSi 官方不推荐			
1 升	1000	262	油	186	12.8	74	5.1	247	17	106	7.3
0.5 升	500	272	40%乙醇	181	12.5	100	6.9	iSi 官方不推荐			
1 升	1000	262	40%乙醇	175	12.1	68	4.7	236	16.3	135	9.3
0.5 升	500	272	90%乙醇	173	11.9	44	3.0	iSi 官方不推荐			
1 升	1000	262	90%乙醇	171	11.8	25	1.7	196	13.5	49	3.4

发泡器内的压力是你放入的气弹产生的。每个气弹含有 7.5 克 N_2O。你可以放 1 ~ 2 粒气弹，有时可以放 3 粒。这些气弹能产生多少压力取决于 3 个因素。一是发泡器的大小，每粒气弹对 1 升发泡器产生的压力比 0.5 升发泡器小得多，因为气体需要充满的空间更大。二是发泡器内产品的份量也会直接影响最终的压力，因为它会占据空间。装满的发泡器产生的压力比空发泡器大得多。假设一个 0.5 升发泡器内装有 500 毫升 40% 酒精的伏特加，一粒气弹产生的压力是 100pis。而对装得半满的发泡器而言，一粒气弹产生的压力只有 78PSI。而发泡器里的固体也会跟液体一样占据空间，所以增加固体也会增加压力。最后，你用的液体类型也会影响压力。含酒精更多的高浓度原料产生的压力更小，因为 N_2O 更容易溶于酒精，而不是溶于水。关于不同条件下 iSi 发泡器内的压力，可以查看第 173 页的 iSi 压力表。

尽管 iSi 官方并不建议在 0.5 升发泡器内装入 2 粒气弹或在 1 升发泡器内装入 3 粒气弹，但这两种做法都是完全安全的。至于理由，请见边框的 iSi 压力安全。

时间

快速苦精和酊剂的浸渍时间为 5 分钟到 1 小时，但在根据这些配方操作时，你的计时可以不那么精准。相比之下，浸渍烈酒通常只需要 1 ~ 2 分钟，所以计时的准确性至关重要。当整个浸渍过程只有一两分钟时，几秒也很重要。一定要用计时器。对带有强烈苦味的原料（如咖啡或可可豆）而言，精准十分关键，因为一不小心就会使浸渍出来的风味太淡或太苦。

释放压力

释放压力是指按压启动阀、将压力排出 iSi 发泡器的过程。这一过程会使发泡器内的液体重新回到大气压力。萃取风味的气泡正是来自释放压力。这一步要迅速完成。压力释放得越快，气泡就越丰富，萃取的风味也就越多。当你在释放压力时，液体经常会从发泡器内喷出，没关系。事实上，这是件好事。

当阀门被小颗粒物堵塞，发泡器停止释放压力时，问题就产生了。你需要确保压力完全得到释放，而且速度要快。只要发泡器内还有压力，它就会仍然快速浸渍。如果你在释放压力时遇到了阻碍，浸渍时间就变长了。更糟的是跟完全而快速的释放压力比起来，部分释放压力产生的气泡不会那么丰富。阀门堵塞的情况一定会时不时地发生，为了防止堵塞，不要在即将释放压力时晃动发泡器，要让颗粒物沉到底部。最重要的是释放压力时要保证发泡器是竖直的，这样才不会使颗粒物流过阀门。堵塞发生后你一定会察觉到，因为喷涌而出的气体和泡沫会突然停止，而不是慢慢地消失。用力按压把手，清除颗粒物。如果没效果，可以在压力下缓慢打开发泡器，但要先将发泡器放进一个大碗里。

不要在释放压力之后立刻过滤浸渍好的原料，除非配方说明要这么做。气泡仍然在萃取风味。记住要听一下它们的声音，这是浸渍的响声。

现在，让我们学习几个配方。

上图： 一定要迅速释放压力
下图： 听一下气泡声

快速烈酒和鸡尾酒

这一部分的所有配方都适用于 0.5 升发泡器。如前所述，如果你改变了这些配方的份量，结果也会改变。所以，如果你想用 1 升发泡器，可以将配方份量加倍，然后多装一粒气弹（在换气弹之前一定要摇晃发泡器）。这么做的结果不会完全一样，但结果仍然很好。如果配方份量加倍后的结果让你满意，之后可以按此重复操作。如果浸渍出来的味道太强烈，可以减少浸渍时间或不加第二粒气弹。如果味道太淡，可以增加浸渍时间。

闪光酸酒和姜黄金酒

当下很多人都对姜黄感兴趣，因为他们听说它是一种有利于健康的超级香料。我对这一点完全不在乎，但它的味道很棒，而且色泽也非常美妙。大多数人都习惯用干燥的姜黄粉来浸渍，但这个配方需要用到新鲜姜黄。姜黄是一种根茎，看上去像是小而多汁的橙色生姜，表面包裹着像纸一样的棕色外皮。你可以在任何一家印度特产店里买到它。

传统的长时间姜黄浸渍很难操作，它们味道刺鼻，而且有种奇怪的余味。快速 iSi 浸渍出来的风味要平衡得多。姜黄金酒呈亮橙色，而且口感非常清新。说到亮橙色，被姜黄沾染到的表面是洗不干净的。不要给姜黄削皮；用流动的水清洗，而且要戴手套。想给某人来个恶作剧？让他直接用手给姜黄削皮。他的手会变成橙色，直到脱皮才会变回原本的肤色。在切姜黄时也要戴手套，而且不要在任何你希望保持本色的表面上切姜黄。我会把用塑料膜把砧板包起来，再在上面放一张折纸。要把姜黄金酒储存在玻璃容器里，因为塑料容器会被染色而无法使用。如果是放入冰箱冷藏，它的味道在 1 周内是最好的，之后它的风味会变得寡淡，色泽也会变暗。

我准备的这款鸡尾酒是酸橙味的。对于苦精，你可以用商业品牌或自制快速橙味苦精。如果你不用苦精，做出来的鸡尾酒仍然是好喝的，但总觉得缺了点什么。当灯光打在这杯酒上，它几乎会发光，所以我把它命名为闪光酸酒。

姜黄金酒

姜黄金酒原料

500 毫升普利茅斯金酒

100 克新鲜姜黄，细细切成直径 1.6 毫米的圆片

工具

2 粒 7.5 克 N₂O 气弹

制作方法

用 2 粒气弹快速浸渍 2 分 30 秒（换气弹之前要摇晃发泡器）。释放压力，听一下气泡声。等几分钟，气泡声慢慢消失，然后过滤。戴手套按压姜黄，滤出大部分金酒。静置 10 分钟。

产出：94%（470 毫升）。

闪光酸酒原料

下面的配方能做出一杯份量为 5 ⅓ 盎司（160 毫升）的闪光酸酒，酒精度 15.9%，含糖量 8.0 克/100 毫升，含酸量 0.84%。

2 盎司（60 毫升）姜黄金酒

3/4 盎司（22.5 毫升）新鲜过滤的青柠汁

略少于 3/4 盎司（20 毫升）单糖浆

3 小滴盐溶液或 1 大撮盐

1 ~ 2 大滴快速橙味苦精

制作方法

将所有原料倒入摇酒壶，加冰摇匀。滤入冰过的碟形杯。

闪光酸酒

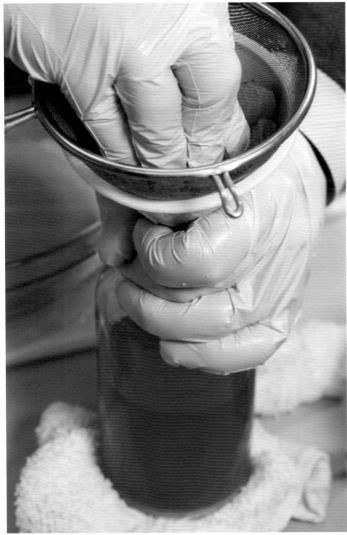

姜黄是一种色泽明亮的根茎。要小心，因为被姜黄染色的物品都是洗不干净的。一定要戴手套，并且用塑料膜包起砧板

切好的柠檬草

柠檬胡椒菲兹（The Lemon Pepper Fizz）和柠檬草伏特加（Lemongrass Vodka）

　　这款酒的口感非常清新。柠檬草有时很难处理，因为长时间浸渍会产生一种类似于清洁剂的味道。我的快速 iSi 浸渍技法能够解决这一问题。注意，这个配方需要用到大量柠檬草，这是让柠檬草伏特加达到平衡口感的唯一方法。柠檬草几乎会装满整个发泡器。柠檬草浸渍烈酒应该现做现用，1 ～ 2 天必须用完。如果你把它放入冰柜保存，保质期可以延长到 1 周。

　　为了突出柠檬草的清新风味，我对这款鸡尾酒进行了充气。关于充气的更多信息请见气泡部分（第 266 页）。我用的是专门的充气系统，你也可以用苏打流（Sodastream）气泡水机，如果这些都没有，用来浸渍的发泡器也可以用。这款鸡尾酒要用到黑胡椒酊剂和澄清柠檬汁。如果这两样原料对你来说太麻烦了，可以给基础鸡尾酒充气，然后加入普通柠檬汁，再磨几圈新鲜黑胡椒。我不会告诉别人的。

柠檬草伏特加原料

　　300 毫升伏特加（酒精度 40%）

　　180 克新鲜柠檬草，切成圆片

工具

　　2 粒 7.5 克 N$_2$O 气弹

制作方法

　　将原料倒入半升发泡器。装 1 粒气弹，摇晃，然后加第 2 粒气弹并摇晃。浸渍时间为 2 分钟。释放压力，气泡声慢慢消失，然后过滤。按压柠檬草，滤出大部分伏特加。静置 10 分钟后即可使用。

柠檬草胡椒菲兹原料

　　下面的配方可做出一杯份量为 5 ½ 盎司（166 毫升）的气泡鸡尾酒，酒精度 14.3%，含糖量 7.1 克 /100 毫升，含酸量 0.43%。

　　58.5 毫升柠檬草伏特加

　　12 毫升澄清柠檬汁（或者在最后加入普通柠檬汁）

　　18.75 毫升单糖浆

　　1 大滴快速黑胡椒酊剂（第 193 页）

　　2 小滴盐溶液或 1 小撮盐

　　75 毫升过滤水

制作方法

　　将所有原料混合，冷却至 -10℃，充气。倒入冰过的细长形香槟杯。

图巴（Touba）咖啡和咖啡萨卡帕（Zacapa）

这款酒的原型是图巴咖啡，它是塞内加尔著名的热咖啡饮品。我是在去塞内加尔参加厨师培训活动时发现图巴咖啡的。当地的穆里德（Mourides）兄弟会成员喜欢喝加了几内亚胡椒（一种来自非洲胡椒树的西非胡椒）的小杯咖啡，带甜味，泡沫丰富。几内亚胡椒又被称为天堂椒，很难买到，除非你能找到西非杂货店。几内亚胡椒在图巴咖啡中的作用相当于小豆蔻在某些中东咖啡中的作用。如果买不到，你可以用小豆蔻（Cardamon）和荜澄茄（Cubebs）代替，但味道会变得不一样。这款鸡尾酒跟它的原型一样泡沫丰富，但却是冰饮，而且含酒精。记住，真正的图巴咖啡不含酒精。

这款鸡尾酒的基酒是现磨咖啡浸渍黑朗姆酒。快速咖啡浸渍效果极佳，但也不易把握。研磨的咖啡粉粗细对浸渍结果有很大影响。刚开始尝试快速咖啡浸渍时，我用的是意式浓缩咖啡粉，效果非常棒，但并非每次都如此。我的浸渍结果不够稳定。当使用自己的研磨器时，我能得到可重复的结果。但当我在陌生的地方做演示时，咖啡粉是其他人研磨的，结果就很不一致。如果咖啡粉磨得太细，结果尤其糟糕。浸渍出来的酒不但太苦，而且会堵塞过滤器，使过滤变得困难。现在我用的是比滴滤咖啡稍微细一点的研磨度，结果更稳定，而且过滤也容易多了。

这个浸渍配方必须使用现磨咖啡，最好是 1 分钟内研磨的。我用的朗姆酒是萨卡帕 23 年陈酿，因为它的口感十分平衡，香气不刺鼻，而且只有陈酿朗姆酒才能跟咖啡相抗衡。任何酒体饱满，香气不是太甜或太刺鼻的陈酿朗姆酒都可以。

注意，我延长了浸渍时间，所以它的味道跟咖啡极像，然后再用原味朗姆酒稀释。之所以延长浸渍时间有两个原因：我可以用 0.5 升发泡器一次性制作出 750 毫升咖啡萨卡帕，而且我可以根据需要来精确调整咖啡风味。我在这个配方中用到了牛奶浸洗技法，它能去除咖啡的刺激性风味，同时添加乳清蛋白质（详见第 243 页烈酒浸洗部分）。来自牛奶浸洗的乳清蛋白质能够让图巴咖啡鸡尾酒产生丰富泡沫。你也可以省略牛奶浸洗步骤，改为在摇酒之前加入 1/2 盎司（15 毫升）奶油，跟其他原料一起摇匀。

上图： 图巴咖啡
中图： 几内亚胡椒是塞内加尔图巴咖啡中的标志性香料，也叫天堂椒
下图： 理想的研磨咖啡

咖啡萨卡帕原料

100 克新鲜咖啡豆，烘焙度偏深

750 毫升萨卡帕 23 年或其他陈酿朗姆酒，分成 500 毫升 1 份和 250 毫升 1 份

100 毫升过滤水

185 毫升全脂牛奶（可不加）

工具

2 粒 7.5 克 N_2O 气弹

制作方法

用香料研磨器将咖啡豆磨成比滴滤咖啡细一点的粉。将 500 毫升朗姆酒和咖啡粉倒入 0.5 升发泡器，装入 1 粒气弹，摇晃，然后装入第 2 粒气弹。摇晃 30 秒。浸渍总时间应该是 1 分 15 秒。释放压力。跟大多数浸渍不同的是不要等气泡声消失。如果你这么做了，朗姆酒会过度浸渍。相反，静置 1 分钟就可以过滤了，用细布将酒倒入咖啡滤纸。如果只用咖啡滤纸会很快堵塞。酒应该在 2 分钟内过滤完毕。如果不是这样，就说明咖啡粉磨得太细了。在滤纸里搅拌滤完的咖啡粉，然后均匀地倒入水，进行咖啡粉滴滤（这一步叫过水）。倒入的水会取代浸渍过程中残留在咖啡粉中的一部分朗姆酒。过水时从咖啡粉中滴滤出的液体应该由 50% 的水和 50% 的朗姆酒组成。

现在，你应该损失了差不多 100 毫升残留在咖啡粉中的酒。在这一部分酒液中，水和朗姆酒差不多各占一半，所以最后浸渍出来的朗姆酒烈度会比最初低一点。

品尝浸渍好的朗姆酒。如果味道很浓郁（这是件好事），加入剩余的 250 毫升朗姆酒。如果加完酒之后咖啡味变淡了，这说明咖啡研磨得太粗，那就不能再加朗姆酒，并且要把牛奶浸洗的牛奶用量减少到 120 毫升。

如果你准备进行牛奶浸洗（做得好！），具体做法在下一段。如果你准备省略这一步，那就可以直接调酒了。

在搅拌时，将咖啡萨卡帕倒入牛奶中，而不是将牛奶倒入咖啡萨卡帕中，否则牛奶会立刻结块。停止搅拌，让混合物凝结，时间约为 30 秒。如果没有凝结，可以一点点地加入少许 15% 的柠檬酸溶液或柠檬汁，直到混合物开始凝结。注意在凝结时不要搅拌。一旦牛奶凝结了，轻轻地用勺子推动凝乳，但小心不要把它们戳破了。这一步有助于从牛奶中吸取更多酪蛋白，让成品更清澈。将混合物放入圆形容器，然后放入冰箱过夜。凝乳会沉到容器底部，你就可以将表面的清澈液体倒出来了。用咖啡滤纸过滤凝乳，将残留的最后一点液体滤出。你也可以在牛奶凝结之后将液体放入离心机，在 4000 克离心力下旋转 10 分钟。我就是这么做的。

最终酒精度：约 31%。

产出：约 94%（470 毫升）

几内亚胡椒糖浆原料

400 克过滤水

400 克砂糖

15 克几内亚胡椒（天堂椒）或 9 克绿小豆蔻荚和 5 克黑胡椒

制作方法

将所有原料放入搅拌机，高速搅拌至砂糖溶化。用细孔过滤器过滤，以去除大颗粒物，再用湿纸巾或过滤袋过滤（不要用咖啡滤纸，因为过滤时间太久了）。

CONTINUES

图巴咖啡原料

　　下面的配方能做出一杯份量为 3 9/10 盎司（115 毫升）的图巴咖啡，酒精度 16.1%，含糖量 8.0 克 /100 毫升，含酸量 0.39%。

2 盎司（60 毫升）咖啡萨卡帕

1/2 盎司（15 毫升）几内亚胡椒糖浆

3 小滴盐溶液

1/2 盎司（15 毫升）奶油（如果你没有牛奶浸洗朗姆酒）

制作方法

　　将所有原料倒入摇酒壶，加冰摇匀，滤入冰过的碟形杯。这杯酒应该口感顺滑，泡沫丰富。

哈雷派尼奥辣椒特其拉

大多数辣椒浸渍烈酒都辣度偏高、辣椒风味偏低。但快速 iSi 浸渍能够萃取更多辣椒风味，令浸渍烈酒的口感更丰富。你需要的辣椒用量比传统长时间浸渍更多。操作时，我去除了辣椒的筋和籽，辣椒素是造成辣椒产生辣味的化合物，主要集中在这些部位。我想要一些辣味，但我也想要大量香气和风味。为了实现这一点，我去掉了辣椒籽，并且加大了辣椒的用量。

原料

45 克哈雷派尼奥青椒，除去籽和筋，并切成极薄的片

500 毫升银特其拉（40 度）

工具

2 粒 7.5 克 N_2O 气弹

制作方法

将原料倒入半升发泡器，装入 1 粒气弹，摇晃，然后装入第 2 粒气弹并摇晃。浸渍总时间应该是 1 分 30 秒。释放压力。静置 1 分钟。过滤，按压辣椒片，令大部分特其拉滤出。静置 10 分钟即可使用。

产出：90% 以上。

左图：哈雷派尼奥辣椒去籽去筋，切成这样的薄片

下图：哈雷派尼奥辣椒特其拉

上页：1. 发泡器的压力释放完毕后，你应该先用布过滤酒，再用咖啡滤纸过滤。然后在咖啡粉中倒入水，再次过滤；2. 品尝酒的味道；3. 它应该需要加入新鲜朗姆酒，一边搅拌一边将咖啡朗姆酒倒入牛奶中；4. 牛奶会凝结；5. 轻轻搅动凝乳，直到酒变得越来越清澈，然后让凝乳沉淀下来；6. 过滤

柠檬巧克力和巧克力伏特加

多孔的可可豆浸渍效果很不错，但问题在于大多数可可豆的质量都很差。制造商经常将劣质的可可豆掺入优质豆中卖给毫无防备之心的买家。永远不要用杂牌可可豆来浸渍烈酒。浸渍前要先尝一下可可豆的味道。它们有酸味和苦味吗？如果有，浸渍好的烈酒也会有酸味和苦味。我只用法芙娜（Valrhona）可可豆，其质量总是很好。

你用优质可可豆浸渍出来的巧克力烈酒总是比用可可粉（用起来很麻烦，而且难以过滤）或固体巧克力（没有渗透性）好。根据下面的配方，你可以做出巧克力风味浓郁、几乎不带苦味的巧克力伏特加，不需要添加大量的糖。

我用巧克力伏特加调的酒有点极端，因为我加了柠檬。有人就是不喜欢柠檬和巧克力混合的味道，但我喜欢。这个风味组合的灵感来自我的妻子詹妮弗，她的青少年时期是在德国法兰克福度过的，在那里她养成了把巧克力冰淇淋和柠檬雪葩（Lemon Sorbet）放在一起吃的习惯。这款酒要用到几大滴巧克力苦精，令风味更饱满。我附上了自制巧克力苦精的配方，你可以用商业巧克力苦精或墨西哥"魔力酱"苦精来代替，或者完全不用苦精也可以。

巧克力伏特加原料

500 毫升中性伏特加（酒精度 40%）

75 克法芙娜可可豆

工具

2 粒 7.5 克 N_2O 气弹

制作方法

将伏特加和可可豆倒入半升奶油发泡器。装入 1 粒气弹，晃动或摇动几秒，然后装入第 2 粒 7.5 克 N_2O 气弹。继续摇晃整整一分钟。静置 20 秒，然后释放压力，打开发泡器。让酒在发泡器中继续静置 1 分钟左右，直到气泡声开始减弱。滤出可可豆，用咖啡滤纸过滤伏特加。静置几分钟后即可使用。扔掉用完的可可豆，因为它们剩下的只有苦味。

产出：85% 以上，14 1/5 盎司（425 毫升）。

柠檬巧克力原料

下面的配方能做出一杯份量为 4 ⅓ 盎司（128 毫升）的柠檬巧克力，酒精度 19.2%，含糖量 7.4 克 /100 毫升，含酸量 0.70%。

2 盎司（60 毫升）巧克力伏特加

1/2 盎司（15 毫升）新鲜过滤的柠檬汁

1/2 盎司（15 毫升）单糖浆

2 大滴快速巧克力苦精

2 小滴盐溶液或 1 小撮盐

糖渍姜

制作方法

将伏特加、柠檬汁、单糖浆、苦精和盐溶液或盐倒入调酒听。加冰迅速搅匀，滤入老式杯，以糖渍姜装饰。这个配方用到的糖极少，尽管可可豆并没有增甜，因为浸渍过程去掉了苦味。

快速苦精和酊剂

苦精在鸡尾酒世界中的地位就像酱油在中国和番茄酱在美国的地位一样——无所不在。苦精是将芳香草本植物、香料和果皮放入酒精浸渍而来，并且添加了苦味剂，这通常是苦味植物的树皮、根茎或叶子，如龙胆根（Gentian）、苦木（Quassia）、金鸡纳（Cinchona）（奎宁的来源）和苦艾。苦精诞生于酒被人们当成药的古代。19世纪是苦精的巅峰期，药剂师用各种植物原料制成专门药用苦精，据说它有助于健康和消化。如今，人们制作苦精是因为喜欢它们的味道，而过去10年堪称苦精的爆发期。人们不但复制19世纪的配方，还研发出各种新配方。调酒师和鸡尾酒爱好者纷纷开始自制苦精，为自己的鸡尾酒盖上独特的印记。苦精是很有趣的。

传统苦精的制作需要几周时间，但是有了我的快速苦精技法，你不到1小时就能做出来。除了速度快之外，快速苦精还具有出色的芳香特质。跟大多数一氧化二氮浸渍配方不同，快速苦精有时需要加热，而且浸渍时间更长——20分钟到1小时，因为我们希望萃取苦味和浓郁风味。苦精的口感是很强烈的，所以用的时候只要一滴就够了。

苦精是不同风味的融合，而酊剂则是单一风味的高浓度浸渍。同苦精一样，酊剂的用量也是以小滴和大滴为单位。我很少会加热酊剂，因为我选用的原料在加热后通常风味会变差。

传统苦精和酊剂的制作时间很长，配方研发也需要几个月。但是有了快速浸渍技法，你在一天之内就可以将一个配方试验10次。我希望你能够把下面的配方当作模板，研发出属于自己的配方。这些配方适用于0.5升发泡器。

快速橙味苦精原料：中间是丁香。内圈左下起顺时针方向依次是葛缕子籽、小豆蔻籽、龙胆根和苦木树皮。外圈从左至右依次是干西柚皮、新鲜橙皮、干橙皮和干柠檬皮

快速橙味苦精

这是一款口感非常强烈而平衡的芳香橙味苦精，我在第 178 页的闪光酸酒配方里用到过。快速浸渍能够同时萃取大量香气和苦味。我用了适量新鲜橙皮来营造明亮风味，干塞维利亚橙皮、柠檬皮和西柚皮能带来圆润的柑橘水果口感。少许丁香增添了温暖感。小豆蔻和葛缕子的香料味是柑橘类水果的好搭档。龙胆根和苦木树皮是经典的苦味剂，为苦精注入了必不可少的苦味。我很喜欢这个配方。有些原料可能不容易买到。在纽约，我们至少有两家商店是专门卖干香料、树皮、根茎和植物原料的。如果你不能去那里买，那就选择网购吧。

在实际操作这个配方时，如果你打开发泡器时发现里面几乎没有液体，别担心。果皮会膨胀，把几乎全部液体都吸收掉。这没关系。你可以按压果皮，将苦精滤出。橙味苦精的产出量很少，但可以用很久。

苦精制作完毕之后，柑橘果皮内的果胶有时会形成一层不那么黏稠的凝胶。如果你有诺维信果胶酶 Ultra SP-L（我会在第 213 页的"澄清"部分详细介绍这种酶），可以加几克，让凝胶分解掉。如果你没有 SP-L，可以稍微摇晃一下苦精，使其沉淀即可。

原料

0.2 克完整的丁香（3 颗丁香）

2.5 克绿色小豆蔻籽，从荚中剥出

2 克葛缕子籽

25 克干橙皮（最好是塞维利亚橙皮）

25 克干柠檬皮

25 克干西柚皮

5 克干龙胆根

2.5 克苦木树皮

350 毫升中性伏特加（40 度）

25 克新鲜橙皮（去除白色海绵层，只留橙色部分）

工具

1 粒 7.5 克 N_2O 气弹

制作方法

如果条件允许，先把丁香、小豆蔻籽和葛缕子籽碾碎，然后再将它们和其他干原料一起放入搅拌机，搅打至胡椒粒样大小。将搅打好的干原料粉、伏特加和新鲜橙皮放入 0.5 升 iSi 发泡器，装入气弹。摇晃 30 秒。不要释放发泡器内的压力，将它放入装水的平底锅，在微微冒泡的水中小火加热 20 分钟。用冰水冷却发泡器，直到温度降至室温。释放发泡器内的压力，打开瓶盖，观察瓶内情况。液体应该基本上都被果皮吸收掉了。别担心。将固体原料放入坚果奶袋、超级袋（烹饪用过滤袋）或用餐布包裹，置于容器上方用力挤压。你应该能挤出 185 毫升苦精。

如果你想增加产出量，可以加大挤压力度，在一开始加入更多液体或重新让果皮变得潮润。这些做法都能增加产出，但质量会下降。

如有需要，可以用咖啡滤纸再过滤一遍。

产出：52%（185 毫升）。

快速橙味苦精：1. 开始浸渍之后，将密封好的发泡器放入微微冒泡的热水中静置 20 分钟，接着用冰水冷却发泡器，直到它降至室温，然后释放压力；2. 几乎所有液体都被吸收了；3. 从固体中挤出液体；4. 做好的苦精是浑浊的；5. 如果愿意，可以加入诺维信果胶酶 Ultra SP-L，使苦精沉淀；6. 过滤

快速巧克力苦精

有些鸡尾酒需要用到一小滴苦巧克力风味。这种味道的苦精既适合含有特其拉或梅斯卡尔的配方，又适合带有强烈植物或草本风味的酸酒配方。即使是那些你以为并不需要巧克力味道的鸡尾酒，加入一点巧克力苦精后味道也会变得更好，如苹果马天尼（是的，我也做苹果马天尼，详见第312页"苹果"部分）。我在第187页的柠檬巧克力鸡尾酒中也用到了它。

这个配方必须用优质可可豆，我用的是法芙娜可可豆。这个配方是非常简单的，苦味来自可可豆和龙胆根，香料味来自肉豆蔻皮，这意味着它能用来调制不同的鸡尾酒。这些苦精不需要加热，因为加热会使可可豆变得一团糟。这个配方比我研发的其他所有快速浸渍配方都耗时更久，需要1小时。

原料

3.0 克肉豆蔻皮（3 片完整的）

350 毫升中性伏特加（酒精度 40%）

100 克法芙娜可可豆

1.5 克干龙胆根

1.5 克苦木树皮

工具

2 粒 7.5 克 N₂O 气弹

制作方法

碾碎肉豆蔻皮。将所有原料放入 0.5 升 iSi 发泡器，装入 1 粒气弹。摇晃几秒，然后装入第 2 粒气弹。继续摇 20 秒。混合物浸渍 1 小时，浸渍期间不时摇晃一下，然后释放压力。发泡器内会产生大量气泡和泡沫。听一下声音，等待气泡声减弱。将液体滤出，按压固体原料，以滤出更多液体。用咖啡滤纸过滤一遍苦精。

产出：85%（298 毫升）。

巧克力苦精原料（右上起顺时针方向）：
可可豆、苦木树皮、龙胆根和肉豆蔻皮

快速辣椒酊剂

如果你想给鸡尾酒增添辣味，这是个好选择。它的原料包括红椒和青椒，前者带来果味，后者带来植物风味。为了最好地萃取辣椒素——形成辣味的主要化合物，我用了食品级 100 度无水乙醇（酒精度 100%）。辣椒素更容易溶于酒精，而不是水。我用普通的酒精含量 40% 的伏特加测试了一下这个配方，但结果不太满意，因为辣度不够。遗憾的是食品级纯乙醇并不容易买到。你可以用酒精度 97.5% 的乙醇来代替，根据所在地的法律，你可能在酒类商店就能买到。浸渍完成后，我会加一点水，以降低酒精度，并将附着在辣椒上的酒漂洗下来。

这款酊剂保存几个月后辣度不会降低，但香气会改变。红色水果特质会慢慢变弱，绿色植物特质会占据主导。最后，它尝起来像是完全用青椒做成的，但这种味道依然很好。

上图：用来制作快速辣椒酊剂的辣椒应该切成这样

左图：每当我用辣椒调酒时，我总是把它们去籽去筋

原料

8 克红色哈瓦那辣椒，除去籽和筋，切成薄片

52 克红色塞拉诺辣椒，除去籽和筋，切成薄片

140 克青色哈雷派尼奥辣椒，除去籽和筋，切成薄片

250 毫升无水乙醇（酒精度 200% 或 195% 的都可以）

100 毫升过滤水

工具

2 粒 7.5 克 N_2O 气弹

制作方法

将切好的辣椒和酒精倒入 0.5 升 iSi 发泡器。装入 1 粒气弹并摇晃，然后装入第 2 粒气弹，继续摇晃。浸渍 5 分钟，浸渍期间不时摇晃一下。释放压力。加水，静置 1 分钟（听一下气泡声）。将液体滤出，按压辣椒，以滤出更多液体。静置 10 分钟即可使用。

产出：90% 以上（315 毫升）。

快速黑胡椒酊剂

我喜欢用黑胡椒来调酒，但却不喜欢它们漂在酒里的样子，也不喜欢它们的用量效果难以控制。这款酊剂是个很好的解决办法。我用了多种不同的胡椒和类似于胡椒的香料来制作这款酊剂，所以它的辣味颇为强烈。基础原料是来自印度的马拉巴（Malabar）黑胡椒，它以刺激的辛辣口感而闻名。在马拉巴黑胡椒的基础之上，我加入了代利杰里（Tellicherry）黑胡椒，它同样来自印度，在全世界都很有名。它的香气比马拉巴黑胡椒更复杂、有趣，但辛辣感不那么强。少量干青胡椒带来清新感。我还加入了少量摩洛哥豆蔻（Grains of Paradise），它不是胡椒，但在植物学上跟胡椒有关联，而且人们几百年来都把它当成胡椒使用。最后，我还添加了另一种类似于胡椒的香料——荜澄茄，它在中世纪曾经非常流行。同摩洛哥豆蔻一样，荜澄茄跟黑胡椒有着很近的亲缘关系。它有种树脂般的香气特质，我非常喜欢。这些原料都可以在香料商店或网上买到。

我在第181页的柠檬胡椒菲兹里用到了这款酊剂。

原料

200 毫升中性伏特加（酒精度 40%）

15 克马拉巴黑胡椒

10 克代利杰里黑胡椒

5 克青胡椒

3 克摩洛哥豆蔻

2 克荜澄茄

工具

2 粒 7.5 克 N_2O 气弹

制作方法

用香料研磨器研磨所有干原料。胡椒应该磨得比较粗，而磨得越细，浸渍酊剂就会越辛辣。将胡椒和伏特加放入半升 iSi 发泡器，装入 1 粒气弹。摇晃几秒，然后装入第 2 粒气弹。继续摇晃几秒，浸渍 5 分钟。释放压力，等待气泡声停止。用咖啡滤纸过滤，并按压出残留在固体原料中的液体。

产出：80%（160 毫升）。

左图：黑胡椒酊剂原料，最上起顺时针方向依次是摩洛哥豆蔻、马拉巴黑胡椒、代利杰里黑胡椒、青胡椒和荜澄茄
右图：将所有胡椒原料研磨到这么粗。研磨得越细，酊剂就越辣

快速啤酒花酊剂

啤酒花是啤酒的苦味来源。你可以在自酿啤酒用品商店买到各种啤酒花，其中不少可能是你没听说过的。如果你是一位资深啤酒爱好者，你肯定已经有了自己最爱的品种。如果你想给鸡尾酒增添一丝啤酒般的苦味，这款酊剂能帮到你。我喜欢把它用在含有西柚汁的鸡尾酒里或者用于兑普通的赛尔兹气泡水。

啤酒花的苦味来自酸类。最重要的苦味酸类是阿尔法（Alpha）酸，又称葎草酮（Humulones）。要萃取出啤酒花中的阿尔法酸，通常需要煮沸很久才能把它转化成异葎草酮（Isohumulones），这一化学反应称为异构化。异葎草酮才是啤酒花苦味的真正来源。记住，要获得苦味必须把啤酒花煮沸。但这么做也有缺点：啤酒花的香气来自易挥发的精油，而煮沸会使精油蒸发或改变。所以，为了恢复啤酒花的香气，酿酒师会在煮沸后加入更多啤酒花。

用 iSi 发泡器制作啤酒花酊剂时，你有 3 个选择。如果你想做很苦的酊剂，可以把处于压力下的发泡器放在小火慢煮的水里。遗憾的是加热酊剂会破坏啤酒花的新鲜香气。你可能以为香气会被保留下来，因为 iSi 发泡器是密封的，能够防止蒸发，但事实并非如此。热的啤酒花酊剂有啤酒标志性的苦味。为了让啤酒香气最大化，你在制作酊剂时不应该加热，这是你的第二个选择。我非常喜欢冷的啤酒花酊剂，但它们不会带来很多苦味。你的第三个选择也是我推荐的选择——双重浸渍：先加热浸渍，释放压力，然后再不加热浸渍。这么做有点麻烦，但却是值得的。

如果你愿意，可以在操作这个配方时使用一种以上的啤酒花：一种带来苦味，另一种带来香气，或者使用能够同时满足这两种需要的多种啤酒花组合。我只用了一种啤酒花——西姆科（Simcoe），因为它能带来强烈的苦味，而且我很喜欢它的香气。

自制酊剂的人（也就是你）非常幸运，因为酿酒师对在啤酒中添加多少苦味非常挑剔，所以所有啤酒花都标明了它们的苦味酸类含量，用阿尔法酸（异葎草酮）和贝塔（Bitter）酸的百分比来表示。在比较啤酒花的苦味潜力时，你可以忽略贝塔酸，只看阿尔法酸。西姆科啤酒花的阿尔法酸含量是 12%～14%，非常高。许多著名啤酒花的阿尔法酸含量只有 6%。如果你用的啤酒花不够苦，就要相应地增加啤酒花的用量。

最后一点很重要：这款酊剂不能接触强光。紫外线可能会使其产生臭味，因为啤酒花酸类、核黄素（维生素 B_2）和微量氨基酸杂质之间会产生一种光化学反应，形成异戊烯基硫醇（MBT）。MBT 的臭味很强烈，哪怕只有微量你都能闻到。如果你喝过有臭味的啤酒，应该懂我的意思。如果你没喝过，说明你运气不错。冷浸渍啤酒花酊剂不像热浸渍啤酒花酊剂那样容易产生臭味，但不管如何，我都用不锈钢瓶来储存啤酒花酊剂。

热或冷啤酒花酊剂原料

250 毫升中性伏特加（酒精度 40%）

15 克新鲜西姆科啤酒花

工具

2 粒 7.5 克 N_2O 气弹

制作方法

将伏特加和啤酒花放入发泡器，装入 1 粒气弹，摇晃几秒。然后装入第 2 粒气弹，继续摇晃 30 秒。

如果是热酊剂：将发泡器放入小火慢煮、微微冒泡的热水中。慢煮 30 分钟，然后放入冰水中，冷却至室温。冷却应该需要 5 分钟。

如果是冷浸渍：静置 30 分钟，中途不时摇晃一下。

释放压力，静待气泡声停止。用咖啡滤纸过滤，并按压出残留在啤酒花中的液体。用不透光的瓶子储存。

产出：85%（212 毫升）。

双重热冷浸渍酊剂配方

30 克新鲜西姆科啤酒花，分成 15 克的两份

300 毫升中性伏特加（酒精度 40%）

工具

3 粒 7.5 克 N_2O 气弹

制作方法

将 15 克啤酒花和伏特加放入半升 iSi 发泡器，装入 1 粒气弹，摇晃几秒。将发泡器放入小火慢煮、微微冒泡的热水中，慢煮 30 分钟。用冰水冷却发泡器，直到温度降至室温（耗时约 5 分钟）。释放压力。释放压力过程中喷出的任何液体都要倒回发泡器。加入剩下的 15 克啤酒花，装入第 2 粒气弹，摇晃几秒。装入第 3 粒气弹，继续摇晃 30 秒。静置 30 分钟，这期间不时摇晃一下。释放压力，等待气泡声停止。用咖啡滤纸过滤，并按压出残留在啤酒花中的液体。用不透光的瓶子储存。

产出：85%（212 毫升）。

15 克极苦的西姆科啤酒花。如果你选择制作双重热冷啤酒花酊剂，啤酒花的用量要加倍

按比例放大配方

奶油发泡器的最大容量为 1 升。如果想一次性制作大量浸渍烈酒怎么办？可以用康富（Cornelius）苏打水桶。康富桶（详见第 266 页"充气"部分）的容量高达 5 加仑（约 18.9 升），而且可以轻松承受 100PSI 的压力。大部分康富桶的官方承压能力是 130PSI，但释压阀门通常会在达到这一压力之前就开始释放压力。奶油发泡器的操作方法是立刻注入所有气体，而且降低压力是通过摇晃来完成的，而康富桶需要稳定地施加压力，这是个优点。气体压力是稳定的，所以你每次是将桶装满到同一位置并不重要。遗憾的是大多数人在使用康富桶浸渍时都只会用 C_2O，因为气瓶装的 N_2O 太难买到了。供应商担心人们会把 N_2O 作为毒品使用，有引发窒息的风险。

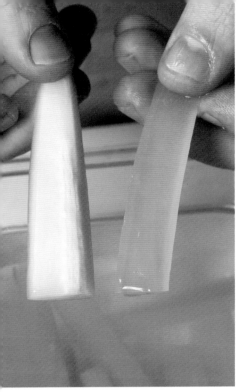

上图：左边是浸渍前，右边是浸渍后。两者有着明显的不同

下图：菠萝心装饰

真空浸渍固体物：装饰魔法

如果你还记得，我在本章开头曾经说过，浸渍其实是两个不同的过程：一是将液体浸渍到固体中，二是将风味从固体萃取到液体中。后一个过程我们已经介绍过了，也就是一氧化二氮浸渍。现在，我要介绍如何运用真空浸渍技法将液体浸渍到固体中。

真空浸渍的原理是用一种风味液体（如金酒）将固体原料（如一片黄瓜）包围起来，然后用真空机将空气从黄瓜的气孔中吸走。恢复压力后，空气不会重新进入这些气孔，因为有金酒隔离，而且金酒不会给空气让道。相反，空气的压力逼迫金酒进入这些空的气孔中。这一过程能够造成既可口又美妙的效果。观察一下黄瓜片，它呈泛白的绿色，表面如丝般光滑。凑近看，你会发现它的白色带着颗粒感，这些就是黄瓜的气孔。当光线照射在这些气孔上，它会往各个方向反射，其中一些会折射到你的身上。气孔使黄瓜不透明。如果在气孔中注入液体，它们就不再反射光线了，而黄瓜也会变得像珠宝般透明。更多关于这一现象的解释，请见第 205 页边框内的"压缩"部分。

真空浸渍中最酷的一点是它能够使某种产品的瑕疵或不能食用的部分变得有用。西瓜皮通常被当成垃圾，但如果你用削皮器把它们切成长长的薄片，再跟柠檬酸和单糖浆一起浸渍，它们就变成了绝妙的鸡尾酒装饰。菠萝心也是垃圾……但如果你把它们切成长条，跟单糖浆一起真空浸渍，它们就可以用来代替莫吉托（Mojito）的甘蔗条装饰。不够熟的梨的质地很硬，直接吃很困难，但很适合用来真空浸渍，而且在跟柚子汁和接骨木花糖浆类的浓郁原料一起浸渍时效果尤佳。

在鸡尾酒世界里，真空浸渍最常用于装饰，但也有值得注意的例外。你可以将烈酒浸渍到固体原料中，所以你可以创作出介于食物和鸡尾酒之间的食品。我的黄瓜马天尼就是黄瓜跟金酒和味美思一起浸渍出来的"可食用鸡尾酒"，是最早使我获得关注的技术配方之一（完整配方见第 206 页）。我是 2006 年在纽约市的法国烹饪学院教授烹饪技术时想到这个创意的。当时我不能给学生供应烈酒，但是我可以用烈酒来"烹饪"。

真空机

只要你有一台质量过硬的真空机，真空浸渍就会出乎意料地简单，但专业箱式真空机售价不菲。幸运的是你并不需要倾家荡产才能尝试真空浸渍。用手动真空泵或梵酷（Vacu Vin）真空红酒塞也能达到可接受的效果（尽管不能尽如人意）。我甚至还研发出了用 iSi 发泡器浸渍固体的技法（详见第 168 页）。如果你想用低成本的便捷方式获得专业真空机的效果，可以用制冷维修技工用的真空泵自制一套优质的真空浸渍系统，它们成本不高，而且创造的真空效果不错。

如果你幸运地拥有一台专业箱式真空机（一台专门用来密封包装袋、用于储存和烹饪的机器），它绝对是最棒的真空浸渍工具。密封包装袋功能并不是重点，关键在于优质、性能强劲的真空泵。这些机器的售价从 1500 美元起。商业真空机都很贵，因为它们的真空泵质量非常好。真空泵是一种商业机器，用油密封，只需几秒就能达到很高的真空水平（99% 的空气被抽离），而且能够承受专业厨房的使用强度。

现在你可以在市场上买到售价在 1000 美元以下的新一代真空机。它们的真空泵性能没有专业型号的那么强大，但我相信其中一些能够获得不错的浸渍效果。像富鲜（FoodSaver）等廉价电子真空机无法做到真正的真空浸渍。

商业箱式真空机

西瓜皮

制作西瓜皮装饰： 第1～3步切西瓜时，将西瓜皮切成圈状；4.将深绿色的外皮削去；5.将削皮器放在圈状的西瓜皮上，开始绕着圈削皮；6.继续削皮，要削成连续不断的长条；7.为了不弄断西瓜皮，把它

们拿出来时要将削皮器拆开；8.最后，将西瓜皮跟万能甜酸糖浆（详见第 210 页配方）一起真空浸渍

真空浸渍的技术考量

原料的选择

多孔性：跟一氧化二氮浸渍一样，用于真空浸渍的任何原料都必须有渗透性，即必须有气孔。在真空浸渍过程中，你会在这些气孔中注入液体。气孔越大越多，你能注入的液体就越多，而固体获得的风味也越多。西瓜拥有无数宽大的气孔，会像海绵那样吸收液体。苹果的果肉里也有大量气孔，但气孔太小，难以将风味浸渍进去。

你选择的原料不但必须有气孔，这些气孔还必须能够让浸渍液体进入。这意味着浸渍很难通过果皮进行，因为果皮的渗透性一般不像果肉那么好。没有削皮的樱桃番茄无法从真空浸渍中获取风味，但削皮后它们就变成了完美的浸渍原料。此外，把原料切得更薄也更有助于浸渍，因为液体能进入的气孔变多了。

既然真空浸渍只是将现有的气孔填满，它永远不会在固体中加入大量液体。气孔永远不会占据整体的一大部分。因为注入的液体很少，它的风味必须足够强烈才能对固体的风味造成影响。原料的渗透性越弱就越要加强液体的风味。使用的液体风味不够是新手常犯的一个错误。

真空浸渍的原料不应该太脆弱。像草莓这样的水果有大量气孔，浸渍效果佳，而且一开始状态看起来非常好。但是约 5 分钟后，它就开始变得黏滑而令人恶心，因为它们的结构无法承受真空浸渍的力度。成熟的梨也会在真空浸渍时严重变质。

真空浸渍和腌制的不同及对保质期的影响：快速浸渍跟传统的腌制不同，后者是用酸、咸或甜的汁水通过渗透作用来缓慢改变某种原料的构成，而且通常能够有效保持原料的品质。而真空浸渍并不会从根本上改变固体原料的构成，所以它无法像传统腌制那样起到保质作用。记住这一点。

反过来说，如果你真空浸渍某种原料后将其长时间放在冰箱里保存，如过夜、几天等，固体原料的果肉会在渗透和扩散作用的影响下像传统腌制那样发生改变。有时这不是个问题。浸渍后长时间储存苹果并不会影响它的质地。但有些原料的质地会被破坏。在黄瓜马天尼的配方中，我强调一定要在 2 小时内将黄瓜吃掉。过了这个时间点，渗透作用会使黄瓜细胞中的水渗出，稀释金酒。这样它的口感就不再饱满了。也就是说，黄瓜会变软。

准备工作：温度

你想要真空浸渍的任何原料都应该是冰的。一定要冰。不是微温、温热或凉，而是冰，至少要达到冰箱的低温（1 ~ 4.4℃）。我说的原料包括你要浸渍的固体和用来浸渍的液体。温度过高是我在真空浸渍实际操作中见过的出现频率最高的错误，它会造成加热过度和浸渍效果不佳。下面是对原理的解释，或者你也可以选择相信我的话，直接跳到下一部分。

你需要了解真空的一个性质：真空形成后，液体的沸点会下降。沸腾不只与温度有关，它同时受到温度和压力的影响。正如你在盒装蛋糕说明书上读到的那样（是的，你肯定读过），在高山上加热时要改一下配方，因为高海拔地区的大气压力比平原低得多，所以水的沸点会降低。跟你在最高的山上体验到的压力比起来，商业真空机能够形成的压力低得多，可以跟火星表面的压力一样低（6 毫巴）。而我们都知道阿诺德·施瓦辛格在电影《宇宙威龙》（*Total Recall*）中的遭遇：当他被射到火星表面之后，他的血液开始沸腾。

为什么抽真空会降低沸点？因为液体分子一直在运动。液体温度是由这些分子的平均速度决定的。速度快意味着温度高。除了液体分子之间的相互吸引力，使这些运动中的分子保持液体状态的另一个因素正是大气压力。无论在什么时候，有些分子的运动速度总是快到让它们脱离液体，而这会造成蒸发，以及蒸发冷却。随着高速分子脱离，剩下的分子的平均运动速度变慢，因此液体温度变低了。然而，在沸点之下，一个以平均速度运动的分子更倾向于留在液体中，而不是变成蒸汽分子脱离出去。只有当压力变得足够低或温度

真空机里的水温只有 9℃，但它却在剧烈沸腾，因为压力非常低

清洗真空机

　　商业真空机的真空泵是用油密封的。当真空泵在工作时，水和其他液体会滞留在油里，极大地削弱真空泵的性能。所有用油密封的真空泵都有一个小窗，能够让你观察到油的状况。清洁的油看上去像油。被污染的油会出现液体乳化现象，看上去像色拉酱。你可以让真空泵在开放的空气下（不抽真空）运转几分钟，使油再次变清。所有的真空机都有这一功能，通常只需要把盖子打开一点即可。真空泵会变热，有助于污染物蒸发，而从真空泵中通过的空气会把污染物带走。现在，油又变得清澈了。

真空机油：油是真空机的命脉。被污染的油（上图）充满了水，会降低真空机形成的真空程度。将盖子打开，让真空机运转 5 ~ 10 分钟，就能起到清洁作用——水会蒸发，油会变清（下图）

变得足够高，普通液体分子脱离液体和留在液体中的可能性变得一样高时沸腾才会发生。当我们抽真空、使压力降低时，液体的沸点也就随之降低了。沸点降至多低取决于我们的真空泵性能有多好。

　　我们用来浸渍的真空泵可以轻松将压力降到室温（即沸点），甚至低到使水在冰箱温度下也能沸腾。真空沸腾不会提高水的温度，它通过蒸发冷却来降温。我最喜欢的演示之一就是把室温水在真空机里煮沸，然后邀请一位学生把他的手放进水里。在任何小组里，总是有几个人相信他们的手会被水烫伤，只有当他们把手放进冷的、沸腾的水里才会发现自己错了。

　　如果想尝试真空浸渍，这一点意味着你用的原料必须是冰的，只有非常冰才能获得好的结果。你的原料必须至少不超过冰箱温度，否则在达到合适的真空水平之前就会把原料煮沸。酒精的沸点比水低，所以真空机把酒精煮沸的概率甚至更大，这意味着酒精的温度必须尽量低，同时又不会把固体原料冻住。我见过太多的人不遵守这条规则了。一定要冰！冰！冰！

开始操作：抽吸时间

真空浸渍所需的时间可能比你认为的要长。假设你想把优质黑朗姆酒浸渍到成熟的菠萝条当中去，你要先用冰朗姆酒浸没冰菠萝条，然后抽真空。真空会将菠萝气孔中的空气吸出，使气孔打开。来自气孔的空气会变成气泡进入朗姆酒，通过真空泵离开系统。你需要尽可能多地从菠萝中抽出空气，以确保真空。空气抽吸不到位，浸渍到菠萝中的液体就不会那么多。把所有气孔中的空气都抽走需要比你认为更长的时间。即使你的真空机达到了充分真空，你也无法确保菠萝中所有的空气都被抽走了，你只是把所有的自由空气从箱体中抽走了。要延长抽真空的时间。记住：延长时间。

我在进行真空浸渍时通常会先抽吸 1 分钟，然后关掉真空机，让原料在真空中待一段时间（所有商业真空机都可以做到这一点。多数情况下你只需要把机器关掉，而不是按停止按钮）。即使真空泵被关掉，你也会看到空气在以气泡的形式逸出。这个冒泡的过程会持续几分钟。为什么要关掉真空泵？有两个原因：第一，如果你的真空泵质量过硬，不管里面的液体有多冰都会沸腾，而连续沸腾会使液体的风味损失（从根本上说，你是在蒸馏）；第二，保持真空泵长时间运转会使液体蒸发，从而污染真空泵的油，影响泵的功能。

现在到了最有趣的部分：让空气重新进入。

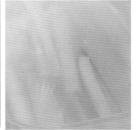

当空气涌入箱式真空机，观察金酒和味美思是如何进入黄瓜的

真相时刻

在你用真空机将空气从气孔中抽出之前，气孔受到的压力跟围绕着我们的压力是一样的，约为 14.6PSI。真空形成后，气孔几乎没有受到任何

棉花糖

在演示真空机的操作方法时，我会炸棉花糖。如果你有真空机，也应该做一下这个试验，它会帮你牢牢记住真空机的工作原理。把棉花糖放进箱式真空机后，它们的体积会膨胀几倍。这是因为真空机内部的压力降低了，滞留在棉花糖里的空气开始膨胀，使棉花糖像气球那样炸开。每个人都喜欢这个试验的视觉震撼力，但膨胀本身并非真空浸渍的重要部分。当棉花糖膨胀之后继续抽真空，它会开始缩小，因为膨胀的滞留空气开始慢慢从它身上溜走。最终，大部分滞留空气都会离开棉花糖，而棉花糖也会变回原本的大小，但这个过程需要一点时间。这一部分才是重要的。它说明把空气从气孔中抽离需要比预计更长的时间。这一点对我们浸渍的所有原料都适用：抽掉空气所需的时间比你预想的更长。

用棉花糖做试验还有一个独一无二的好处：当你最后取消真空，让空气重新进入箱体时，棉花糖会被压缩。正如把空气从棉花糖中抽离很难，让空气重新回到棉花糖内部也很难。当大量空气同时接触到棉花糖时，这些软软的棉花糖无法承受这种压力而会自动压缩，即使在没有装入袋子里的情况下。我喜欢这个演示，它以一种看得见的方式展示的真空原理会深深印在我们的脑海里。

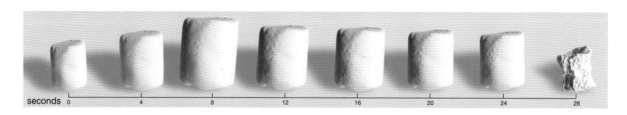

将一块棉花糖放入真空机： 0秒时棉花糖处于原本的状态。随着真空机的运转，棉花糖会变大，因为它内部的气泡开始膨胀。8秒时棉花糖膨胀到了最大。注意12秒和24秒时棉花糖开始缩小。这是因为它内部的空气开始逸出。放入真空机的水果和蔬菜也是如此，它们不一定膨胀，但内部会有滞留的空气，需要很长时间才能完全抽离。跟水果不同的是当空气在28秒时重新进入真空机时，棉花糖会被压缩

压力。取消真空会让空气重新涌入真空机的箱体。这些空气会以每平方英寸14.6 PSI的压力对气孔进行压缩。这一压力听上去可能不怎么大，但在一块4英寸（10.16厘米）见方的平板上施加14.6 PSI的压力相当于233磅。这个压力并不会把气孔压垮，而是会把液体——在我们假设的情况下是朗姆酒——注入到多孔的固体中，也就是菠萝中。最后你得到的就是既美味又赏心悦目的真空浸渍菠萝。你会想亲眼目睹这个过程的。我运用这一技法已经快10年了，依然看不厌。

压缩

如果你从多孔食物中抽走空气，然后将其放入袋中密封（不加液体），让空气给袋子施压，那么空气施加在食物气孔上的所有压力是14.6PSI。这不是在浸渍，因为没有液体。相反，气孔只是被压扁了。结果看上去跟浸渍产品很像，像珠宝或彩色玻璃，但没有添加风味。这一技法被称为真空压缩或质地改变，尽管食物的质地并没有多大变化。我很少会用这个技法，但有些人非常喜欢。如果你想让一块水果看上去非常美但又不添加任何风味，压缩是个好选择。记住，压缩之前必须将原料放入袋中密封。偏厚的原料需要多次重复压缩。无须重新打开袋子，只需要在密封的袋子上抽真空，直到它开始膨胀（原因是来自原料的蒸汽），然后让空气再次进入。这相当于举起一块轻砖头，一次次地砸在原料上。你在上一次重复操作时压扁的气孔会变得无法再压缩，这时再次放入空气会压扁新一批气孔。

真空浸渍液体

如果你只用真空机浸渍一次，液体从固体原料中萃取的风味将非常少。让浸渍固体在液体中浸泡几分钟，然后第二次抽真空。别担心你的原料不像之前那么冰。这一次其实你想让液体稍微沸腾起来。为什么？因为现在你是用沸腾来萃取固体原料气孔中的风味液体！

除了液体沸腾之外，不管你多么努力，还是会有一些空气残留在原料里，而这些空气在膨胀时会帮助风味液体从固体原料中释放出来。这正是用真空机给液体增添风味的原理。空气重新进入，新鲜的液体会再次被浸渍到固体中去，而你可以重复整个过程。这个过程可以重复几次，但我不建议超过3次，否则你可能会发现蒸馏造成了风味损失。但如果你的原料是袋装密封的，你可以无限次重复这一过程，因为袋子密封后，风味就不会减少。用真空浸渍液体的优点是你可以一次性处理几升液体，而且无须购买气弹；缺点是你无法像iSi那样控制压力或温度。

如果发现原料经过一次浸渍的效果不好，可以重复操作。质地坚硬的原料（如苹果和厚切原料）通常需要2次或更多次重复操作。如果你重复了2～3次甚至更多次，而且液体含酒精，那么一部分风味可能会损失，因为你其实是在不自觉地进行蒸馏。有一部分固体的风味进入液体，因为浸渍是双向的。

制作黄瓜马天尼：将真空浸渍技法运用于配方

这是我为真空机研发的第一款含酒精配方。

原料

6 ⅔ 盎司（200 毫升）冰金酒

1 ⅔ 盎司（50 毫升）冰杜凌白味美思

1/3 盎司（10 毫升）冰单糖浆

1 大滴冰盐溶液

2 根冰镇黄瓜（577 克）

1 个青柠

马尔顿海盐（Maldon Salt）

芹菜籽或葛缕子籽（Caraway Seeds）

工具

箱式真空机或效果相同的真空系统

真空袋

微板刨丝器（Microplane）

制作方法

本配方的所有原料都必须预先彻底冰冻。将金酒、味美思、单糖浆和盐溶液混合（马天尼是不加糖的，但我在这个配方中加入了单糖浆，因为黄瓜的苦味需要甜味来平衡）。冰冻混合好的酒液，直到它变冰，温度介于 0 ~ 4.5℃之间。

先将黄瓜放入冰箱冷藏再切片。不要先将黄瓜切好再放入冰箱冷藏，因为有些气孔会随着时间的流逝而萎缩，影响质地和浸渍效果。既然讲到了黄瓜，我不妨再介绍一下。美国黄瓜主要有两个品种：一种是细长的温室黄瓜，又称英国黄瓜，通常单根用塑料膜包装；另一种是精选黄瓜，通常一堆堆地摆放在生鲜区的大筐里。这个配方要用精选黄瓜。我很不喜欢温室黄瓜。有人认为温室黄瓜的皮更好，但我们并不在乎这一点，因为配方用的是去皮黄瓜。有人说温室黄瓜是无籽的，但任何吃过温室黄瓜的人都知道这是假的。

温室黄瓜的价格也更高。但不用温室黄瓜的真正原因在于它的风味太淡了，而且它唯一的风味就是苦味。

将冰镇黄瓜切成 20 根长方形的条。先给黄瓜削皮，然后切成约 4 英寸（10 厘米）长的圆柱，再将这些圆柱呈放射状切成 8 瓣。纵向切掉籽，再反过来把黄瓜弯曲的外表面切掉。这样得到的就是平直黄瓜条（见下图），其重量应该是 210 克。

将黄瓜和混合好的酒放入真空袋。你只需要一个真空袋，因为液体量非常少。真空袋能够使黄瓜和马天尼酒液紧密接触，而要让浸渍效果好，酒必须完全浸没黄瓜。如果黄瓜原料多，可以把它们放入平底锅浸渍，但前提是平底锅必须能放进真空机。

将黄瓜和酒放入真空机后，抽真空至少 1 分钟，然后关掉机器，让原料继续处于真空中。注意有气泡从黄瓜中逸出。这是件好事。等待冒泡停止，然后再次启动机器，使空气重新进入箱体。一定要观察这个过程。当空气涌入时，液体会注入黄瓜中，把它们变成马天尼。

过滤黄瓜（过滤的酒可以喝）。用毛巾将黄瓜马天尼拍干。在上面撒一些新鲜青柠皮屑、马尔顿海盐、芹菜籽或葛缕子籽。做好的黄瓜马天尼必须在 2 小时内吃掉，否则其口感就不够爽脆了。

制作黄瓜条：1. 削皮，将黄瓜切成 2 根圆柱；2. 把圆柱分别切成 8 瓣；3. 把籽切掉，让黄瓜的这一面变得平直，籽可以吃，而且味道好极了；4. 翻面，把弯曲的外部切掉；5. 所有切好的黄瓜

用 iSi 制作黄瓜马天尼

在一氧化二氮浸渍中，液体在压力的作用下进入原料的气孔，之后压力释放时这些液体会从气孔中翻滚而出。当你试着将液体注入固体时，这种翻滚是个问题。液体不会像你希望的那样留在固体中。解决办法：将原料放入密保诺密封袋，这样氮气从一开始就不会接触到原料了。这一技法的缺点是你无法一次性浸渍太多原料，气弹会带来额外成本，以及你只能浸渍大小能够通过 iSi 瓶颈的原料。它的主要优点：使用 iSi 时，你的原料不需要是冰凉的，而且有一点很重要——真空机不是必备器材。

工具

1 升 iSi 奶油发泡器

2 粒气弹（CO_2 或 N_2O）

3 个三明治大小的密保诺密封袋

微板刨丝器

原料

和黄瓜马天尼一样

制作方法

将金酒、味美思、单糖浆和盐溶液混合。切好黄瓜，然后将酒和黄瓜条分成 3 份，装入 3 个密封袋。将密封袋浸入水中，以排出袋中的空气。要做到这一点，你需要一个比密封袋更大的容器，在里面装满水。从密封袋的一边开始把它的封口按紧，只留一个角开着。将手指从这个开口伸进去，把密封袋拿起来，要让它的形状看上去像钻石一样。把密封袋浸入水中，直到水的高度达到你手指旁的开口，同时用另一只手把浸在水里的密封袋里的气包排除。把袋子完全密封好。现在密封袋里应该几乎没有空气。

把密封袋卷起来，放入 iSi 发泡器。加水至指示线位置（这会使得释放压力对原料的影响不会那么猛烈）。盖好发泡器，装入 1 粒气弹。轻轻摇几秒，原料再静置 2 分钟。缓慢释放压力，一定要慢。如果速度过快，浸渍原料会被毁掉。黄瓜内部的空气会再次膨胀，将一部分金酒和味美思混合酒挤压出去，会减弱风味并且影响黄瓜的外观。

将密封袋放在发泡器中泡 5 分钟。在这期间，空气会继续从黄瓜中逸出，因为一开始的压力和释放压力循环为空气提供了通路。5 分钟后，装入第 2 粒气弹，轻轻摇晃，等待 2 分钟。缓慢释放压力，将密封袋从发泡器中取出。这一次，黄瓜内部残留的空气不足以再次把酒挤压出来。

过滤黄瓜。在上面撒一些新鲜青柠皮屑、马尔顿海盐、芹菜籽或葛缕子籽。做好的黄瓜马天尼必须在 2 小时内吃掉，否则其口感就不再那么爽脆了。

这一技法也适用于压缩，但密封袋里不要加水。它还可以按比例放大，适用于康富桶（详见第 195 页"按比例放大配方"）。

用 iSi 制作黄瓜马天尼： 将混合好的马天尼倒入密保诺密封袋，密封好袋子，只留一个角打开。1. 像图中那样拿起密封袋；2. 慢慢地把密封袋浸入水中，同时排出袋中的空气。在密封袋被完全浸没之前，将其完全密封；3. 它看上去应该是这样的，内部几乎没有空气；4. 把密封袋塞入 iSi，然后把水加到指示线那么高；5. 装入气弹，摇晃，等待 2 分钟。缓慢释放压力；6. 如果你现在停下来，黄瓜的外观会很难看；7. 等待 5 分钟，装入第 2 粒气弹并再次摇晃。静置 2 分钟；8. 缓慢释放压力，大功告成

下面是一些入门级原料推荐。它们可以单独用作装饰，也可以混合在一起做成含酒精的水果沙拉。

万能甜酸糖浆

这款甜酸糖浆非常适合用来浸渍西瓜皮和未成熟的梨等原料。成品量为1升。

原料

400 毫升单糖浆（或 250 克砂糖和 250 克过滤水）

400 毫升新鲜过滤的青柠汁、柠檬汁或青柠酸

200 毫升过滤水

1 大撮盐

制作方法

将所有原料混合在一起即可。

瓜类

西瓜的浸渍效果出乎意料地好，因为它的渗透性极高。它几乎可以不借助外力就完成浸渍，这正是一代代足球迷喜欢在西瓜上开一个洞，然后把一瓶伏特加倒进去的原因，这样他们就可以把酒偷偷带进体育场了。我并不是很喜欢西瓜浸酒的味道。如果你用西瓜汁来浸渍西瓜，做出来的就是超级西瓜。它尝起来不那么像西瓜，而是更像网纹瓜。正如我在上文中所写，西瓜皮跟万能酸甜糖浆一起浸渍的效果极佳，口感爽脆！

蜜瓜和网纹瓜的浸渍效果也很好，但这两种水果正好是我很不喜欢的两种水果，所以我没有资格给出建议。

番茄

真空浸渍樱桃番茄是很好的咸鲜味鸡尾酒装饰。第 185 页的哈雷派尼奥特其拉配方也可以做成一口饮：加盐圈，以一颗用盐、醋和糖快速浸渍的樱桃番茄装饰。在浸渍之前，你应该一次性将几颗番茄放入轻微冒泡的热水中煮 20 秒，然后将其直接放入冰水中。如果煮的时间更长，它们会被煮熟。如果你一次性加太多番茄，水温会降低，计时会变得不准。番茄冷却之后，用刀削去皮。你也可以将樱桃番茄放入冰箱快速腌制，只需要几小时，但其风味不会那么强烈。

浸渍液体

100 克砂糖

20 克盐

5 克芫荽籽

5 克黄芥末籽

5 克多香果

3 克碎红椒（如果是装饰哈雷派尼奥特其拉可略去）

100 克过滤水

500 克白醋

制作方法

将所有干原料放入小平底锅，加水。一边煮沸一边搅拌，确保盐和糖完全溶化。关火，加醋。盖上盖子，放入冰箱冷藏至冰凉。按常规进行真空浸渍。

梨

正如我之前提到的，梨的质地必须坚硬才能有好的浸渍效果。将梨切成细条或圆片的效果是最好的，而且作为装饰也很赏心悦目。它适合跟甜酸糖浆一起浸渍。我还会把梨跟威廉梨白兰地一起浸渍，效果也很棒。用波特酒浸渍的梨味道并不像你想得那么好，而亚洲梨的浸渍效果比不上西方梨。

黄瓜

我已经详细介绍过黄瓜了。除了金酒，它也适合跟味道好极了的阿夸维特和更甜的混合液一起浸渍。如果是后者，它们会产生更多水果特质，可以跟偏酸的水果搭配，做成含酒精水果沙拉。在浸渍黄瓜时，我喜欢现做现用。

苹果

苹果不会吸收很多风味，所以它需要风味强烈的液体。我浸渍苹果通常是为了烹饪用，所以会用含风味的油，如咖喱油。你可能会想把美妙的红色酒类（如金巴利）浸渍到苹果里去，但最后的颜色是不会令你满意的。你可以用甜菜根汁快速浸渍苹果，然后将其切成薄片，就是非常美丽的装饰了。

菠萝

我在前面写过,成熟菠萝和黑朗姆酒一起浸渍的效果很棒,而菠萝心和单糖浆一起浸渍的效果很棒。成熟菠萝还适合用餐前酒浸渍,如莉蕾白葡萄配制酒。我不推荐用糖浆浸渍,除非菠萝极其青涩。浸渍菠萝很适合用来装饰加冰块饮用的直兑类鸡尾酒,尤其是老式鸡尾酒改编版。关于菠萝有一点要注意:它是从底部开始向上成熟的。下一次你切菠萝的时候,可以分别尝一下接近底部的部分和接近叶子的部分。接近底部的部分要甜得多。底部还会先开始发酵。在切菠萝装饰的时候,我总是从头到尾完整竖切,否则坐在一起的两个人的菠萝装饰味道会很不一样。如果顶部还没成熟,将顶部切掉,然后加糖单独浸渍。同理,如果底部太过成熟,也要把它切掉。把浸渍菠萝泡在浸渍液体里,放入冰箱储存,保质期会很长。

上图:处理菠萝时这样切几乎不会造成任何浪费。菠萝的底部比顶部更甜、更成熟。左下的菠萝条是从头到尾竖切的,所以每一根的味道应该都一样。顶部不那么成熟,底部更甜。右下是已经切好、准备浸渍的菠萝心。我会先将菠萝平均切成4块再削皮,这样损失的优质菠萝肉会较少

中图:装在真空袋里的朗姆酒浸渍菠萝条。如果你不想用朗姆酒,莉蕾白也可以

下图:做好的菠萝装饰,已经可以用了

澄清

定义、历史和技法

澄清是什么

　　液体可以是水晶般透明、完全不透明或介于两者之间。透明不代表无色。一杯红葡萄酒可以既是深色的（因为酒中有溶解的色素），又是透明的。不透明液体通常含有悬浮物，包括以随机模式反射和折射光线的颗粒物，正是它们让液体变得浑浊。澄清能够去除这些颗粒物。要分清楚溶解物质（它们不会让液体变浑浊，但是可能会增加颜色）和悬浮颗粒物（它们没有真正地溶解，会折射光线）之间的不同。

　　哪怕是极少的悬浮杂质都能让液体变浑浊，占比远远少于1%。仔细澄清能够去掉所有折射光线的颗粒物。

从莓果到透明果汁

澄清果汁的步骤

为什么要澄清

　　为什么要澄清？为什么要呼吸？我非常喜欢液体看上去像水晶般透明。我更喜欢赏心悦目的透明鸡尾酒，而不是浑浊的鸡尾酒（记住，透明不代表无色，想想棕色烈酒吧）。但澄清并不只关乎外表，要达到出色的充气效果，澄清必不可少。漂浮在酒里的颗粒物为形成漂浮不定的气泡提供了空间。这些漂浮不定的气泡会使鸡尾酒产生泡沫并影响充气效果。当你往金汤力里挤入一个青柠角汁时，酒会立刻产生泡沫并冒气泡。这是不可接受的！

　　澄清还会改变鸡尾酒的质感，因为它去除了固体物并减轻了酒体。作为鸡尾酒的一部分，口感经常被忽视。我不想咀嚼鸡尾酒，所以我几乎从不使用没澄清过的果泥（我喜欢传统的"血腥玛丽"，但也就仅止于此）。

　　我是在 2005 年开始考虑澄清这件事的，当时我痴迷于为金汤力做出最棒的青柠汁。我那时还没听说过澄清这个技法，但其实我选择了一个最难解决的澄清问题。你需要快速澄清青柠汁，因为它很容易变质，而许多澄清技法都需要时间。你不能过度加热，因为高温会毁掉青柠的风味，但大部分澄清都需要热量。青柠汁里的颗粒物极微小，而微小颗粒物难以过滤。青柠汁很酸，而酸度也会影响澄清效果。

　　如果你能澄清青柠汁，你就能澄清几乎所有原料。我的青柠汁澄清尝试最终让我做出了梦想中的金汤力，而且远不止于此。我的澄清过程还包括了过滤、运用凝胶、使用真空机等工具，以及探索像酶和葡萄酒澄清剂等原料。如今我可以澄清几乎所有原料。这有一点病态的感觉。

澄清技法：理论知识

澄清的原理是去除悬浮颗粒物，以分离透明的液体和浑浊的固体。它的性质主要属于力学范畴。澄清主要有 3 种方法：过滤能阻挡颗粒物，从而把透明的液体分离出来；凝胶剂澄清是用凝胶剂吸附固体物，剩下的就是透明液体；最后，你可以利用重力来分离液体和固体，重力分离即利用或加大重力，让液体中的颗粒物沉淀下来。

首先，我们要了解关于澄清的理论和历史。如果你实在没耐心学习，可以跳到第 227—233 页的澄清流程图部分，直接学习技法。

过滤澄清

首先我必须坦白：我一点也不喜欢过滤澄清这种技法。从工业角度上讲，过滤的效果极佳。但在你的厨房里，效果就不怎么样了。澄清需要用到比咖啡滤纸更细密的过滤工具，而它们会快速堵塞。当然，过滤辅助工具和多层过滤能够帮助解决堵塞的问题，而且你可以购买特殊的充电过滤器，从而减少堵塞的发生，我再说一遍：过滤澄清真的太费劲了。

凝胶剂澄清

凝胶剂澄清的效果非常棒。简单而言，它的原理是用凝胶剂来吸收液体，然后使液体渗出。这一过程被称为离浆现象。令液体浑浊的颗粒物会留在凝胶剂中，渗出来的液体就是透明的。凝胶剂像一张永远不会堵塞的巨大 3D 滤纸。凝胶剂澄清不需要昂贵的设备，而且可以按比例大量操作。

凝胶剂澄清的用法如下。

老式凝胶剂： 蛋清和瘦肉碎是最原始的凝胶澄清剂，传统上被用来把高汤澄清为法式清汤。蛋白质凝结后会形成凝胶状的漂浮物，你要不停地用长柄勺把汤汁浇在这层漂浮物上。最后，漂浮物会吸附所有的浑浊杂质，最终做出来的就是完美澄清过的法式清汤了。不过，用于鸡尾酒澄清时，这个方法有很多缺陷。它的操作过程非常枯燥、容易出错，需要长时间加热（这可能会改变或破坏微妙的风味），而且会产生你可能并不想要的味道。

冻融明胶： 10 多年前，一些欧洲大厨，其中最著名的是赫斯顿·布卢门撒尔（Heston Blumenthal），注意到肉类高汤含有明胶，所以会结成冻，如果你将结冻的高汤放入冰箱中融化，它会变成黏稠的明胶块。明胶块会粘住浑浊的颗粒物，滴滤出来的液体就是透明的。冻融澄清法就此诞生了。在 21 世纪早期的美国，纽约大厨怀利·迪弗雷纳（Wylie Dufresne）意识到，这个方法并不局限于高汤，你可以在几乎所有原料里加入明胶，然后进行冻融处理，得到透明液体。这一发现彻底改变了人们对澄清的认识。很快，我也开始用冻融澄清法来处理几乎所有原料。

我很快就发现了冻融明胶澄清法的重大缺陷：它操作起来有点繁琐，而且速度不够快。你必须先把明胶混合物冻成固体——真正坚硬的固体，这个步骤需要一天时间。然后，你必须把冰冻明胶混合物放入冰箱缓慢融化，而这个步骤可能需要两天。如果你为了节省时间而把它放在桌上解冻，脆弱的明胶块（正是它吸附了所有杂质）会碎掉，那就前功尽弃了。而且，你不能在融化完全结束之前就使用先渗漏出来的那部分液体，因为这部分澄清液体太浓郁了，而最后的澄清液体喝上去就像是水。

这个过程为什么会如此繁琐？在冻融明胶澄清过程中，明胶的用量是每升 5 克。每升 5 克的明胶混合物仍然是液体，而不是像果冻样的胶体。当明胶混合物开始冻结时首先冻结的是纯水，而其他所有物质，如明胶和所有颜色、风味、糖、酸等会随着水的不断冻结而变得越来越浓缩。最终，这一溶液会浓缩到一定的程度而形成一个易碎的明胶网络，这正是明胶块形成的基础。当明胶网络继续冻结，它会在冰晶的作用下裂开。当它融化时，裂开的明胶网络会保留足够的结构，就像一大片淤泥一样来吸附固体物，同时又像筛子那样让透明液体渗出。

如果一切都按计划进行，这个系统的澄清效果会非常出色，但因为一开始混合的是液体，你在进行冻结之前很难判断它是否达到了理想的黏稠度。为保险起见，你希望能做出质地紧实的凝胶，但你不能这么做。如果你的混合物从一开始就偏硬，如像果冻那么硬，而果冻的明胶含量是每升 14 克，硬度足以支撑自身的重量，那么冻融明胶澄清会更易于操作，但明胶网络在融化过程中的开裂程度会不够，明胶块会太紧实，无法让透明液体渗漏出去，这样就完全达不到澄清的目的了。

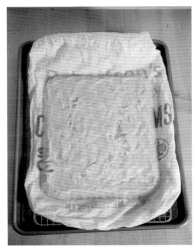

结论：你永远无法提前判断澄清过程是否会成功。你必须等 3 天才能证实你的辛苦付出带来的究竟是美妙的透明液体，还是像汤汁一样的液体。一定有比这更好的办法。

冻融琼脂：我不知道是谁开始用琼脂而不是明胶来进行冻融澄清的，但这个创意真是太棒了。琼脂是一种用海藻做的凝胶剂，所以，跟明胶不同的是它适合素食主义者食用。琼脂凝胶渗透性极好，比明胶好得多，所以它的渗漏效果也更好，让你可以用质地更紧实的凝胶来澄清。真正的凝胶是在冻融过程开始前形成的，所以你可以从视觉和触觉两方面来证实澄清会成功，这是明胶所不具备的优点。琼脂会形成凝胶，所以任何没有冻结的部分都不会使液体变浑浊，即使凝胶没有彻底冻结，这是另一个优点。琼脂层只有在温度非常高时才会融化，其融化的速度比明胶层快得多，这

在冻融澄清过程中，融化时最早滴滤出来的液体（左）的风味和色泽都比最后滴滤出来的（右）更浓郁

是一个极大的优点。琼脂还有另一个优点：根据我的估算，它澄清的液体比明胶澄清的要明亮、透明得多。

跟明胶相比，琼脂只有一个缺点。明胶只需温度稍高就会融化成液体，而琼脂必须煮沸几分钟才能完全融化，这对脆弱的原料来说温度都太高了。但这个问题有办法解决，详见第227—233页的流程图。

比琼脂澄清更好的冻融澄清技法必须速度更快。尽管琼脂的冻融速度快于明胶，但整个过程仍然需要几天时间。对某些原料（如草莓汁）来说，这不是问题，但对青柠汁来说是不可接受的，因为必须使用当天澄清的青柠汁。

此外，在任何冻融澄清过程中，滴滤出来的液体会随着时间流逝而发生改变。最早融化的物质是最晚冻结的，如糖、酸和其他浓缩风味。随着融化的进行，滴滤出来的液体风味会越来越淡。你需要将整个过程中滴滤出来的液体全部收集起来，否则风味会不平衡。

多年来，这个速度慢、不平衡的问题一直萦绕在我的脑际。原来，解决办法非常简单。

何时该运用明胶冻融澄清技法

在用肉汤调酒时（如你要做一杯"公牛子弹"），一定要用明胶冻融澄清，原因不只是肉汤中已经含有明胶了。如果你用的是其他任何澄清方法，肉汤明胶会留在汤汁里，而当你对汤汁进行浓缩而让风味变得更集中时（调酒时肯定需要这么做，我的浓缩比例是4或更多），它会变成胶质而无法使用。如果你使用明胶冻融，肉汤中的明胶会在澄清时被去掉，所以你可以把肉汤浓缩到极少的份量，但它的质地仍然是稀薄透明的，即使在鸡尾酒的低温下仍然如此。

诀窍：你可能需要在开始冻融澄清前在肉汤里加一点水。大多数肉汤含有的明胶都太多了，无法有效地冻融澄清。你至少要保证肉汤在冰冷的条件下也几乎不会凝结。如果你能做到使肉汤在整个过程中都几乎不凝结就更好了。当变成透明的肉汤滴滤完毕之后，你可以进行浓缩处理，以去除额外加进去的水。

要制作出色的鲜味一口饮，我喜欢的配方是不含明胶的浓缩肉汤、离心机澄清番茄水、iSi快速哈雷派尼奥特其拉、一颗腌樱桃番茄和一大撮盐。

快速琼脂澄清：2009 年，我发现了琼脂的简易用法：用打蛋器把它打碎，以提高表面积，然后让它渗漏。记住，琼脂凝胶的渗透性极高，很容易渗漏。你必须努力使它不渗漏。所以，冻融其实并不是必需的。不需要额外工具。因为整个过程没有冻融循环，你用这一技法澄清出来的第一滴果汁会跟最后一滴味道一样。而且，因为没有冻结，你还可以澄清原本无法冻结的烈酒（记住要先用水化开琼脂，烈酒的温度无法升到足够高）。有了快速琼脂澄清，任何人都能在 1 小时内澄清任何原料，包括青柠汁。

快速琼脂澄清并不完美。你需要一点技巧，而且需要花点时间才能掌握它。你将在流程图中看到需要用布做大量的手工过滤，现场会一片狼藉，所以快速琼脂并不适用于大批量澄清。它的效果也很难像冻融那么完美，一部分琼脂往往会进入最后的成品中，过夜后会形成肉眼可见的絮状物。然而，尽管快速琼脂澄清有这些缺点，但当我无法用离心机澄清时它仍然是我的首选技法。

凝胶剂澄清概要

跟快速琼脂澄清相比，冻融琼脂澄清有几个优点：它更容易学会，而且最后的成品永远不会重新变浑浊。但要记住，你需要大量冰柜空间来进行大批量澄清，而且整个过程需要几天时间。如果你想快速澄清少量产品并且在当天使用，那么快速琼脂澄清的效果会很好。

凝胶剂澄清的主要缺点在于产出，总会损失掉一部分液体，因为澄清结束后它们会残留在凝胶块里。损失的液体预计为总量的 1/4 左右，有时甚至更多。

重力澄清：沉降、离心机、澄清

大多数时候，悬浮颗粒物都比它们所在的液体更重。如果没有任何阻碍，它们最终都会沉到液体底部。这一现象是根据密度来分离的基础。

沉降

颗粒物足够大且能够在液体里自由运动时，你可以采用最简单的密度分离技法——沉降。只需要将液体倒入一个容器中静置即可。当所有颗粒物都沉到底部后将上层的透明液体倒出，澄清就完成了。

在实际操作中，你不能经常单独运用沉降这一技法，因为很多液体的沉降速度很慢，而且有些永远都不会沉淀，至少在你的有生之年不会。沉降之所以不会发生，有时是因为颗粒物太小了，有时是因为它们的运动被液体中的稳定剂阻碍。即使在沉降速度相当快的液体中（如胡萝卜汁），沉降可能也很难，因为颗粒物不会在底部形成紧密的一层，相反，它们会漂浮在底部附近。这个漂浮区域含有大量无法澄清的果汁，所以你的澄清液会很不理想。如果你准备用沉降技法来澄清，一定要用圆形容器。方形容器会使在液体中运动的颗粒物翻滚起来，破坏澄清过程。

离心机

为了避免沉降带来的问题，我会用离心机。离心机能够快速转动液体。离心机内的任何物质都会倾向于被推往外部，这是离心力作用的结果。离心机的离心力用重力的倍数表示，而它能够产生相当于重力几千倍的离心力。离心力会极度放大液体和液体中悬浮颗粒物的重力差，并且极大地提高颗粒物从液体中沉淀出来的速度。离心力通常还会将这些颗粒物压成紧实的饼状（叫作圆饼），所以你的产出会很高。太棒了。

离心机存在的问题： 在我写这本书时，离心机仍然非常小众，但情况正在发生变化。2013 年，一台能够满足繁忙酒吧需求（澄清量 3 升）的离心机售价 8000 美元，而且体积有两台微波炉大小。一台适合家用的小型离心机有吐司机那么大，售价几百美元（它的澄清效果不错，但只能处理少量液体，因此基本上就是个玩具）。我预测离心机在未来 10 年会大量普及，更多的人会买，而且一台微波炉大小、容量能够满足专业需求的离心机只需要不到 1000 美元。离心机是果汁澄清的大势所趋。

一根来自售价 200 美元以下的离心机的离心管，装有用诺维信果胶酶 SP-L 处理过的海棠果汁。固体物被甩到了离心管的底部和侧壁。如果你用的是大型离心机，你会在吊桶里看到被紧紧压缩在一起的固体物（圆饼），但在离心管里，这些固体物叫作团粒。这时，上层的透明液体很容易就能倒出来

我尝试使用离心机始于2008年。当时，我在我朋友肯特·克什鲍姆（Kent Kirshenbaum）的纽约大学实验室里借用他的离心机。它能够以48000倍重力的离心力旋转500毫升果汁！如你所知，我当时对澄清的终极目标——青柠汁很感兴趣。我还没有想到快速琼脂澄清。我在使用离心机时发现了一些很有趣却又令人沮丧的事实。只有当离心机的离心力达约27000克时，青柠汁才会开始澄清。而能够达到27000克的型号比我想放在酒吧里的任何离心机都更大、更贵、更危险。更糟的是用27000克离心力澄清出来的青柠汁有股金属味。用48000克离心力澄清的青柠汁味道很棒，但这么强大的离心机更不适用于酒吧，因为它的售价高达几万美元，体积有洗衣机那么大。

我也试过澄清其他果汁，如生姜、西柚、苹果。不是所有果汁都需要48000克离心力澄清，但大多数果汁和果泥都需要比普通离心机规格更高的型号。适合酒吧和餐厅日常使用的离心机能产生的最大离心力只有4000克。我需要找到一个方法，用功能不那么强大的离心机达到我想要的结果。我做到了。下面是具体的方法。

改善整个过程：在鸡尾酒的世界里，我们澄清的大部分原料都是蔬果泥和蔬果汁，它们含有悬浮的细胞和细胞壁碎屑。细胞壁碎屑主要由多糖果胶、半纤维素和纤维素组成，它们往往会使果汁厚重黏稠，从而难以澄清，因为它们不能很好地流动或过滤。尤其是果胶会使果汁和果泥中的颗粒物稳定下来，而更难被去除。你需要除去这些稳定剂，让悬浮颗粒物能够自由运动，这样才能把它们分离出来。

我们如何让果汁变得不稳定？加酶。

去稳定化：SP-L的魔力：99%你想要澄清的原料都是因为果胶而稳定、因为细胞碎屑而厚重。幸运的是所有这些阻碍都可以用一种叫诺维信果胶酶SP-L的酶制剂来去除。你可以把它简称为SP-L。我称其为我的秘密原料，我做的大概75%的鸡尾酒都在某种程度上用到了SP-L。它由多种不

下图左边的草莓果泥用诺维信果胶酶 SP-L 处理过。右边的果泥未经处理

SP-L

同的酶组成，以棘孢曲霉（Aspergillus Aculeatus）进行净化处理。棘孢曲霉是一种能够在土壤和腐烂水果中找到的真菌。真菌是世界上一切物质的"酶性变质之王"，而棘孢曲霉是一个优秀的"多面手"，它产生的酶能够消灭阻碍澄清的几乎一切物质，如果胶、半纤维素和纤维素。

SP-L 在大范围的温度、酸碱值和乙醇浓度下都能保持活性。乙醇这一点极其重要。许多酶在高浓度酒精溶液中的效果都不好，甚至完全无效。但 SP-L 不是这样，所以你可以用它来澄清酒。用 SP-L 处理过的果汁在 4000 克甚至性能更低一点的离心机内都有相当好的澄清效果，所以 SP-L 使普通离心机也变得更有价值了。SP-L 的效果好到有些果汁不用离心机也能澄清。用 SP-L 处理过的苹果汁会自行沉淀，足以得到透明苹果汁。我仍然用离心机来澄清苹果汁，以提高产出，但你不需要这么做。

SP-L 的使用方法： SP-L 的使用方法非常简单，我总是在每千克或每升果汁中用 2 毫升（约 2 克）SP-L。这是工业用量的两倍，但有时我不确定我的 SP-L 储存是否得当或者它已经放了多久，而这两个因素都会影响它的效能。记住每升 2 克。永远不要跟别人说加 0.2% SP-L，因为他们几乎肯定会在每升果汁里加 20 克，我不知道为什么会这样。好消息是 2 克这个数字并不绝对，可以多一点，也可以少一点。但不要过度加大用量。SP-L 本身有股发酵的怪味。我不希望果汁里有能够觉察得到的果胶酶味道。即使你是进行凝胶剂澄清，使用 SP-L 通常也是个好主意。在澄清之前去除稳定剂能够让澄清果汁的产出增加 30% 或更多，因为较轻薄的产品会比较厚重的产品更容易从凝胶中渗漏出来。

制作柑橘囊泡（这个词恶心但准确）装饰： 我在这里用的是西柚，但用血橙的效果最好。1.用液氮覆盖去掉了筋膜的西柚；2.确保西柚完全冰冻，这需要比你预想中更多的液氮和时间；3.用捣棒压碎西柚；4.它们看起来应该是这样的；5.解冻；6.它们可以用来做任何金酒鸡尾酒的优雅装饰

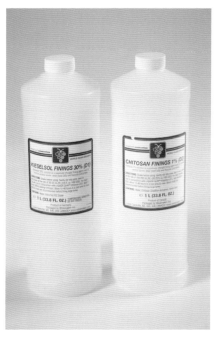

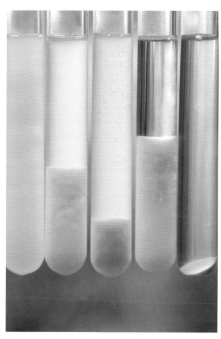

左图：我用的高性能葡萄酒澄清剂水溶性二氧化硅（Kieselsol）（悬浮在水里的硅溶胶）和壳聚糖（Chitosan）（这款产品是一种从虾壳中提取的多糖，并且用酸性水溶液处理过）

右图：澄清剂的作用。最左边是未经处理的浑浊青柠汁。第二根试管中是我用SP-L和负电荷水溶性二氧化硅处理过的青柠汁。大量固体物已经沉淀了，但青柠汁仍然是浑浊的。15分钟后，我在第三根试管中加入了正电荷壳聚糖。壳聚糖让负电荷水溶性二氧化硅聚结在一起，使第三根试管中的青柠汁沉淀度更高了，但它仍然是浑浊的。15分钟后，我在第四根试管中加入了更多水溶性二氧化硅。注意，这时青柠汁已经很透明了，但沉淀度还不够。这个问题很常见，因为造成第三根试管仍然浑浊的颗粒物不像一开始更厚重的絮状颗粒物那么容易沉淀。离心机能将第四根试管中的所有固体物都压缩成一个小团粒，从而将产出几乎翻一番。看看这个团粒有多小吧。少量颗粒物就能让液体变浑浊

第一次拿到SP-L样品时我就迷上了它。就像毒品贩子一样，生产商诺维信第一次给我的样品是免费的，但第二次起我必须付钱买。诺维信及其经销商并不面向普通人零售。它们仅仅从25升桶装起售，25升SP-L售价570美元，足以澄清超过12500升果汁。这个价格还不错，真的，但大大超过了你需要的量。幸运的是线上供应商已经开始以更少的份量出售SP-L，而且物流极快（详见第356页"参考资料"）。

当SP-L不起作用时：偶尔你会碰到某种水果的果肉对SP-L有抵抗性，如某些来自哥伦比亚的丛林水果，但它们的本土名字我忘了。如果将某些水果的果肉和籽一起打成果泥，它们也会对SP-L有抵抗性，如罗望子。在这种情况下，产品中会含有水状胶质增稠剂（复杂的长链多糖），而不是果胶，因此SP-L无法分解它们。在这种情况下，你就束手无策了。

SP-L无法分解淀粉。淀粉类产品（如红薯和未成熟的香蕉）在我使用的4000克离心机中总是会产出浑浊的液体。

最重要的是SP-L无法在酸碱值极低的产品中达到完美效果，如青柠汁（pH值为2，而且会变化）。西柚汁的pH值约为3，这个酸度正好是SP-L能够独自轻松处理的极限。对这些酸性产品而言，SP-L仍然能够发挥作用，但仅靠它还不够，你需要进一步干预。我会用葡萄酒澄清剂，它们是解开澄清青柠汁谜题的最后一把钥匙。

澄清

在葡萄酒酿造中，澄清指的是在葡萄酒中添加少量特定原料，将所有浑浊的杂质聚合在一起，这一过程叫絮凝，即形成足够大的絮团，在重力作用下相对快速地沉到发酵池底部。大部分葡萄酒澄清剂的工作原理都是电荷吸附作用。漂浮在葡萄酒或果汁里的大部分颗粒物都自带电荷。只要加入一种带相反电荷的澄清剂，这些杂质就会聚合在一起，更容易沉淀到发酵池底部。如果浑浊颗粒物的大小仍然不足以让沉淀发生，你可以使用反澄清剂。反澄清剂的电荷跟澄清剂的电荷正好相反，它会把果汁中相反电荷的澄清剂无法聚合的所有颗粒物都吸走，并且让已经形成的絮团变得更大。

通常而言，葡萄酒澄清需要 2 步：先澄清，再反澄清。但这对青柠汁而言行不通。我发现澄清青柠汁需要 3 步：澄清（并添加 SP-L）、反澄清和再次澄清。

我用的澄清剂是水溶性二氧化硅和壳聚糖，它们在自酿啤酒用品店就能买到。水溶性二氧化硅是食品级悬浮二氧化硅，电荷为负。壳聚糖是从虾壳中提取的水状胶体，电荷为正。自酿啤酒用品店出售的是壳聚糖溶液，即将 1% 的壳聚糖溶解在弱酸性水中。壳聚糖来自甲壳素——地球上第二常见的聚合物，仅次于纤维素。地球上每一种昆虫和甲壳类动物都有一层保护性的甲壳素外壳，而蘑菇和其他菌类的细胞壁也含有甲壳素。我对整个澄清过程都非常满意，除了壳聚糖是从虾壳中提取的这一点。壳聚糖不会进入最后的成品（被离心机澄清了），也不会引起过敏（我在对贝类过敏的人身上试验过用壳聚糖澄清的青柠汁），但它仍然是一种动物类产品，我不愿意用它。幸运的是目前非动物类壳聚糖正在生产当中，而且应该很快就能上市。

水溶性二氧化硅和壳聚糖都少量使用，每升 2 克。跟 SP-L 不同的是澄清剂的用量非常关键，太多或太少都不行。如果加得太多，它会让颗粒物变得更稳定，从而达不到你想要的絮凝目标了。

SP-L 与温度

在使用 SP-L 时，我一般会加热原料，因为 SP-L 在温暖条件下的效率会高得多，除非它的温度变得太高而引起性质改变。我以人的体温作为参考，因为体温基本稳定，易于判断，而且恰到好处，既足够让 SP-L 发挥作用，又不会高到改变原料风味或使 SP-L 失效。在相当于体温的温度下，SP-L 需要用几分钟完成澄清。在冰箱温度下，我需要让 SP-L 工作 1 小时甚至更长。如果你是从处理果汁或预制果泥开始，那就直接把 SP-L 加入果汁或果泥中，充分混合均匀。如果你要将不同的产品混合后打成果泥，那就直接把 SP-L 跟水果或蔬菜一起放入搅拌机，在搅拌过程中，它有助于果泥液化。我用的是维他普拉搅拌机，它的功能太强大了，仅叶片高速旋转产生的摩擦力就能让果泥缓慢升温到体温以上。如果你也有一台维他普拉，我建议你也这么做。如果你没有，可以将没有切开的水果放入温水中浸泡几分钟，使其温度正好超过体温，或者你也可以将果泥静置 1 小时或更长时间，让 SP-L 发生作用之后再进行澄清。

SP-L 在调酒中的其他运用

SP-L 能够溶解柑橘类水果皮的白色海绵层，也就是中果皮。你可以用刀把柑橘类水果切成角，再彻底去掉果肉，然后把果皮放入装有 SP-L 溶液（比例为每升水加 4 克）的袋子里，浸泡几小时。当你把果皮从袋子里取出，剩下的中果皮已经变成了泥状。在流动的水下用牙刷将这些泥状物刷下来。

你可以用这种方法做出很好的装饰。SP-L 对青柠皮是无效的。切成 X 形的金桔皮可以用 SP-L 浸泡，做成金桔花。最后，SP-L 可以用来对柑橘水果瓣进行自动去筋膜处理。柑橘类水果的每瓣果肉上都有围绕着它的结缔组织，而去掉了这些组织的就是去筋膜柑橘类水果瓣。老派烹饪技法是用刀来去筋膜，缺点是会造成浪费，而且会切到囊胞，造成果汁漏出。更好的方法是将水果去皮，把它们分成 4 份，浸泡在 SP-L 水溶液里（每升加 4 克）。任何没有直接溶化的结缔组织都可以轻松擦掉或剥掉。这些去筋膜柑橘类水果看上去美极了。一个很好的用法是用液氮冰冻，然后，把它们打散。它们会碎成一粒粒的囊胞，但果汁不会漏。然后你可以把血橙粒放入鸡尾酒，让它们漂在酒的表面，这样不会破坏整杯酒的外观。

澄清技法与风味

澄清会改变原料的风味。没错，澄清会改变味道。漂浮在酒里的颗粒物通常也会带来某种风味。颗粒物的风味通常跟它们所在的液体风味不同，因此，当你将颗粒物去除时，余下液体的风味也会随之改变。

这种风味变化是好还是坏取决于具体用途。澄清西柚汁会去掉一部分苦味，这对某些鸡尾酒来说是好事，对另一些鸡尾酒来说是坏事。有时，橙汁澄清后产生的阳光 D 牌（Sunny D）果汁味道会改善某些鸡尾酒的口感，也可能会使某些鸡尾酒变得很难喝。

原料的风味会改变多少取决于原料本身和你用的技法。总体而言，凝胶剂澄清消除的风味会多过力学（离心机）澄清。用 SP-L 处理果汁对风味几乎没有影响，它只是去掉了没有风味的果胶，但 SP-L 会提高你的产出，间接改变果汁的风味。例如，来自果皮的涩味是红布林汁的标志性风味之一。在等待澄清时，来自果皮的涩味会渗入果汁。因为澄清果汁的产出增加了，更多不涩的果汁从红布林果肉中流出来，从而降低了整体的涩味。生活从来就不简单。

葡萄酒澄清剂可能对风味造成很大影响，但我仍然选择使用水溶性二氧化硅和壳聚糖，因为我的用量不足以大量消除它们的风味。有些葡萄酒澄清剂简直就是"风味小偷"。

下页：我正在用分液漏斗分离橙汁中的固体和液体。分液漏斗能够完成"逆向沉降"。在使用沉降技法时，你通常是把固体物上层的透明液体倒出来。但分液漏斗是把底部的液体过滤出来

澄清技法：详细流程图

如果你之前跳过了理论部分，那就应该从这里读起。假设你属于下列两个阵营之一：拥有一台离心机或没有。选择你的阵营，我将告诉你如何开始。

我没有离心机
第 1 步

看一下你想澄清的原料。它的质地是不是比较轻薄？它是不是不像西柚汁那么酸？它会自己少量沉淀吗？它是否可以在冰箱里储存一整天而不变质？未经巴氏消毒的苹果汁、梨汁、胡萝卜汁，甚至橙汁都是这样的。你通常可以通过添加 SP-L 使固体物沉淀来澄清此类果汁。静置沉淀的产出并不理想，但操作起来再简单不过了。你会损失 1/4 ~ 1/3 的产品（其实不能算损失，只不过它无法被澄清）。

1A：我的产品质地轻薄，易于分离，而且不像西柚汁那么酸。我准备用沉降法。

在每升果汁中加入 2 克诺维信果胶酶 SP-L，充分搅拌。将果汁倒入一个透明的圆形容器。容器应该是透明的，这样你才能观察到里面的情况。你的容器应该是圆形的，因为方形容器在移动时会使颗粒物翻滚起来。将上层的透明果汁小心地倒出后便大功告成。

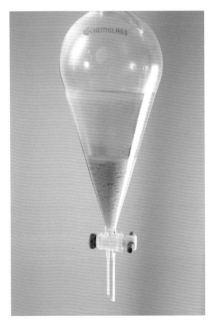
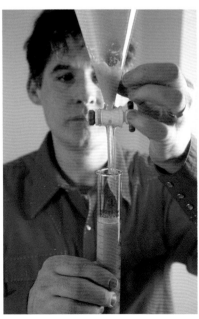

1   2   3

我把草莓果泥和苹果汁混合后用 SP-L 进行了处理，然后试图只通过沉降来澄清。图 1 是刚处理完的果汁。即使在静置几小时之后，图 2 中果汁仍然有两个问题：果汁太浑浊了，而且在榨汁和搅拌过程中形成的气泡仍然没有消失。解决办法是加入少许水溶性 CO_2（葡萄酒澄清剂）搅拌。搅拌有助于气泡消失和固体物沉淀，而水溶性二氧化硅会清除最后的浑浊颗粒物。注意，澄清是有代价的，最后一个杯子中的产出非常低

电话牌琼脂-琼脂（Agar-Agar）。这个牌子的琼脂太好了，以至于英文名中出现了两次琼脂这个词

1B：我的产品质地厚重，或不会沉淀，或比西柚汁更酸。我准备用琼脂。

你如果准备用琼脂来澄清，则要买粉末状琼脂，因为它更容易操作。每次都要买同一个品牌。不同品牌的琼脂性质会稍有不同。习惯了一个品牌之后就坚持用它。我用的是泰国的电话牌（Telephone Brand）。

除了澄清青柠汁或柠檬汁，你可以选择冻融澄清或快速澄清。青柠汁和柠檬汁应该快速澄清。不管是哪种方法，开始的步骤都是一样的。下面进入第 2 步。

第 2 步：是否用 SP-L 处理

任何用榨汁机榨取的质地轻薄的果汁都无须用 SP-L 预先处理，如黄瓜、柑橘类水果等等。如果你的产品属于这一类，直接跳到第 3 步。任何质地厚重的果汁或果泥在澄清前都需要用 SP-L 处理，否则你的产出会非常低，如用搅拌机搅拌的番茄、

草莓、覆盆子等。在预先处理时,在每升(或每千克)产品里加 2 克诺维信果胶酶 SP-L。如果用搅拌机,直接将 SP-L 加入搅拌机里。如果你的产品是冰的,SP-L 需要 1 小时左右才能发挥作用。如果你的产品温度接近体温,SP-L 只需要几分钟就能完成使命。下面进入第 3 步。

第 3 步:分开处理果汁

测量一下你想要澄清的产品的体积或重量。测量重量还是体积并不重要,因为最后的结果会非常接近,哪个更方便就选哪个。首先,确保产品温度为室温。如果产品太冰了,你会在第 6 步遇到麻烦。然后做出如下选择。

3A:我的产品对温度不敏感,而且质地轻薄

橙汁、西柚汁、姜汁和其他类似果汁都属于这一类产品。你需要分出整批果汁的 1/4,然后只在这 1/4 的果汁中加入琼脂并加热。随后,你要把化开的琼脂重新放入剩下的果汁中。这么做是没有问题的,因为你没有过多加热,而且在质地轻薄的液体中要让琼脂溶解是比较容易的。举例来说,如果你要处理 1 升西柚汁,那就需要把它分成 750 毫升和 250 毫升,并且在 250 毫升的那份果汁里加入琼脂。下面可以直接进入第 4 步。

3B:我的产品对温度敏感,或者含酒精,或者质地厚重

青柠汁、草莓果泥及用搅拌机搅拌的金酒加覆盆子都属于这一类产品,它们并不适合直接加热。相反,你要将琼脂放入水中加热,然后将混合物一起加入产品中。每 750 毫升或 750 克产品需要预留出 250 毫升水。在第 5 步中,你将在这 250 毫升水

如果你要澄清的原料中含酒精或对温度升高敏感,你应该将琼脂放入纯水中溶解。图中的原料是 750 毫升青柠汁和 250 毫升水,加入 2 克琼脂

中加入琼脂。这一部分多余的水会让果汁变得更稀薄一点吗?会。但是根据我的经验,稀释程度不会像你预计的那么高。奇怪的是对青柠汁而言,差异往往可以忽略不计。下面进入第 4 步。

第 4 步:测量琼脂

现在你已经测量并分开处理了果汁,接下来要做的是为每升需要澄清的原料量取 2 克琼脂。所以,如果你澄清的是 100% 果汁(如西柚汁),那么每升果汁量取 2 克琼脂就可以了。如果你澄清的是果汁加水(如青柠汁),那么就是每 750 毫升果汁和每 250 毫升水量取 2 克琼脂。下面进入第 5 步。

澄清琼脂的步骤： 1.记住在加热之前把琼脂放入液体中搅打，确保均匀打散，然后加热到冒泡并持续几分钟，期间要不断搅拌；2.一定要一边搅拌一边把果汁倒入热的琼脂溶液，而不是反过来；3.将融合在一起的琼脂和果汁倒入合适的容器（最好把容器放在冰上），静待其凝固。记住，不要去动它。一定要让它自然凝固

第5步：溶解琼脂

不要将琼脂加入热的液体中，否则它会结块，要用温度等于或低于体温的液体。将琼脂加入你在第3步预留的小批量液体或水中，然后用打蛋器用力搅打，将琼脂粉打散。琼脂粉打散后开火加热到沸腾并持续几分钟，才能充分溶解。[如果你身处高海拔地区，我曾经在哥伦比亚波哥大成功溶解过琼脂，而那里的海拔是8612英尺（2625米），沸点为91℃，但那是个痛苦的过程]。在产品达到沸点的过程中要持续搅拌，然后转小火，盖上锅盖，防止过多液体蒸发。下面进入第6步。

第6步：处理整批原料

将未加热的液体倒入热的琼脂溶液，而不是反过来。如果你把热溶液倒入冷的液体，温度会迅速下降，琼脂变成凝胶的速度就会太快，达不到澄清

的目的。跟明胶不同的是琼脂一旦降到凝胶化温度（约35℃，比体温低一点）以下就会迅速地变成胶体。当你倒入剩下的液体时，要用打蛋器不断搅拌琼脂溶液。完成之后，整批液体的温度应该正好比体温高一点。现在你明白我为什么在第3步中让你将产品温度保持在室温了吧？下面进入第7步。

第7步：让琼脂凝固

将整批原料倒入一个碗、锅或托盘中。在专业环境下，我会用2英寸（约5厘米）深的酒店专用托盘，我的欧洲朋友称其为餐用标准盘。你可以用自己想要的任何容器。你的产品在室温下也能凝固，但我会把它放入冰箱或冰水浴，以加快凝固的过程。琼脂凝固时不要去动它。我重复一遍：琼脂凝固时不要去动它。我培训过的很多人都会在琼脂凝固时忍不住想去搅动它。如果你觉得琼脂已经凝固了，

可以轻轻碰一下它的表面。它的触感像一种非常松散的凝胶。稍微倾斜一下容器，倾斜一点点！凝胶块中不应该有水渗出。现在你要做一个重要的决定：冻融还是快速澄清？下面进入第 8 步。

第 8 步：是冻融还是快速澄清

如果你需要立刻使用处理的原料，那就快速澄清；如果时间充裕、冰柜也有空间，冻融澄清的产出会更好一些，而且做法也更简单。另外，如果储存时间超过一天，快速澄清的产品往往会产生絮状琼脂。你可以重新搅拌直到絮状消失，但太麻烦了。

8A：冻融澄清

将装有凝固琼脂的容器放入冰柜，待其冷冻成固体。只要凝胶的厚度在 2 英寸（约 5 厘米）左右，它过了一夜应该就能冻成固体。冷冻完毕之后，把它从容器中取出。不要用热水或喷枪。不要把它敲碎。取出琼脂时，恰当使用容器是一种艺术。我会抓住容器对角的边缘，尽力拉伸它，然后换边重复。然后，我会把平底锅倒过来，用力往下推它的底部，直到凝胶掉出来。

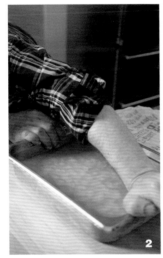

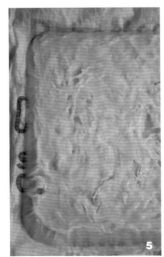

冻融澄清小诀窍： 1. 确保你的果汁完全结冻了，这要耐心等待；2. 取出冰冻好的果汁，用力拉伸平底锅，就像用力把弓拉开一样，然后把容器转 90°，重复；3. 在工作台上放一块布，把平底锅倒过来，用力把锅底往下压；4. 用一块适合过滤的布包好结冻的果汁，放在架子上或放入带孔的平底锅，下面垫上另一个平底锅，用来装滴漏下来的液体。让它在台面上解冻一段时间，然后放入冰箱，完成融化过程；5. 冻融澄清完毕后的琼脂块

一旦凝胶掉出来，你就要用某种能够过滤的布把它包起来。人们一般会用粗棉布，但普通粗棉布跟纱布很接近，完全没效果！还不如用未经漂白的棉桌布。把用布包好的凝胶放入滤碗，下面垫一个收集容器，等待融化过程开始。你可以将其置于室温下几小时，以加快融化过程。一旦凝胶开始渗漏出大量液体，就可以把它放入冰箱，让融化过程继续进行。每过一段时间收集一次过滤出来的液体。当琼脂看上去已经完全萎缩了，而且滴出来的液体已经没有风味和颜色时，澄清过程就结束了。把所有滴出来的液体混合在一起，享用你的劳动成果吧！你已经大功告成了。

8B：快速澄清

用打蛋器轻轻打散凝胶，它看上去应该像破碎的凝乳。将凝胶倒在未经漂白的餐巾或过滤袋中，使透明的果汁流入容器。不要过于用力地挤压凝胶，以免浑浊的琼脂碎片会被挤出过滤袋而进入果汁。这不是什么好事，你将发现过滤袋会迅速堵塞。用手指轻轻捏紧过滤袋的一角，把布抚平，疏通被堵住的细孔。我把这一步叫作按摩过滤袋。为了顺利完成快速澄清，按摩过滤袋和施加适当的压力是你

必须掌握的小技巧。这需要练习。有时我会给人们展示另一种选择：把过滤袋扎紧后，放入沙拉脱水器。沙拉脱水器能够温和地萃取液体，而且你也不能太用力地转动它。你需要在转动间隙按压过滤袋！澄清过程到此就结束了。

我有离心机

第 1 步：添加 SP-L

在每升你想要澄清的产品中加入 2 克诺维信果胶酶 SP-L。如果你用的是草莓、蓝莓、桃、李、杏等水果，要把果胶酶直接加入搅拌机，将水果搅拌至温度比体温略高一点。记住，这个过程无法彻底澄清含淀粉的产品。接下来进入第 2 步。

快速琼脂澄清： 1.一旦琼脂凝固，就用打蛋器把凝胶打散成凝乳状；2.将凝胶倒入过滤袋，让液体流出；3.当布被堵塞时轻轻按压过滤袋。如果你用力挤压，琼脂会从布里漏出，毁掉澄清果汁；4.快速琼脂澄清的效果不像冻融澄清那么透明。你应该用咖啡滤纸把果汁再过滤一遍，去除游离在果汁中的琼脂

第 2 步：评估酸度
2A：我的产品酸度低于西柚汁

在添加 SP-L 时，如果你的产品温度和体温一样，那就可以直接用离心机了。如果你的产品是冰箱温度，SP-L 需要 1 小时才能起效。接下来可以直接进入第 3 步。

2B：我的产品酸度接近或高于西柚汁

2B1：在果汁中添加 SP-L 时（第 1 步），还要同时加入每升 2 克水溶性二氧化硅（悬浮二氧化硅）并搅拌。这个用量需要非常精确。我会用微量吸液管来量取，因为它的速度很快，而且我经常需要做这一步。

2B2：等待 15 分钟。

2B3：加入每升 2 克壳聚糖（1% 壳聚糖溶液），充分搅拌。这个用量同样需要非常精确。

2B4：等待 15 分钟。

2B5：加入每升 2 克水溶性二氧化硅（用量要精确）并搅拌。接下来进入第 3 步。

第 3 步：事先准备和旋转

在旋转过程中，气泡不一定会在离心机中爆裂。如果气泡不爆裂，在旋转过程中你的产品表面会形成一层漂浮的泡沫。我讨厌漂浮的泡沫。香蕉不会产生泡沫，但番茄会，这很难预测。如果你有箱式真空机，可以在旋转之前用它来去除产品中的气泡，但这一步并不是非做不可。当你在装填离心机时，确保它是平衡的，然后以相当于 4000 倍重力的离心力旋转 15 分钟。如果你没有冷冻离心机，在旋转前要确保吊桶非常冰，否则产品会被加热。接下来进入第 4 步。

第 4 步：倒出产品

当你将产品从离心管或吊桶中倒出时，建议用咖啡滤纸或细孔过滤器过滤。这么做能将漂浮在表面的杂质都去掉，同时防止圆饼散开而掉入澄清产品中。现在澄清过程就结束了。

按压过滤袋之外的另一个选择：把过滤袋口扎紧，放入沙拉脱水器——"穷厨师"的离心机。在转动过程中，你仍然需要时不时停下来按压过滤袋，疏通被堵塞的细孔，这个方法几乎人人都能学会

高阶的离心机澄清西柚汁

用离心机澄清西柚汁的味道比琼脂澄清西柚汁更苦。琼脂凝胶会吸收一部分西柚的苦味分子柚苷（Naringin）。就我的气泡鸡尾酒金果汁（第307页）而言，我认为不那么苦的西柚汁更好，但对我来说，在酒吧里运用离心机澄清技法要方便得多，其产出更高，速度更快。你可以使用类似于浸洗的技法，用琼脂去除离心机澄清西柚汁中的一部分柚苷。

你可以通过自制琼脂液体凝胶来实现这一点。液体凝胶在静止时是凝胶，搅拌或摇动后就会变成液体。厨师用液体凝胶来制作特殊的酱汁：装盘时，它看起来像果泥，但入口后就变成了液体。质地更轻薄的液体凝胶被用来让物体悬浮在饮品或汤汁中。但你在这里不会用到它的这些特质。琼脂液体凝胶是悬浮在液体中的一团凝胶微粒。所有这些微粒形成了一个很大的表面积，能够吸收柚苷，而且很容易被离心机做到。要制作液体凝胶，你首先要用 1% 的琼脂——每千克果汁中加入

10 克琼脂——制作普通的西柚凝胶，使其凝固。这样做出来的凝胶比你在凝胶澄清时用到的凝胶紧实得多。将凝胶放入搅拌机，搅拌至质地顺滑。这样做出来的就是液体凝胶。

当按照离心机澄清的常规做法添加 SP-L 和水溶性二氧化硅时，你还需要同时在每 900 克普通西柚汁中加入 100 克西柚液体凝胶。然后，完成澄清过程，最后得到的西柚汁就不会很苦了。

下图中左上是在每升西柚汁中加入 10 克琼脂之后凝固而成的西柚凝胶。右下是用同样的凝胶搅拌而成的液体凝胶。液体凝胶在烹饪中有各种妙用，因为它装盘时是果泥状，入口后则有酱汁般的口感。在这里，我们用它来去除离心机澄清西柚汁里的柚苷

用离心机澄清烈酒：胡斯蒂诺（Justino）

坏消息：你需要一台离心机才能尝试下面的技法。好消息：一旦有了离心机，这个技法将改变你的调酒方式。

其实，你可以用纯烈酒和任何一种水果、蔬菜或香料制作出赏心悦目的透明烈酒。你只需要把烈酒和其他原料放入搅拌机中一起搅拌，加入诺维信果胶酶SP-L，再用离心机把混合物旋转成透明烈酒即可，我把这样做出来的烈酒称为胡斯蒂诺（如果你没看懂上面的制作方法，可以把澄清部分前面的内容再复习一遍）。制作胡斯蒂诺的秘诀在于诺维信果胶酶SP-L。SP-L能够破坏混合水果的结构，提高澄清效率，而且在高酒精度溶液中的效果也很好。很多酶都做不到这一点。

胡斯蒂诺的诞生过程是这样的：我很想做一款不像果昔那么厚重黏稠的香蕉鸡尾酒。虽然我能找到很多香蕉味烈酒，但我只想用纯香蕉汁，可是制作过程不那么顺利。我的产出非常低，味道也不对。我知道需要在香蕉中加入更多液体，以提高产出，但不想加入无酒精液体，所以我把香蕉和烈酒放入搅拌机一起搅拌，再用离心机澄清。结果做出来的是纯香蕉风味的朗姆酒，真是太棒了！后来有位记者问我这种酒叫什么，我灵机一动说叫胡斯蒂诺，这个名字就这样定了下来。

尽管你几乎可以用烈酒加任何原料做成胡斯蒂诺，但我喜欢用含水量低的产品，这样可以保持高酒精度。我发现高酒精度胡斯蒂诺的调酒效果更好，而且保质期比低酒精度胡斯蒂诺长得多。如果你想用含水量高的产品（如蜜瓜），那就应该先对这些产品进行脱水处理，再同烈酒一起搅拌。商业化生产的干果是制作胡斯蒂诺的好选择。

含淀粉的产品不适合用来做胡斯蒂诺。SP-L无法分解淀粉，而餐厅和酒吧常用的低速离心机无法澄清烈酒。例如，用未成熟的香蕉做不出优质胡斯蒂诺，因为其淀粉含量太高。

胡斯蒂诺制作过程： 1.将水果放入烈酒中；2.加入诺维信果胶酶 SP-L；3.高速搅拌，直到搅拌机的摩擦力使混合物的温度升至体温。我会用手背触碰搅拌杯感知温度；4.将搅拌好的混合物倒入离心机吊桶，确保它是平衡的；5.将吊桶放入离心机，以相当于 4000 倍重力的离心力旋转 10 ～ 15 分钟；6.将透明的胡斯蒂诺倒出。

胡斯蒂诺的基本入门配方是每升烈酒加 250 克水果或蔬菜，也就是 1∶4。这是个很好的起点。如果你用的原料含水量极低，而且混合物看起来更像是浆糊而不是果泥，那就要把比例降到每升烈酒加 200 克水果或蔬菜 1∶5。有时你可能甚至需要把比例降到 1∶6。如果你做的胡斯蒂诺质地太厚重了，用离心机旋转出来的产出会很低。如果你的产出实在太低了，而进一步降低比例又会影响胡斯蒂诺的风味，那么你可以在旋转之后解决这个问题：在固体颗粒构成的圆饼中加点水，再旋转一次即可（具体做法见第 238 页杏子胡斯蒂诺配方）。

旋转完成之后尝一下胡斯蒂诺的味道。如果味道太淡而产出很高，可以提高固体原料对烈酒的比例。如果比例已经很高了，而胡斯蒂诺仍然口感寡淡，可以在制作胡斯蒂诺之前进一步脱水固体原料。如果胡斯蒂诺味道很浓（通常是太甜），可以少量多次地加入纯烈酒，直到你满意为止。一旦你找到了自己喜欢的比例，下次就可以试着从这个比例开始，或者你用同样的方式来制作胡斯蒂诺，最后再加入新鲜烈酒。奇怪的是这两种方法做出来的烈酒味道不一样。有时一种烈酒的味道比另一种更好。你必须尝味，然后做出选择。下面我举例说明一下。

假设你在用椰枣和波本威士忌做胡斯蒂诺，而且椰枣和威士忌的比例是我推荐的 1∶4。你会发现胡斯蒂诺的产出还不错，但味道太甜了。最有可能的情况是在每 750 毫升胡斯蒂诺中加入 250 毫升新鲜波本威士忌的味道最让你满意，相当于胡斯蒂诺的比例为 1∶5.3。奇怪的是如果你一开始就用 1∶5.3 的比例来制作胡斯蒂诺，它的味道则比不上先用 1∶4 的比例制作的胡斯蒂诺，然后再加新鲜波本威士忌。我也不知道原因是什么。

香蕉胡斯蒂诺

一些我最爱的胡斯蒂诺

香蕉胡斯蒂诺：每 750 毫升烈酒加 3 根去皮成熟香蕉（250 克）。陈年朗姆酒（不要用添加了焦糖色的朗姆酒，胡斯蒂诺的制作过程会将它去除）、波本威士忌及亨利爵士金酒的效果都很好。记住，一定要用成熟香蕉，果皮呈棕色，但不是黑色。如果香蕉尚未成熟，它含有的淀粉会使胡斯蒂诺变浑浊，而且会有淀粉味。这款胡斯蒂诺很适合加一块方冰饮用，而且要加上一个青柠角和一小撮盐。如果你想好好享用它，可以保留青柠角，但改用优质椰子水做的大方冰，并且在酒的表面放一颗八角。

椰枣胡斯蒂诺：每 750 毫升烈酒加 187 克椰枣。在做好的胡斯蒂诺中加入 250 毫升新鲜烈酒。波本威士忌、苏格兰威士忌和日本威士忌的效果都很好，加一块方冰和一大滴苦精后饮用。

红卷心菜胡斯蒂诺：将 400 克红卷心菜脱水成100 克，与 500 毫升普利茅斯金酒一起做成胡斯蒂诺。如果你不进行脱水，胡斯蒂诺会有下水道般的异味。本品适合用来制作摇匀类鸡尾酒。

杏子胡斯蒂诺：要用脱水杏子。我最喜欢用加利福尼亚出产的布伦海姆（Blenheim）杏干来做这款胡斯蒂诺的基底。在我看来，它们是杏干中的贵族。布伦海姆杏干风味丰富，酸度高且明亮。如果你用其他任何一种杏干，结果都会完全不同。一定不要选用未经防氧化处理的杏干。最常见的处理方式是硫化，但也有其他方式。要判断杏干是否经过处理很容易：未经处理的杏干颜色是棕色的，而且有氧化的味道。

我认为布伦海姆胡斯蒂诺实际上是为数不多的低含糖量的胡斯蒂诺之一。你可以在成品中加一点糖，或者用普通杏干（它的酸度更低）代替一部分布伦海姆杏干。杏干在制作胡斯蒂诺的过程中会吸

收大量烈酒，所以产出不高。

下面是制作方法：你需要 200 克脱水布伦海姆杏干和 1 升烈酒来制作胡斯蒂诺。在过滤胡斯蒂诺时，把离心机吊桶里杏干固体物形成的圆饼保留下来，与 250 毫升过滤水和 1 ~ 2 克 SP-L 一起放入搅拌机，搅拌均匀。我把这一步称为"二次炖煮"（再湿润），这个词来自法式料理，指的是在用过的高汤原料中再次加水炖煮，达到二次萃取风味的目的。将搅拌好的二次炖煮混合物放入离心机旋转，再将得到的透明液体倒入开始做好的胡斯蒂诺中。这个过程能够进一步萃取圆饼中残留的酒精和风味，所以要将其加入之前的胡斯蒂诺中。

这个配方非常适合荷式金酒、金酒、黑麦威士忌、伏特加，我很难想到有什么烈酒是不适合这个配方的。

菠萝胡斯蒂诺： 每升烈酒加 200 克菠萝干。跟杏子胡斯蒂诺一样，不要用天然菠萝干，它呈棕色，外观和口感都不好。这个配方非常适合黑朗姆酒或白朗姆酒，你肯定也已经想到了。你也可以尝试用威士忌或白兰地营造出菠萝翻转蛋糕般的口感。

上页：在制作红卷心菜胡斯蒂诺时，先对卷心菜进行脱水处理，直到它失去了原始重量的 3/4。最终成为红卷心菜胡斯蒂诺

饮茶时间

浸洗（Washing）

2012 年，ESPN 上门请我创作一个阿诺德·帕尔玛（Arnold Palmer）的含酒精版本，这是一款以同名传奇高尔夫球手命名的饮品，原料包括冰茶和柠檬水。我回复说，阿诺德·帕尔玛显然做成无酒精版是最好的，因为稀释和冷却一款含酒精的茶鸡尾酒会使茶的涩味过于明显。想一想酒体饱满、富含单宁的红葡萄酒在温度过低时的味道，然后在脑海中将这个效果放大几倍就会明白了。

ESPN 团队离开后，我陷入了思考。很多人，尤其是英国人，喜欢在茶里加奶。牛奶蛋白质，特别是酪蛋白会跟茶里的单宁、涩味化合物结合，使口感变得柔和。我决定用茶浸渍伏特加，加奶，牛奶伏特加凝结，从而澄清酒并去除涩味。我把茶叶放入伏特加浸渍，做出茶味很浓的伏特加，再将伏特加倒入牛奶中，并添加了少许柠檬酸溶液搅匀。这么做的效果非常好。牛奶散开之后，固体物都沉到了容器底部。我把伏特加放入离心机旋转（因为我有一台离心机，但你也可以用细布过滤）。茶的涩味被极大地减弱了，而冰凉的鸡尾酒仍然口感平衡，而且茶本身的风味仍然非常浓郁。我在茶味伏特加中加入单糖浆和柠檬汁一起加冰摇匀，结果收获了一个意外之喜：以牛奶浸洗过的伏特加拥有丝般顺滑的质感，在摇酒时形成了一层极其丰富的泡沫。尽管牛奶中的酪蛋白凝结了，并且在浸洗过程中被去除，但乳清保留了下来，它是绝佳的发泡剂。

因此，牛奶浸洗有两个目的：一是减少涩味和刺激口感，二是增强摇匀类鸡尾酒的质感。

你可能需要一点时间才能接受浸洗液体的概念。浸洗衣服是为了去除污渍，浸洗原料是为了去除风味。你可以用两种方法将浸洗运用在鸡尾酒中。第一种是烈酒浸洗，就像我在改编阿诺德·帕尔玛时做的那样：在烈酒中加入某种"清洁剂"，通常是牛奶、明胶、凝胶或鸡蛋，使其同烈酒中你不想要的化合物结合，从而去除它们。第二种是油脂浸洗：萃取油脂中的优质风味，融入烈酒中，然后用烈酒调制出好喝的鸡尾酒。在第一种方法中你是在浸洗烈酒，在第二种方法中你是在浸洗油脂。

好消息：这一部分的所有技法无须高级工具就能完成，尽管有些技法用离心机更方便。让我们先来了解一下烈酒浸洗。

多元酚的涩味和富含脯氨酸的蛋白质

多元酚的涩味成分使其能够跟一组名为富含脯氨酸的蛋白质（PRPs）的唾液蛋白质紧密结合在一起。这些蛋白质含有大量脯氨酸（一种氨基酸）。脯氨酸让蛋白质更易于跟多元酚结合。植物会产生涩味多元酚，使其更难被消化，从而减少被吃掉的风险。唾液中的PRPs会跟多元酚结合，减弱后者的抗消化特性，这是食草动物对植物防御机制的反击。显然，食肉动物的唾液中不含PRPs。老虎只吃肉，不吃叶子和树皮，所以它不需要PRPs。食草动物的唾液中含有大量PRPs。作为杂食动物的人类处于两者之间。

除了唾液中的PRPs之外，还有许多其他富含脯氨酸的蛋白质能与多元酚结合，包括牛奶蛋白质（酪蛋白）、蛋清和明胶。这些都是我们会在烈酒浸洗中用到的蛋白质。

烈酒浸洗

　　为了去除劣质蒸馏烈酒中的瑕疵，你通常要用到硬核的风味和色泽去除介质，如活性炭。我们要聊的去除风味并非这一种。我们要聊的是从优质烈酒中有选择性地去除某些风味。为什么要这么做？因为某些特定风味单独尝起来很棒，但在鸡尾酒中会压制其他原料。例如，用波本威士忌调的鸡尾酒味道很好，而气泡波本威士忌鸡尾酒通常不是那么好喝。充气之后，波本威士忌中令人愉悦的木质风味会变得过于呛口和强烈。你可以选择减少波本威士忌的份量，或者用中性烈酒（如伏特加）代替一部分波本威士忌，但减弱这种呛口感的同时保留波本威士忌的其他所有风味不是更好吗？举一个例子，红茶好喝，红茶伏特加也好喝。但用红茶伏特加做的鸡尾酒通常呛口、苦涩，很难做到平衡。你可以减少红茶的用量，直到它的涩味不再明显。你也可以通过浸洗烈酒来减轻这种呛口感，同时又不破坏红茶的其他风味。选择浸洗吧！

烈酒浸洗的科学

　　烈酒浸洗针对的风味是多元酚，它是植物产生的一组化学物质，通常用来防御掠食者或避免伤害。多元酚是一种有效的防御机制，它通常具有杀菌、杀虫和抗消化特性，让动物有所忌惮。许多多元酚都有涩味。例如，单宁就是多元酚，而葡萄籽和葡萄皮中的单宁正是红葡萄酒的涩味来源。蔓越莓、黑醋栗（Cassis）和某些苹果品种的涩味同样来自多元酚。橡木中的多元酚赋予威士忌和白兰地标志性的木质风味。你可能还记得本书中氮气捣压部分的内容：草本植物叶片被捣碎后，一种叫作多元酚的酶会氧化，将酚类小分子连接成大型的深色多元酚。在茶叶中，这些多元酚有着积极作用，正是它们造就了深色茶叶的标志性涩味。

为了去除多元酚，我从葡萄酒酿酒师那儿偷学了一招。为了解决涩味过重、蛋白质结絮、怪味和浑浊问题，酿酒师会用澄清的方法：在葡萄酒中加入少量特定原料，以修正上述问题。我用同样的原料进行烈酒浸洗。它们的工作原理一样，包括 3 个部分：蛋白质结合、电荷和吸附。

蛋白质结合

富含蛋白质的澄清剂，如蛋清、血（没错）、明胶、酪蛋白（牛奶蛋白质）和鱼胶（鱼类明胶），能以一种复杂的方式与杂质结合在一起。蛋白质去除单宁和其他多元酚的能力极强。它还会去除色泽和风味，这个影响可能是正面的，也可能是负面的。

电荷

有些澄清剂只靠电荷发挥作用。水溶性二氧化硅（悬浮性二氧化硅）和壳聚糖（节肢动物骨骼和某些真菌中含有的多糖）正是如此。水溶性二氧化硅带负电荷，因此会吸引带正电荷的杂质，而带正电荷的壳聚糖会吸引带负电荷的杂质（关于这两种澄清剂的更多介绍请见第 213 页"澄清"部分）。我们希望在烈酒浸洗过程中减少的多元酚带有负电荷，所以带正电荷的壳聚糖是最好的静电武器。

吸附

其他澄清剂的工作原理是吸附，也就是液体或固体粘到某个表面的过程。吸附剂（如活性炭）的表面积极大且带有细孔，能够吸附杂质。吸附剂往往会去除大量不同的风味，我不会经常用到。

每种澄清剂 / 烈酒浸洗剂去除的风味和份量都有差别，而且有些还会带来独特的质感和风味。尽管葡萄酒澄清有点像黑魔法，但你还是可以找到大量关于烈酒浸洗的信息（我在参考资料中列出了一部分）。跟葡萄酒澄清比起来，我的烈酒浸洗有几个关键不同。我偏重于快速出结果，而葡萄酒澄清一般是个缓慢的过程。我会用大量澄清剂去除风味，而葡萄酒庄通常希望获得更微妙的效果。看看我是怎样研发出 3 种不同的烈酒浸洗技法——牛奶浸洗、鸡蛋浸洗和壳聚糖 / 结冷胶浸洗（Gellan Washing），以及你可以怎样运用它们。

牛奶浸洗：古法新用

我必须指出，用牛奶澄清烈酒（就像我对阿诺德·帕尔默的改编）不是什么新事物。牛奶潘趣（Milk Punch）早在 17 世纪就诞生了。牛奶潘趣和我的牛奶浸洗技法之间的不同在于牛奶浸洗的对象是纯烈酒，而非鸡尾酒，而且浸洗之后的烈酒一般用于制作摇匀类鸡尾酒，能够产生丰富泡沫。牛奶潘趣一般不需要摇匀。牛奶浸洗烈酒中的乳清会随着时间而降解，失去发泡能力。它不会变质，但失去了最大的优点。所以，牛奶浸洗烈酒要在 1 周内用完。

我在这一部分开头提到的茶鸡尾酒味道实在太好了，所以我将其列入了酒吧的酒单里。具体做法在下页。

牛奶潘趣

传统牛奶潘趣包含烈酒、牛奶和其他风味。牛奶要先做成凝乳，然后过滤掉凝乳，剩下的就是透明、稳定的饮品。1763 年，本杰明·富兰克林在一封信里写下了这个配方：

> 取 6 夸脱白兰地和削得极细的 44 只柠檬的皮。将柠檬皮放入白兰地中浸泡 24 小时，然后过滤。在 4 夸脱水中放入 4 大颗磨碎的肉豆蔻、2 夸脱柠檬汁和 2 磅超细砂糖，再将柠檬皮放入。当砂糖溶化之后，将 3 夸脱牛奶煮沸，然后将还在沸腾的牛奶倒入刚才准备好的混合物中，搅拌均匀。静置 2 小时，然后用果冻袋过滤，直到它变得澄清。装瓶。*

为什么要做牛奶潘趣？牛奶潘趣因柔和、饱满的风味而知名。这种柔和的风味并不是牛奶带来的，而是因为富含酪蛋白的凝乳去除了白兰地中的酚类化合物。本杰明·富兰克林在 1763 年估计只能买到质量不佳的白兰地，而牛奶能够去除它的粗糙口感。本杰明没有提到牛奶潘趣的发泡特质，因为那时没有人会加冰摇酒。遗憾！

*摘自马萨诸塞州历史协会出版的《温斯罗普家族档案》（*Winthrop Family Papers*）中的《鲍丁和坦普尔档案》（*Bowdin and Temple Papers*）。

饮茶时间（阿诺德·帕尔默的含酒精版改编）

　　这款酒用的茶是大吉岭萨林邦（Selimbong）茶园的次摘茶。大吉岭是印度东北部山区的知名产茶区。每年3月，大吉岭的茶园会第一次采摘新茶，称为大吉岭头摘。头摘茶是最贵的，但它们也是我的最爱。几个月之后会第二次采摘新茶。这些大吉岭次摘茶具有非常独特的果香，业内人士称为麝香葡萄香。萨林邦茶园的次摘茶，尤以品质出众而知名。我用它来浸渍伏特加，因为我想突出茶的风味，而不是烈酒本身的风味。一开始我用柠檬汁和单糖浆来调制这款酒。后来，布克和德克斯的同事派珀·克里斯滕森（Piper Kristensen）建议我用蜂蜜糖浆。他是对的，不仅因为茶、柠檬和蜂蜜本身就是个经典组合，还因为蜂蜜里的蛋白质能够增强牛奶浸洗茶味伏特加的发泡能力。蜂蜜糖浆的配方很简单，在每300克蜂蜜里加200克水。注意，这个配方要按重量计算，而非体积。

茶味伏特加原料

32 克萨林邦大吉岭次摘茶

1 升伏特加（酒精度 40%）

250 毫升全脂牛奶

15 克 15% 柠檬酸溶液或略多于 33 毫升新鲜
过滤的柠檬汁

在用茶叶浸渍时，一定要浸渍
到颜色很深。不要担心过度浸渍，
因为之后要把涩味去掉

制作方法

将伏特加倒入可密封容器，放入茶叶，密封后摇晃。让茶叶浸渍 20 ~ 40 分钟，这期间不时摇晃一下。如果你用的不是萨林邦茶叶，浸渍时间要根据茶叶的大小和种类来调整。重要的是颜色，你可以通过它来判断泡出来的茶味有多浓。要泡到颜色很深。茶色足够深之后，将茶叶滤出。

将牛奶倒入一个容器，然后一边倒入茶味伏特加一边搅拌（注意，如果你是把牛奶倒入伏特加中，牛奶会立刻凝结，影响浸洗效果）。将混合物静置几分钟，然后一边倒入柠檬酸溶液一边搅拌。如果你不想买柠檬酸，可以用柠檬汁，但不要一次性倒入所有柠檬汁，要分 3 次倒入。当牛奶开始凝结时，停止倒柠檬酸溶液。加完柠檬酸后，不要用力地搅拌。一旦牛奶凝结，你就绝对不应该让凝乳再次乳化或破碎，否则过滤更困难。

牛奶凝结后，你会看到一小团一小团的深色凝乳漂浮在近乎于透明的茶色伏特加中。如果仔细观察，你会发现伏特加仍然有些浑浊。一部分酪蛋白还没有完全跟凝乳聚结在一起。用勺子轻轻搅动凝乳，吸附剩下的酪蛋白。你会看到伏特加明显变得更清澈了，而凝乳也更明显了。重复几次轻轻去除酪蛋白的动作，然后将伏特加静置几小时，待凝乳沉淀后用细孔过滤器和咖啡滤纸过滤（或者像我一直做的那样，放入离心机旋转）。

饮茶时间

下面的原料能做出一杯分量为 4 ⅗ 盎司（137 毫升）的饮茶时间，酒精度 14.9%，含糖 6.9 克 /100 毫升，含酸量 0.66%。

> 2 盎司 (60 毫升) 牛奶浸洗茶伏特加
>
> 1/2 盎司 (15 毫升) 蜂蜜糖浆
>
> 1/2 盎司 (15 毫升) 新鲜过滤柠檬汁
>
> 2 滴盐水溶液

制作方法

将所有原料加冰摇匀，滤入冰过的碟形杯。无需装饰（圆满完成任务的自豪感就是这杯酒最好的装饰）。

所有的牛奶浸洗都遵循上述过程，但即使不加任何酸类有些烈酒也会使牛奶凝结。在咖啡浸渍中，酒精加咖啡就能使牛奶凝结，用蔓越莓浸渍烈酒也是如此。每次进行牛奶浸洗时，你都可以用到上文中的诀窍，如一定要把烈酒加入牛奶而不是反过来，以及轻轻搅动凝乳、吸收所有的漂浮酪蛋白。这样做你每次得到的结果都是相同的。

　　运用牛奶浸洗技法时，我在大多数情况下都是为了处理涩味很重的原料，如茶。我试过用牛奶浸洗不那么涩、富含多元酚的陈年烈酒，如波本威士忌、黑麦威士忌和白兰地。这些烈酒的橡木特质和酒精就足以使牛奶凝结。陈年烈酒的橡木特质不但会让牛奶变得不稳定（因为含有能够与酪蛋白结合的多元酚），还会将 pH 值降到 4 或 4.5，从而使牛奶更容易凝结。遗憾的是牛奶浸洗真的会明显削弱橡木风味和色泽。在我看来，实在太多了。

　　你可以用牛奶浸洗不含多元酚的烈酒，不是为了去除风味，而是为了获得质感上的效果。布克和德克斯的前任酒吧经理罗比·尼尔森（Robby Nelson）用牛奶浸洗白朗姆酒来做大吉利，它的味道好极了！我用牛奶浸洗白朗姆酒来做 J 博士——橙色朱利叶斯改编版（Orange Julius Variant）。它以经典大吉利配方为原型（2 盎司朗姆酒、3/4 盎司青柠汁、略多于 3/4 盎司单糖浆、一小撮盐），但要用青柠汁酸度的橙汁（每升橙汁中加入 32 克柠檬酸和 20 克乳酸，详见第 34 页"原料"部分）代替青柠汁，并加入一小滴香草提取物。

上页：牛奶浸洗： 1. 永远都要将烈酒倒入牛奶，而不是反过来，否则牛奶会立刻凝结。有些烈酒，如咖啡浸渍烈酒，会自行凝结。其他烈酒，如这里的茶叶浸渍烈酒，则不会；2. 搅拌烈酒使其动起来，然后倒入少许柠檬酸溶液或柠檬汁；3. 牛奶刚开始凝结。用勺子轻轻搅动烈酒，让凝乳吸附掉所有漂浮的浑浊颗粒物；4. 等待凝乳沉淀，然后用咖啡滤纸过滤或放入离心机旋转

鸡蛋浸洗

用牛奶浸洗解决了创作茶鸡尾酒的问题后，我想起了一款自己非常喜欢的未经浸洗的茶鸡尾酒——格雷伯爵茶（Earl Grey）马天尼。这款酒是我朋友奥黛丽·桑德斯（Audrey Saunders）发明的，她是我最爱的纽约酒吧佩古（Pegu）俱乐部的创始人。它的原料包括以格雷伯爵茶浸渍的金酒（格雷伯爵茶是一种用佛手柑果皮调味的调和茶）、柠檬汁、单糖浆和蛋清，外加柠檬皮卷装饰。我以前一直以为蛋清的作用是增加质感，但现在我意识到这款酒需要蛋清与茶的多元酚结合以去除涩味。我特意去问了奥黛丽，结果她说："当然，蛋清的作用就是这个。"原来如此！然后我又做了进一步的思考。为什么威士忌酸酒要加蛋清一起摇，而其他有着类似的糖、酸和烈酒之比的摇匀类酸酒（如玛格丽特、大吉利和用新鲜青柠汁调制的螺丝锥）不用？原因在于威士忌！威士忌酸酒中的蛋清能够使整杯酒的口感变得柔和，否则，在威士忌酸酒本该有的温度和稀释度下喝起来会太涩。我决定单独尝试一下鸡蛋浸洗，而不是用它来调酒。

在未经稀释的鸡尾酒中，整个蛋清占了很大空间。大号蛋清（约30毫升）可以占稀释前所有液体的1/4，鸡尾酒和蛋清的比例为3∶1。在进行鸡蛋浸洗时，我决定稍微减少蛋清的用量，将烈酒和蛋清的比例定在4∶1。我选择用波本威士忌做试验。我用叉子将蛋清搅匀，然后一边倒入威士忌一边搅拌，与牛奶浸洗时将烈酒倒入牛奶一样。蛋清迅速凝结，很容易就能过滤掉，但蛋清也消除了威士忌的风味和色泽，让它变得像味道很淡的伏特加。在蛋清鸡尾酒中，蛋清是要留在酒里的，所以风味没有完全消失。在鸡蛋浸洗中，所有蛋白质都会被去除，所以消除风味的效果会更明显。我试着把比例调整到8∶1。效果好点了，但风味仍然被消除得太多，而且有点不平衡——波本威士忌的香料风味不见了。然后，我又尝试了20∶1和40∶1的比例。最适合的是烈酒和蛋清之比为20∶1！

这个比例令威士忌的特质得以保留，而且营造出平衡的整体口感。操作简单，一学就会。

注意，20：1 的比例只适合浸洗纯陈年烈酒。如果你希望去除风味的效果更好（如在浸洗咖啡或茶烈酒时），8：1 的比例更好，有时比例甚至还要更高一些。这些鸡蛋占比更高的能够达到类似于牛奶浸洗的风味去除效果。但要记住，牛奶浸洗能增强发泡能力，鸡蛋浸洗则不能。在制作搅拌类茶鸡尾酒时要选择鸡蛋浸洗。在制作摇匀类鸡尾酒时要选择牛奶浸洗，从而带来出色的质感。

鸡蛋浸洗技法

原料

1 个超大号蛋清（去除蛋黄和粘在蛋壳里的物质后，它的份量约为 32 克，比 20：1 的比例要求的 37 克略少）

1 盎司（30 毫升）过滤水

750 毫升的酒精度为 40% 及以上的烈酒（低于 40% 酒精度的酒无法使鸡蛋有效凝结，而一旦酒精度低于 22%，鸡蛋则根本无法凝结）

制作方法

将蛋清和水混合，然后一边倒入烈酒一边搅拌。注意，加水只是为了增加蛋清混合液的份量。用一个蛋清，倒入烈酒后就会立刻凝结。如果你的烈酒和蛋清比为 8：1，可以不加水。倒入烈酒后，蛋清会快速凝结。将混合液静置几分钟，然后轻轻搅动，使游离的蛋白质融入凝结物中。静置1 小时，然后用咖啡滤纸过滤。过滤出来的液体应该是透明的。

鸡蛋浸洗烈酒，以调和型苏格兰威士忌为例：1.一边将烈酒倒入蛋清和水的混合液一边搅拌；2.鸡蛋开始凝结。轻轻搅拌之后，它看上去应该像图3，而且最终沉淀之后看上去应该像图4；5.用咖啡滤纸过滤；6.左边是未经处理的烈酒，右边是经过鸡蛋浸洗的烈酒

鸡蛋浸洗的一大优点是你不需要任何专业设备，而且除纯素食主义者之外，你的冰箱里应该总备有鸡蛋。此外，鸡蛋浸洗能够将烈酒中几乎所有的残留蛋白质都去除，所以你可以用它来软化那些因为口感太粗糙而无法充气的鸡尾酒，而且在对它们进行充气时也不会产生太多泡沫。牛奶浸洗永远无法用于气泡鸡尾酒，因为它会加重泡沫产生。

下面是一个鸡蛋浸洗红酒干邑气泡鸡尾酒的配方！这款酒需要事先对口感进行软化。

干邑赤霞珠

如果你想在干邑这样的烈酒里加入红葡萄酒，最好选择甜型，它能掩盖干邑和红葡萄酒中的单宁。但在这个配方里，我们要用干型，同时预先去除酒里的单宁。这款鸡尾酒呈深粉色，口感偏干，带有葡萄干风味，令人愉悦。它的口感更像葡萄酒，而不是鸡尾酒。在浸洗烈酒时，你要选择的比例是1份鸡蛋兑6份烈酒，这是一个较高的比例。

下面的配方可做出两杯份量为 4 4/5 盎司（145 毫升）的干邑赤霞珠，酒精度 14.5%，含糖量 3.4 克 /100 毫升，含酸量 0.54%。

原料

1 个大号蛋清（1 盎司 /30 毫升）

2 盎司（60 毫升）干邑（酒精度 41%）

4 盎司（120 毫升）赤霞珠（酒精度 14.5%）

2 盎司（60 毫升）过滤水

1/2 盎司（15 毫升）过滤柠檬汁或 6% 柠檬酸溶液

1/2 盎司（15 毫升）单糖浆

4 小滴盐溶液或 1 大撮盐

制作方法

将蛋清倒入一个小号混合容器，用吧勺彻底打匀。将干邑和赤霞珠混合在一起，然后一边倒入蛋清一边搅拌。混合液会变浑浊。继续缓慢搅拌，确保所有的蛋清都接触到酒。你应该会看到絮状变性蛋清漂浮在酒中。如果你有离心机，现在就可以用它来旋转混合液，然后收集浸洗过的透明酒。你也可以将混合液静置几分钟，然后再次搅拌。将混合液静置几小时，待固体物沉淀后用餐巾过滤，再用咖啡滤纸过滤一遍。

得到透明液体后，加入水、柠檬汁或柠檬酸、单糖浆和盐溶液（或盐）。将混合液冷却到 -6℃，然后用你喜欢的任意一种方式充气（详见第 266 页"充气"部分）。注意：这款酒里会有一些残留的蛋白质，所以充气时会形成一定量的泡沫。

我发现了一种更好的软化陈年烈酒的方式，充气之前不需要浸洗，但它需要特殊的原料（壳聚糖和凝胶）。你可以继续往下读，或者直接跳到第 260 页的"气泡威士忌酸酒"部分，你可以用鸡蛋浸洗威士忌来制作这款酒。

上页：鸡蛋浸洗赤霞珠和干邑： 这个配方要用到比常规鸡蛋浸洗更多的鸡蛋。1. 不要在鸡蛋里加水；2. 一边将赤霞珠和干邑倒入鸡蛋中，一边搅拌；3. 它会立刻变浑浊；4. 然后会开始凝结。轻轻搅动，吸附掉所有的浑浊固体物，沉淀完成后用咖啡滤纸过滤

壳聚糖 / 结冷胶浸洗

多年前刚开始澄清苹果汁时，我很想用波本威士忌做一杯清新的气泡苹果鸡尾酒，但橡木味压制了苹果味，导致口感变得粗粝。当时我的解决方法是用旋转蒸发仪重新蒸馏波本威士忌。跟普通蒸馏器不同的是旋转蒸发仪能够低温蒸馏，并且几乎能够将蒸馏过程中汽化的所有挥发性风味收集起来。我会将波本威士忌分成两份：一份是含有全部酒精和橡木及基酒香气的透明威士忌，另一份是含有全部非挥发性橡木萃取物（正是它们让我的气泡鸡尾酒口感不佳）的不透明深色威士忌。未经陈年的透明波本威士忌被称为"白狗"，所以我把重新蒸馏的透明波本威士忌称为"灰狗"，它的味道很不错，即使是在纯饮的情况下。我用剩下的橡木萃取物做了一款很棒的冰激凌。这才叫物尽其用！

但重新蒸馏也有一些问题。首先，旋转蒸发仪很贵，而且操作者需要相当长的时间才能掌握它的使用方法。其次（而且更重要的是），无执照蒸馏烈酒在美国是违法的，而酒吧是无法获取此类执照的。在酒吧蒸馏会让你有失去销售烈酒执照的风险，一旦我开了自己的酒吧，就必须遵守法规。开始烈酒浸洗之后，我试着将不同的浸洗原料组合在一起，让陈年威士忌或白兰地变得易于充气、操作简单，而且不再有未经处理的充气威士忌那种刺激咽喉的口感。最后，我定下了一种（完全合法）两步操作法，要用到壳聚糖和结冷胶。

如果你读过关于充气的部分，那就应该对壳聚糖有所了解，在用离心机澄清青柠汁时，我会用到这种神奇的葡萄酒澄清剂。壳聚糖是一种带正电荷的长链多糖，通过从虾壳中提取来实现商业生产，但它不会引起贝类过敏人群的反应。你可以在任何自酿葡萄酒商店买到壳聚糖溶液。遗憾的是，目前市场上的壳聚糖还不是素食，但这一点会发生改变。在我撰写本书时，符合全素食主义要求的海藻壳聚糖已经在欧洲出售。作为一种正电荷分子，壳聚糖会吸引威士忌和白兰地中的负电荷橡木多元酚。问题在于现在你不得不去除壳聚糖，我使用结冷胶去除。

　　结冷胶是微生物发酵过程中产生的一种凝胶剂，主要用于烹饪。结冷胶有很多有趣的特性。它可以变成液态，在静止状态下起到凝胶的作用，对含有悬浮固体颗粒物的鸡尾酒进行处理（我并不喜欢这种处理方式）。它可以变成任何质地，从柔软、有弹性到坚硬易碎。它是绝热的，但所有这些特性对我们来说都不重要。不管生产商的本意是什么，我们都不会用结冷胶来制作凝胶。对烈酒浸洗而言，我们关心的只是结冷胶的负电荷，这让它能吸引壳聚糖，还有它在烈酒中的不可溶性，这让它易于过滤。结冷胶分为低酰基结冷胶（Kelcogel F）和高酰基结冷胶（Kelcogel LT100）两类。这两类结冷胶都是斯比凯可（CP Kelco）公司生产的。通常而言，低酰基结冷胶做出来的凝胶坚硬易碎，而高酰基结冷胶做出来的凝胶柔软有弹性。烈酒浸洗要用低酰基结冷胶，因为它跟高酰基结冷胶不一样，完全不会在水中膨胀，从而不会损失宝贵的烈酒。这两类结冷胶的名字不好记，容易混淆，但我们没办法改变这一点。

左边是未经处理的调和型苏格兰威士忌，中间是壳聚糖和结冷胶浸洗威士忌，右边是鸡蛋浸洗威士忌。注意两种技法产生的不同浸洗效果

15 克壳聚糖溶液（占烈酒体积的 2%）

750 毫升需要浸洗的烈酒

15 克低酰基结冷胶（占烈酒体积的 2%）

制作方法

　　将壳聚糖加入烈酒，摇匀或搅匀。静置 1 小时，期间不时晃动一下。将结冷胶加入烈酒，搅拌或摇晃，令结冷胶悬浮在酒中。每过 15 分钟或 30 分钟就要使结冷胶重新悬浮在酒中，并且保持结冷胶与烈酒接触 2 小时，然后用咖啡滤纸过滤，浸洗过程就完成了。

　　注意：这个配方用的是 2% 壳聚糖，这个份量其实很大。作为对比，我在澄清时用的是 0.2% 壳聚糖，这完全不在一个量级。我试着减少壳聚糖的用量，但奇怪的是，壳聚糖用量减少后似乎去掉了更多烈酒的色泽和风味。我也不知道为什么会如此，但实证数据不容辩驳。两个百分比的结冷胶其实份量也很大，比制作结冷胶凝胶所需的份量大多了（只需 0.5% 低酰基结冷胶就能做出坚硬的凝胶）。用量大的原因是我只会用到结冷胶粉末的表面。绝大部分结冷胶都位于粉末颗粒的内侧，对我们来说没有用处。如果我用颗粒更细的结冷胶，那么用量可以减少，但更细颗粒的结冷胶不容易买到。

　　讲到表面积，记住我们曾在葡萄酒澄清部分讲到的：吸附性风味去除剂（如活性炭）的工作原理是通过巨大的表面积来吸附风味分子。我想知道只靠结冷胶的表面积能去除多少风味，所以我只用了结冷胶，没有用壳聚糖。它去除了一些风味，但并不太多。

　　下页：壳聚糖-结冷胶浸洗：1. 一旦准备好了原料，操作起来就非常容易，而且产出很高；2. 将壳聚糖倒入烈酒。搅拌，静置 1 小时；3. 和 4. 加入结冷胶，搅拌。在接下来的 2 小时，重复几次搅拌和静置的步骤；5. 用咖啡滤纸过滤；6. 观察剩下的结冷胶，去除的颜色都在这些结冷胶里

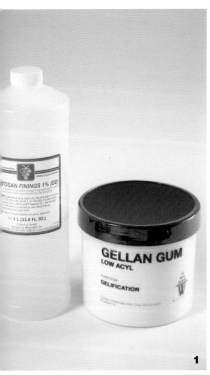

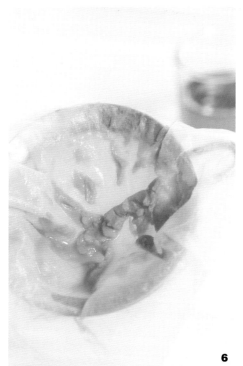

气泡威士忌酸酒

这是一个用来测试烈酒浸洗的简单气泡鸡尾酒配方。如果你不想用壳聚糖 / 结冷胶浸洗技法，可以用蛋清浸洗。如果你还没读过"充气"部分，可以翻到第266页，了解一下充气技法。

下面的配方能做出一杯份量为 5 ²∕₅ 盎司(162.5 毫升)的气泡威士忌酸酒，酒精度 15.2%，含糖量 7.2 克 /100 毫升，含酸量 0.44%。

原料

2 ⅝ 盎司（79 毫升）过滤水

1 ¾ 盎司（52.5 毫升）壳聚糖 / 结冷胶浸洗波本威士忌（酒精度 47%）

5/8 盎司（19 毫升）单糖浆

2 小滴盐溶液或 1 小撮盐

略少于 1/2 盎司（可用 12 毫升）澄清柠檬汁（或在充气后加入同等份量的未澄清柠檬汁）

制作方法

混合所有原料（除了未澄清柠檬汁），冷却至 –10℃，然后任选一种系统进行充气。

我在这里介绍的烈酒浸洗技法是非常基本的。在这一领域还有更多可能性等着你去探索。但正如我在本章开头所承诺的，我接下去会简单介绍一下油脂浸洗，这是一种将风味融入（而不是萃取）烈酒的技法。

油脂浸洗简介

油脂浸洗其实很简单，任何人都可以做。挑选一种有风味的油脂或油。常见的选择包括黄油、培根油、橄榄油、花生酱、芝麻油等。无论选哪种油，先确保它的味道是好的。虽然你喜欢培根，也不代表所有的培根油都是好的。以正确方式提取的培根油非常美味，而煎过头的培根油味道会令人恶心。没有包起来而在冰箱里放了很久的黄油味道也令人恶心。你用的油脂必须是新鲜美味的。接下来，要看一下你用的油脂风味有多浓郁。烟熏培根油的风味很浓郁，而黄油的风味更微妙。如果油脂风味浓郁，用量应该是约 120 克油脂兑 750 毫升烈酒。如果是黄油，我会用 240 克兑 750 毫升烈酒。

如果你用的油脂在室温下是固体，要先融化；如果不是，可以直接进入下一步。

先将烈酒倒入一个广口容器，然后放入油脂，盖好盖子，摇晃容器（摇晃是为了提高烈酒跟油脂接触的表面积）。用广口容器，你稍后能更容易地分开烈酒和油脂。烈酒静置约 1 小时。在前半小时里，不时摇动一下容器，然后进入下一步。

现在，大部分油脂应该都漂浮在表面上了。将装有液体和油脂的容器放入冰柜，几小时后，大多数油脂都会在酒表面形成一个圆盘。在油脂圆盘中戳一个洞，用咖啡滤纸将透明的风味液体倒入瓶中，油脂浸洗过程就结束了。如果油脂无法变成固体（如橄榄油），你可以用肉汁分离器或分液漏斗（我用的是后者）来分离油脂和酒。

油脂浸洗是一个很棒的技法，但我不会经常用，因为我的几个好朋友——前泰勒（Tailor）主厨山姆·梅森（Sam Mason）、调酒师埃本·弗里曼（Eben Freeman）、前 wd-50 调酒师托纳·帕洛米诺（Tona Palomino）、前 PDT 调酒师唐·李（Don Lee）——都是这一领域真正的先锋，他们才是推广油脂浸洗技法的最佳人选。

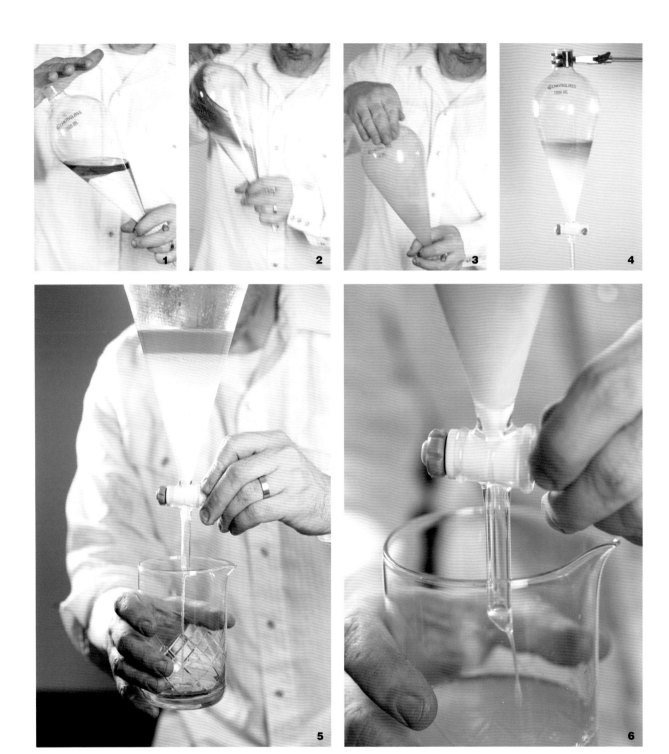

花生酱、果酱和棒球棍

2007 年，知名餐厅 wd-50 的酒吧经理托纳·帕洛米诺用花生酱和果酱做了一款气泡鸡尾酒，名字为老派风范。因为这款酒要充气，所以他花了很多工夫使烈酒纯净透明。我们不需要担心这一点，因为我们要做的是摇匀类鸡尾酒。如果你想做出便于充气的透明烈酒，那就必须采用托纳的做法：在酒店专用托盘底部涂一层薄薄的花生酱，然后在花生酱表面倒一浅层烈酒，盖好托盘，放入冰箱保存几天。

花生酱和果酱伏特加原料

25 盎司（750 毫升）伏特加（酒精度 40%）

120 克奶油花生酱

125 ~ 200 克康科德（Concord）葡萄果酱

制作方法

将伏特加和花生酱混合后倒入容器并盖好，放入冰柜储存几小时，等待酒沉淀。如果有离心机，可以对混合物进行旋转处理，产出应该约为 85% 左右（635 毫升）。如果没有离心机，可以用餐巾过滤混合物，以去除颗粒物，然后再用咖啡滤纸过滤一遍。咖啡滤纸很容易堵塞，过滤时应及时更换。过滤出来的酒应该已经比较透明了。如果你用餐巾和咖啡滤纸过滤，产出应该在 60% ~ 70%（450 ~ 525 毫升）。不要用贵的伏特加！在每 100 毫升花生酱伏特加中加入略多于 30 毫升的葡萄果酱，然后摇晃或搅拌均匀。过滤混合物，以去除所有游离的果酱颗粒，这样整个过程就完成了。

上页：**通过分液漏斗用橄榄油油脂浸洗金酒。**1. 将金酒和橄榄油倒入漏斗，盖紧盖子。图 2 和图 3 用力摇晃，使二者混合均匀。这个步骤要重复多次，每次间隔几分钟；4. 等待酒沉淀；5. 分液漏斗的优点在于，能过滤出底部更重的烈酒，且完全不会影响到顶部的油脂；6. 分液漏斗的尖圆锥形状有助于沉淀，而且能够让你收集到几乎每一滴从油脂中分离出来的金酒下面的配方能做出一杯份量为 4 $^7/_{10}$ 盎司（140 毫升）的花生酱、果酱和棒球棍，酒精度 17.3%，含糖量 9.0 克 /100 毫升，含酸量 0.77%。

花生酱、果酱和棒球棍原料

2 ½ 盎司（75 毫升）花生酱果酱伏特加（酒精度 32.5%）

1/2 盎司（15 毫升）新鲜过滤的青柠汁

2 小滴盐溶液或 1 小撮盐

制作方法

将所有原料倒入摇酒壶，加入大量冰块摇 6 秒。摇酒时间不要超过 6 秒，因为过度稀释会使这款酒口感不佳。滤入冰过的碟形杯，好好享用吧！

制作花生酱伏特加： 1. 在冰柜中放了几小时的伏特加和花生酱混合物。你可以用离心机旋转，或图 2 用布过滤；3. 然后再用咖啡滤纸过滤

花生酱、果酱和棒球棍

充气

CO₂ 赋予气泡鸡尾酒一种独特的口感。这种充气的口感很难用语言描述。我觉得像一种刺感，但并不贴切。这种口感之所以难以形容是因为最近的科学研究发现，人类口内有一种受体细胞，能够感知 CO₂。换句话说，气泡感是一种实实在在的味觉，就像咸味和酸味一样。你也很难形容咸和酸到底是什么味道。目前的研究显示，我们对气泡的感知与对酸味的感知有关，但气泡没有酸味。人们曾经以为，气泡感来自碳酸的酸度（碳酸是 CO₂ 溶于水时产生的）和气泡爆炸给口腔造成的疼痛感。事实显然并非如此。你可以用 N₂O 做气泡饮品，但 N₂O 的味道是甜的，并不刺口，所以饮品喝起来不会有气泡感，即使你加入酸类。气泡跟盐或糖一样也是一种原料。

气泡饮品含有过饱和的 CO₂，这意味着它们含有的气体超过了它们能永久容纳的极限，所以才会冒泡。一杯饮品含有的 CO₂ 越多，气泡的刺激感就越强。充气的艺术在于控制这种刺激感。

用预制含气泡软饮相当于把鸡尾酒气泡的控制权让给了这些软饮，这可不是件好事。大部分商业软饮都质量低劣。一旦被酒精和融化的冰所稀释，即使优质软饮也只能为鸡尾酒成品添加有限的气泡。简而言之，如果你想营造理想的气泡感，就必须自己给鸡尾酒充气。

气泡哲学

我是喝气泡水长大的，几十年来它一直是我补水的主要途径。相比之下，不含气泡的水太寡淡了。点气泡水时，我期望得到的是那种大量气泡带来的咽喉撕裂感。我相信这是一种非常美式的口味偏好，而且我怀疑土生土长的美国人都会喜欢喝轻度充气的气泡水。但并非所有饮品都适合最大限度充气。有些饮品在气泡感微弱时口感最佳。气泡是一种原料，过多或过少效果都不好。例如，很多美国起泡葡萄酒的气泡过于饱和，静置一段时间后口感会更好。气泡过于饱和会破坏水果风味的微妙口感，使橡木和单宁风味过于突出，并且会带来一种尖锐的 CO_2 的刺激感。

充气的目的是控制鸡尾酒中的气泡。你应该能够精准达到你想要的充气程度。近来市面上出现了大量相对廉价、易于操作的专用工具，使更多人能够尝试充气，但酒吧里的大多数充气技法都不过关。对水进行充气相对容易，即使用低于平均水平的工具和马马虎虎的技法也能做出不错的气泡水，所以人们以为随便就能做出不错的气泡鸡尾酒。事实并非如此。只有极度的用心和完美的技法才能使鸡尾酒达到理想的充气程度。如果你了解充气的工作原理，哪怕工具不理想也能摸索自己的充气技法，并且达到良好的效果。因此，在开始学习具体的充气技法之前，让我们先学习一下气泡的工作原理。你将接触到很多细节。如果你没有足够耐心，可以直接跳到第 293 页的"充气概论"。

气泡 101

瓶装鸡尾酒的 CO_2 含量主要取决于两个变量——温度和压力（其实它还取决于顶部空间和液体之比，但忽略这个变量完全没问题）。瓶中的压力越高，鸡尾酒中的 CO_2 就越多。更确切地说，液体上方顶部空间的 CO_2 压力越大，鸡尾酒中的 CO_2 就越多（在化学中，这一现象被称为亨利法则）。如果顶部空间的压力同时来自普通空气和 CO_2，那么液体中溶解的 CO_2 就更少，这正是空气对充气有负面效果的原因之一。

在特定压力下，液体可以容纳的 CO_2 会随着温度下降而增加。在密封的瓶中，CO_2 含量不会发生变化。因此，温度上升，压力也会随之上升；温度下降，压力也会随之下降。这两个指标是紧密联系在一起的。

CO_2 进入鸡尾酒的速度有多快则是另外一回事。简单地将 CO_2 注入酒上方的空间完全无法给它迅速充气，因为 CO_2 只能通过静态酒相对小的表面积进入酒中。当你加冰搅拌或摇匀鸡尾酒以起到冷却效果时，新鲜的鸡尾酒会同新鲜的冰接触。这意味着酒跟 CO_2 接触的新鲜表面积极大地增加了，从而起到很好的充气效果。要实现这一点，你可以加压摇酒，将大量微小的 CO_2 气泡注入鸡尾酒，或者将酒以喷雾的形式喷入加压 CO_2 容器。具体做法并无严格限制，只要能增加表面积就可以。

小气泡

很多人追求小气泡，他们觉得小气泡是品质的象征。歌手唐·侯（Don Ho）的歌曲《葡萄酒里的小气泡》（*Tiny Bubbles in the Wine*）对此起到了推波助澜的作用，使消费者走上了气泡偏见之路。让我们来看看气泡大小是由什么决定的。充气程度高的鸡尾酒，时刻都有更多 CO_2 涌入气泡中，使气泡变得更大。同理，鸡尾酒的温度越高，就有越多 CO_2 涌入气泡，使其变得更大。最后，你用来装酒的杯子越高，气泡就会变得越大，因为气泡的存在时间更长，在从形成到上升至酒表面爆裂的过程中会变得更大。这些影响气泡大小的因素都不是品质的象征。

酒的构成也会影响气泡大小。在充气程度、饮用温度和酒杯都相同的情况下，不同的酒，如一杯香槟和一杯金汤力，会有不同大小的气泡。一杯酒的原料会影响气泡形成的难易程度、气泡变大的速度和想要逸出的 CO_2 量。哪怕是颇为相似的液体，如不同的白葡萄酒，葡萄品种和酵母分解产品的用量也会极大地影响气泡大小。在这些情况下，不同的气泡大小并不能显示品质，而是显示了酒的组成。

所以，小气泡等于高品质的观点是如何形成的呢？研究一下香槟陈酿能够帮助我们理解它的起源。

年份短的香槟含有大量气泡，而且是相当大的气泡。随着香槟陈酿时间的增加，CO_2 会通过软木塞扩散（软木塞并非密封），从而降低充气程度，气泡变小。因此，香槟的充气程度较低代表其陈酿的时间更久。既然只有部分香槟才会进行很长时间的陈酿，年份长和随之而来的小气泡自然也就代表着高品质。此外，最近有研究显示，随着香槟陈酿的持续，它的构成会发生变化，所以在 CO_2 含量一定的情况下，年份长的香槟的气泡更小。所以，对香槟而言，小气泡代表着年份长，而年份长往往代表着高品质

勒夏特列（Le Chatelier）原理

不可思议的是 CO_2 的可溶性会随温度下降而升高，这是因为 CO_2 在溶于液体时会释放能量，伴随的反应就是放热。事实上，当 CO_2 溶解于充气程度高的饮品中时产生的热量足以使温度升高 5 ℃ 以上！

我的假设：CO_2 的溶解焓 = 563 卡/克。充气程度 = 10 克/升，饮品 = 纯水。

温度升高很少被认为是充气的结果，但正是由于这一点，我们才能应用一条化学基本原理——勒夏特列原理。这条原理是根据法国化学家亨利·路易·勒夏特列（Henry Louis Le Châtelier）命名。根据勒夏特列原理，当你使一个化学系统偏离平衡，那么该系统会倾向于自动回归平衡。如果气泡水和 CO_2 处于某个特定的温度，然后你通过让气泡水温度下降而从系统中去除热量，那么根据勒夏特列原理，系统将试图产生更多热量。如何做到这一点？让更多 CO_2 溶解。真的吗？是的。符合直觉吗？不。

（一般只有高级香槟才会进行陈酿）。当然，小气泡并不是高品质的原因。如果我对一瓶劣质起泡酒进行部分脱 CO_2 处理，尽管它的气泡变小了，我得到的仍然会是一瓶劣质起泡酒。如果我对一瓶高品质的香槟进行充气处理，尽管它的气泡变大了，它仍然是高品质的。

香槟和其他起泡酒的开瓶艺术

削香槟并非充气技法的一部分，但既然写到了气泡，正好趁这个机会介绍一下。

很多人都觉得削起泡酒既多余又浪费，但我不同意。削昂贵的香槟是一种浪费（如果你没削好）。削一瓶7美元的卡瓦则是一种令人兴奋、效果极棒的派对妙招。一瓶酒是否适合以削的方式来打开取决于酒本身，而不是酒的价格，所以不建议用贵的酒。

干净利落地将一瓶起泡酒的瓶口削掉，这是一种艺术。你要击打香槟瓶口凸起的下缘，将瓶颈的上部削掉。是的，你要削开玻璃。玻璃不会掉进酒里，因为动力会让它从瓶颈处飞出去。削起泡酒的原理在于瓶口和瓶颈之间有一条接缝。将压力集中在这个接缝上，就能干净利落地将瓶口削开。但会有一些玻璃渣掉在地上，所以要小心。如果现场有幼童，更要加倍小心。我就有过这样的痛苦经验：第二天早上他们的小脚丫会被玻璃碴扎到。显而易见的是削起泡酒时不要对着人，也不要对着镜子或关着的窗户。另外，不要在食物上方削起泡酒，除非你们是"吃玻璃"的马戏团怪人。

具体方法

选择一瓶看上去比较标准的起泡酒。不要选择瓶颈看上去奇怪的起泡酒，这可能削不开。一个很重要的小诀窍：如果你是在一群人面前削起泡酒，那么目的肯定是为了让大家惊呼，所以一定要选一瓶你知道肯定可以削开的起泡酒。如果你曾经削开过某个品牌的酒［比如保罗·舍诺（Paul Chenaux）卡瓦或克鲁埃（Cruet）起泡酒］，你很有可能会再次成功。如果你遭遇过没能削开某个品牌的酒（如水晶Cristalino卡瓦）的窘况，这次你很有可能会再次失败。那就尴尬了！所以，要用好这个小诀窍，必须先练习，找到哪些起泡酒瓶是可以被削开的。

先冰冻起泡酒。在削起泡酒瓶之前，将瓶口向上静置片刻，而且握住酒瓶的动作要轻柔。

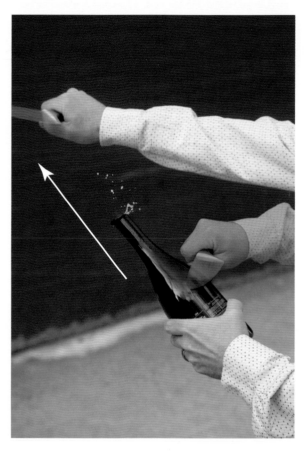

削起泡酒时，不要沿着曲线轨迹挥刀。充满自信、快速流畅地把刀背笔直挥向瓶身一侧的接缝，击中瓶口，将瓶颈和瓶塞从瓶身上"打掉"。这个技法不需要力量，除了意志力。不要犹豫或迟疑

温度高的酒瓶更容易削开，但酒往往会大量涌出。削起泡酒时没有任何酒涌出才是最好的。准备好后再将起泡酒的铁丝封口拿掉，否则软木塞有可能会自己蹦出来。有人会连着铁丝封口一起削，但我认为这样会增加难度。

找一把刀，它不需要很重，也不需要很锋利。事实上，你甚至可以不用刀，我专门做了一个不锈钢圈，用来在派对上削起泡酒。要用（钝的）刀背，

而不是锋利的刀刃。我目睹过一个朋友用刀刃来削起泡酒，结果把当晚聚会主人的优质厨师刀弄坏了。

找到瓶身一侧贯穿上下的接缝，这条接缝是个薄弱点，而且当你击中瓶口时会使压力集中。以一个倾斜的角度手持酒瓶，瓶口不要对着你自己、朋友、玻璃杯和任何食物。把刀放在瓶颈底部的接缝上，确保刀与酒瓶保持水平接触。如果角度不对，刀很容易滑过瓶口。

关键一步：流畅、自信、笔直地用刀划过瓶颈，削开瓶口。你需要的不是力量，而是自信。最大也是最常见的错误是沿着曲线轨迹挥刀。如果你的挥刀轨迹是曲线，哪怕是非常小的曲线，你也无法击中酒瓶的正确部位，也就无法把瓶颈削掉了。

如果这样也没有把起泡酒削开，可以再试一次，也许是两次。不要在同一瓶酒身上试五六次。疯狂尝试会让你看上去很绝望。如果你强行把一瓶削不开的酒削开了，断开的方式可能会不对，从而使酒瓶碎裂。

记住，冲力会使所有玻璃碎片从瓶颈处飞开，不会掉进酒里（这正是我要你以倾斜角度手持酒瓶的原因）。充满自信地将酒倒入杯中，尽情享用吧！

我发现自己在削开瓶口的一瞬间总是会闭眼

左图：我的 CO_2 和 N_2O 混合系统。我把一台用于混合焊接气体的史密斯气体混合器拆开，进行了改装，把它从气流驱动变成压力驱动。它能够以任何比例的 CO_2 和 N_2O 混合气体对鸡尾酒进行充气，压力最高可达 60PSI
右图：气体混合系统的替代方案：制作提前混合好的气瓶

最重要的气泡感特质是鸡尾酒中的 CO_2 含量，而非气泡大小。从鸡尾酒中逸出的 CO_2 量决定了饮品口感是粗糙还是尖锐，也决定了有多少挥发性香气会进入酒杯上方的空气，增强你的嗅觉体验。有时我想制作口感极其活泼、气泡极大的鸡尾酒，它会在口中营造出非常强的气泡感，同时向你的鼻尖释放出大量芳香化合物。如果你只用 CO_2 来给这样的酒充气，饮用时会被过于浓烈的香气呛到。所以，我会用混合气体来营造超级气泡。N_2O 高度溶于水，而且味道是甜的，不尖锐。在充气鸡尾酒中加入 1% 的 N_2O 后气泡仍然大而充满活力，但不再呛人。气体混合系统有点复杂，而且除非你是牙医，N_2O 气瓶很难买到（有人会把它当作毒品来吸食，结果会在戴着氮气面具时睡着了而不幸身亡），所以我不会告诉你具体做法。但如果你能够从我的气体混合系统照片里破解它的做法，那就放手一试吧！

我的酒里有多少 CO_2

提及充气程度时，我用的单位是每升酒所含的 CO_2 克数（克/升）。如果你接触过与汽水相关的专业术语，你会注意到 CO_2 是用"CO_2 容积"这个晦涩单位来衡量的。一个容积相当于 2 克/升 CO_2（详见第 275 页边框的"CO_2 容积"部分）。普通可乐的 CO_2 含量为 7 克/升。橙子汽水和根汁汽水的充气程度略低，约为 5 克/升。像金汤力这样需要兑烈酒饮用的软饮和像赛尔兹气泡水这样需要气泡感十分强烈的软饮都必须达到更高的充气程度，约为 8 克/升或 9 克/升。在无酒精饮品中，充气程度大大高于 9 克/升会令口感过于尖锐。但对含酒精饮品而言，情况并非如此。

酒的重要气泡特质

CO_2 更容易溶于酒精，而不是水，所以含酒精饮品中冲击你的味蕾的 CO_2 会更少。因为气泡感取决于冲击味蕾的 CO_2 量，你需要在含酒精饮品中充入更多 CO_2，让它跟自己的无酒精版本气泡感一样强。根据相关资料，年轻香槟（酒精度一般为 12.5%）的 CO_2 含量高达 11.5 ~ 12 克/升。如果赛尔兹气泡水含有这么多 CO_2 则是可怕的。坦白地讲，即使对香槟来说，这个 CO_2 含量也太高了，但它不会让你饮用时有脸被撕扯开的感觉。

总体而言，饮品的酒精度越高，你在充气时就必须加入更多 CO_2。

要测量充气程度很复杂，而我在实际操作中不会这么做。我只会在稳定的温度和压力下充气。如果对结果不满意，我会保持温度不变，然后调整压力大小。不过，测量你在饮品中充入了多少 CO_2 有时会很有用。最简单的 CO_2 测量方法是在充气之前和之后分别称一下饮品的重量（去掉瓶盖）。多出来的重量就是溶解在酒中的 CO_2。你应该把称出来的重量单位转换成克/升。

酒的另一个重要气泡特质：理性充气

饮用气泡鸡尾酒可以令人严重醉酒。CO_2 会使乙醇更容易进入你的血液。香槟会上头的老话并非毫无根据。酒精主要由人的小肠吸收，而不是胃。酒精达到小肠的速度越快，吸收的速度就越快，而你的血液酒精浓度（BAC）也就上升得越快、越多。目前的共识是酒中的 CO_2 会加快胃排空到小肠的速度，令 BAC 迅速升高。而且，人们习惯快速喝气泡饮品，而不管它的酒精度如何，这进一步加剧了这个问题。

我们可以从中学到一点：气泡酒适合做成低酒精度。我刚开始做气泡鸡尾酒时，通常会把稀释度做成跟摇匀类和搅拌类鸡尾酒同一个水平：酒精度 20% ~ 26%。结果客人很快就喝醉了。这并非我想要的结果，而且我相信你也不希望如此。如今，我的气泡鸡尾酒平均酒精度为 14% ~ 17%。这些鸡尾酒不会让人那么容易醉，而且口感更佳。正如你将看到的，酒精度低的鸡尾酒充气效果更好，气泡持久度更高，而且不像高酒精度气泡鸡尾酒那么甜腻。

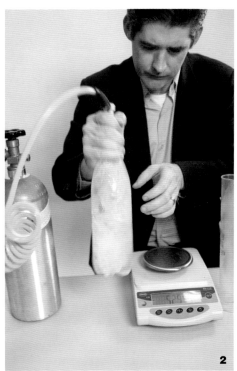

如何测量你充入酒中的 CO_2：1. 用电子秤称重装在充气瓶里的未充气液体，瓶盖要去掉；2. 充气；3. 再次称重不带盖的瓶子重量。电子秤显示的数字就是充入的 CO_2 量。图中显示的是 500 毫升充了 4.3 克。称重时一定要拿掉瓶盖，以免将瓶中压缩 CO_2 的重量算进去

起泡问题和充气的 3C 原则

瓶子里的 CO_2 很棒，但如果到达不了你的味蕾，它就没什么价值。杯子里的酒含有多少 CO_2 才是重要的。当你打开一瓶起泡酒，将其倒入杯中，你可能会损失大量气泡。香槟物理学家（真的有这种工作，但你已经错过了入行的时机）杰拉尔·利热-贝莱（Gerard Liger-Belair）对香槟气泡损失现象进行过深入的研究。他的研究显示，打开一瓶冰箱温度的香槟，再沿着倾斜酒杯的内壁将它小心倒入，这是倒香槟的最佳方式，会让香槟的 CO_2 含量从 11.5 克 / 升降到 9.8 克 / 升。这种损失可能是件好事：11.5 克 / 升意味着充气程度太高了。如果你随随便便地把同一瓶香槟倒入同样的酒杯，充气程度会降到 8.4 克 / 升。在我看来，这是年份少的香槟刚倒出来时理想充气程度的下限。如果你在室温下打开同一瓶香槟，CO_2 数字还会下降几位。如果你在开瓶时非常随意，香槟沿着酒瓶外壁喷涌而出，气泡损失会严重得多。喷涌（汽水行业称为起泡）会极快地破坏宝贵的气泡。事实上，气泡是充气最大的敌人。优质充气的九成诀窍取决于泡沫控制。

CO_2 从酒中逸出的方式有两种：直接从酒表面逸出和通过气泡逸出。第一种方式与酒杯相关。粗略而言，一杯酒每单位体积暴露的表面积越小，每单位时间内损失的 CO_2 就越少。正是出于这个理由，适合用来盛放气泡鸡尾酒的杯型是细长型香槟杯和其他高杯，而且如果需要一段时间才喝完，你应该把酒杯倒满一些（暴露表面积相同，而体积更大）。

以气泡形式逸出的 CO_2 数量更难控制。如果你把完全透明的含气泡液体倒入一个完全纯净且光滑的酒杯，杯中不会有气泡形成，因为要在完全纯净的液体中形成气泡是极其困难的。气泡在气泡饮品中膨胀的方式跟气球一样。酒中的 CO_2 压力高于气泡中的 CO_2 压力，所以气泡会像气球那样变大。围绕着气泡的液体表面张力就像气球的橡胶那样抵抗着膨胀。气泡还有一点跟气球很像：体积越小，越难膨胀。根据液体的表面张力和酒中的 CO_2 压力，有一个关键气泡直径：任何小于这一直径的气泡刚形成就会被压爆，任何大于这一直径的气泡都会倾向于变大。令人惊讶的是你无法通过增加压力来自动形成气泡。要自动形成气泡，你需要的 CO_2 将是普通充气饮品能容纳的几百倍。

形成气泡的基础是成核点——能够令气泡形成的、位于液体内部或跟液体接触的任何物质。

理想气体定律：CO_2 容积

19 世纪初，意大利人阿伏伽德罗发现，在相同的温度和压力下，等量气体含有相同数量的分子，无论这些分子的重量如何。这是一个重要的发现，记住它。后来，化学界以他的名字为一个重要的常量命名：阿伏伽德罗常量，相当于 6.022×10^{23}。这个数值令人难以置信地大。阿伏伽德罗常量之所以重要是因为它能帮我们进行微观和宏观质量的换算。不同种类的原子和分子有不同的质量。用来表示这些重量的单位的实用价值不大，称为原子质量单位（AMU）。阿伏伽德罗常量能够将原子质量单位换算成克数。如果你知道一个 CO_2 分子的质量是 44.01AMU，那你就知道 6.022×10^{23} 个 CO_2 分子的重量正好是 44.01 克。不过，你还必须记住另一个单位，因为一团含有阿伏伽德罗常量分子的 CO_2 并不叫一个阿伏伽德罗 CO_2，而是叫摩尔。摩尔是最重要的化学单位之一，它帮你用克数计算分子的实际比例。

1 摩尔 CO_2 的质量为 44.01 克，并且含有 6.022×10^{23} 个分子。现在回到阿伏伽德罗的原始假设：无论原子的重量如何，标准温度和压力（下文以 STP 表示）下的 1 摩尔气体体积一样大。理想气体定律的认同者应该会记得 STP 下 1 摩尔气体的体积为 22.4 升。所以，STP 下 1 摩尔 CO_2 的体积为 22.4 升，质量为 44.01 克。

最后，让我们回到跟充气相关的晦涩单位：CO_2 容积。1 个 CO_2 容积的定义是在 STP 下能够充满某个特定体积（以升表示）的 CO_2 气体的质量（以克数表示）。那就是 44.01 克除以 22.4 升，约等于 2 克 / 升。够晦涩吧？

左图中的水充气程度很高。它完全没有气泡，因为杯子里没有成核点，我已对杯子进行了全面彻底的清洁，所以它完全没有残留物。右图中在水里放一块方糖，它就立刻开始冒泡了

气泡更倾向于在不连续或已经有气体残留的物质上生成。对杯子而言，成核点可能是杯子里的划痕或斑点，或者洗杯时残留的矿物质或杂质，还有最为人所知的擦干和擦亮杯子时残留的毛巾纤维。对酒饮而言，成核点来自悬浮颗粒物、溶解和滞留气体或任何已经存在的气泡。成核点太多意味着有太多地方可供 CO_2 形成气泡并迅速升腾，从而造成喷涌现象。喷涌会造成大量 CO_2 损失。更糟糕的是只要酒还没喝完，成核点就会不断生成。有大量成核点的酒会立刻损失大量气体，而且速度比成核点少的酒更快。

你无法彻底消除成核点，但是你可以通过充气的 3C 原则来减少它们的数量或限制它们的效果，3C 原则是透明度（Clarity）、低温（Coldness）和成分（Composition）。

第一个 C：透明度

不透明的饮品难以充气。我会对要充气的一切原料进行澄清处理。有些商业气泡饮品是浑浊的，如法奇那（Orangina）汽水，但要注意的是它的充气程度很低，而且不含酒精。在充气程度高的鸡尾酒中加入哪怕一点未澄清果汁都会造成严重的起泡现象。注意透明的反面并非有色或深色，而是浑浊。饮品有颜色并不是问题。颜色深到不透明的饮品（如红葡萄酒或可乐）也可以充气，只要你将其对着光举起来时看起来不是浑浊的。澄清是充气达人的第一个任务。要了解具体做法，可以看一下"澄清"部分（第 213 页）。如果你不想澄清，那就选择已经是透明的原料，如果你必须使用浑浊原料，那就少量使用，而且要在最后添加，即在你完成了对酒的主体部分的充气之后。

第二个 C：低温

打开温热的酒后会猛烈冒泡和起泡。有些人会试图通过增加气体、提高压力的方式来解决起泡问题。但这没有用。一旦酒打开之后开始猛烈起泡，CO_2 水平就已经超过了其能够容纳的极限。把压力增加到这个极限之上其实会减少进入杯子里的 CO_2，因为起泡现象会加剧。我见过很多人不断增加充气压力，结果饮品的气泡却越来越少。最好事先将饮品适当冰冻。

冰冻到多少摄氏度才好呢？根据我的经验，越冰越好，正好或者略低于饮品的冰点。饮品越冰，它在不起泡的前提下能够容纳的 CO_2 就越多，而你在把它倒入杯中时损失的气泡就越少。我会把基于水的饮品冰冻到 0 ℃再充气。我的大多数鸡尾酒都会冰冻到 $-10 \sim -6$℃再充气。酒精度极高的酒会冰冻到 -20℃，如带气泡的纯烈酒一口饮。

如果你的饮品冰冻过头了，它会开始结冰，形成无数小冰晶。小冰晶是绝佳的成核点。如果你打开一瓶含有小冰晶的饮品，大量泡沫会喷涌而出，导致气泡损失。只要瓶盖是密封的，气泡就不会有任何损失，别担心。要等冰晶融化后再开瓶。一旦冰晶融化，你的饮品就恢复了完美状态。

关于温度的最后一个要点：如果充气时温度保持稳定，那么充气效果也是稳定的。如果你试图在某个以前用过的温度下进行充气，你永远得不到一致的结果。记住，随着温度上升或下降，达到某个充气程度所需的压力也会发生相应的变化。

第三个 C：成分

一杯冰凉、透明的饮品仍然会因为它的成分而起泡。我们将把成分问题分解为泡沫、空气和酒精 3 部分。

泡沫

有些原料即使在完全透明的情况下也会大量起泡。我会在很多非气泡鸡尾酒中用到澄清乳清，它富含蛋白质，而蛋白质很容易产生泡沫。我一直怀疑乳清会在充气时造成很大的问题，但某些其他原料的起泡能力却是我没想到的，如黄瓜汁。总体而言，如果原料含有大量蛋白质、乳化剂或表面活性剂，或者是质地黏稠，那么你就要做好应对起泡问题的准备。有一个方法能够很好地测试你用的原料是否有起泡问题：将适量测试原料放入透明容器中摇晃，然后观察一下泡沫。它的表面有一层泡沫吗？如果有，这些泡沫会迅速消散吗？泡沫越多、越坚挺，充气就越困难。如果你必须用这样的原料，唯一控制起泡的方法就是把其他方面处理好，如澄清、冰冻、小心充气。我试过用聚二甲硅氧烷（Polydimethylsiloxane）消泡剂解决起泡问题，结果并没有用，我反而感到开心。谁会想告诉别人自己的鸡尾酒里加了聚二甲硅氧烷呢？

空气

正如我此前讲过的，空气是充气的"敌人"。空气不但会抢夺本该由 CO_2 占据的瓶内空间，还会导致起泡。少量附着在尘粒上的空气是重要的成核点。此外，少量空气还会溶解在饮品中，而一瓶气泡饮品晃动时产生的少量气泡会在你打开饮品时膨胀，产生大量令人讨厌的泡沫。幸运的是解决方法很简单：多次充气。

我重复一遍：为了达到出色的充气效果，你必须多次充气。了解一下具体过程，你就懂了。对饮品充气。马上打开瓶盖，产生泡沫。不要让泡沫喷得到处都是，那会让现场一片狼藉，而且很浪费，要让起泡现象自然而然地发生。当饮品起泡时，它会形成迅速膨胀的大 CO_2 气泡，这些气泡携带着大量滞留空气和其他残留在饮品里的杂质。从饮品中喷涌而出的 CO_2 还会把空气排出顶部空间。当泡沫开始消失，再次充气并让起泡现象再次发生。注意，这一次产生的气泡会少一点（其实并没有）。再次充气。这一次静待泡沫消失，然后非常缓慢地释放压力。充气 3 次后，你得到的气泡应该稳定、不会喷涌且持久。

酒精

加酒精会使饮品更难充气。酒精会降低表面张力，同时提高黏稠度。表面张力减低意味着更容易形成气泡。黏稠度增高意味着气泡不会迅速在表面消散。因此，酒精会使饮品起泡，即使你对其他步骤的操作都是正确的。

不利影响不仅于此。记住，酒精需要比水更多的 CO_2 才能在口中造成同样强烈的气泡感，因为 CO_2 更容易溶于酒精，而不是水。因此，添加酒精会使你面临着更大的挑战。酒精比水更容易自动起泡，而且需要充入更多的 CO_2，加剧起泡现象。真的很难。正是出于这个原因，我在制作气泡鸡尾酒时总是把酒精度保持在 14 ~ 17 ℃之间。另外还有一个原因，详见第 273 页边框的"理性充气"部分。

关于起泡的最后一点

记住，无论你的充气技术有多么好，饮品还是会出现起泡现象。如果你不想在开瓶时饮品喷得到处都是，就需要在充气容器中预留出足够的顶部空间。希望我的错误示范能够让你记住这一点。

在上图示例中，我违反了预防起泡的所有准则。饮品的澄清度很差、温度过高，而且含酒精。我先晃动了瓶子，然后迅速打开瓶盖。结果显而易见

如何给饮品充气：工具和技法

给饮品充气的方法有许多种，我在这里介绍其中的 3 种。希望你能利用现有的工具运用这些方法。我介绍的充气系统将来肯定会过时，但充气原理及其应用则不会。

技法 1：汽水瓶、瓶盖和气瓶

这是 3 种技法中最简单的，只需要用一个特别的适配器连接塑料汽水瓶和大型 CO_2 气瓶。我在家和酒吧里都用这个系统。它很简单，相对廉价，而且每杯饮品只需要极低的成本就能达到出色的充气效果。

硬件

　　CO$_2$气瓶：我喜欢这个系统的原因在于大型气瓶和调节器。大型 CO$_2$ 气瓶比气弹或迷你气瓶更优越，因为气体价格便宜得多，而且一瓶气可做出大量饮品。CO$_2$ 气瓶的大小是根据气瓶能够安全容纳 CO$_2$ 的量来决定的。我在家和酒吧里用的是 20 磅气瓶，外出做培训时用的是 5 磅气瓶。20 磅气瓶正好能够放入标准台下面的柜子里，而且能给高达几百加仑的水、葡萄酒和鸡尾酒充气。

　　你可以从本地焊接用品商店租用 CO$_2$ 气瓶，但我建议你买一个。在撰写本书时，一个全新的空 20 磅 CO$_2$ 气瓶售价不到 100 美元。本地焊接用品商店（你所在的地方肯定有一家这样的商店，你只需要找到它）的工作人员会将你的空气瓶换成装满气的气瓶，只收取一瓶气的费用。根据你所在地的不同，气的费用在 1 ~ 2 美元。你需要用链子或其他固定物使气瓶保持直立，而且要让它远离极端高温。用气瓶之前，你必须先熟悉基本的 CO$_2$ 安全守则，它们并不复杂，但你需要仔细研究。你可以上网查找，很多公司都发布了相关建议。

　　调节器：你的系统需要一个调节器将气瓶的高压（室温下约为 850PSI）降低到充气所需的较低压力（30 ~ 45PSI）。调节器能够让你轻松改变充气压力，它们的价格相差很大。对家用系统而言，建议使用压力范围在 0 ~ 60PSI 的泰普莱（Taprite）调节器，它的价格只有 50 美元左右。在酒吧里，我们会经常用到调节器，所以我用的是压力表上带有保护网的耐用型号（压力表是调节器最脆弱的部分）。CO$_2$ 调节器的压力表分为两种：一种显示气瓶压力，另一种显示通过调节器之后的压力。你无法通过气瓶压力计算瓶中还剩多少 CO$_2$。气瓶里的大部分 CO$_2$ 是液态的。当你释放气瓶中的气体，一部分液态 CO$_2$ 会变成气态，将气瓶内的压力保持在一个稳定的水平，所以压力表仍然会显示全满，直到气瓶几乎变空。气瓶的重量和液体从瓶中涌出的声音是测量剩余 CO$_2$ 唯一可靠的办法。

充气系统：右边是一个标准苏打水瓶。中间是一个跟压力调节器连接在一起的 5 磅 CO$_2$ 气瓶，输出压力为 120PSI。调节器下方连接着输气软管，软管的另一端是灰色的球锁接头。在实际操作中，要将左边红色的充气瓶盖放在苏打水瓶口拧紧，再与灰色的球锁接头连接

球锁接头：调节器会通过强化输气软管与球锁气体接头连接。球锁接头是一个特殊的小配件，诞生于 20 世纪 50 年代，用于 5 加仑碳酸饮料桶的加压和分发（另一个有同样功能的配件是销子锁）。碳酸饮料供应商会把碳酸饮料（预调碳酸饮料）灌入这样的桶中，运送到酒吧和餐厅。另一个有着相同功能的系统为盒中袋，同样诞生于 20 世纪 50 年代。在盒中袋系统中，糖浆最后加入气泡水——也就是将饮料倒入杯中的时候。这两种系统并存了一段时间，但最终盒中袋胜出，让碳酸饮料桶及其接头退出了历史舞台。20 世纪 90 年代和 21 世纪初，尽管盒中袋在碳酸饮料现调机领域中进一步巩固了自己的霸主地位，但大量剩余的预调碳酸饮料桶和接头涌入了市场，自酿啤酒爱好者纷纷购买。买了这些旧设备之后，自酿啤酒爱好者（我曾经也是其中之一）就能够把酿好的啤酒灌入容量为 5 加仑的桶中，然后几乎不花一分钱就能享用生啤了。那是个美好的年代。如今，这些旧设备已经没有了，但自酿啤酒爱好者对它们的热爱并没有消失，而球锁接头和碳酸饮料桶也保留了下来，它们的价格升高了，但尚在合理范围内。

有几个疯狂的自酿啤酒爱好者实在太喜欢球锁接头了，所以他们特别设计了碳酸化瓶盖，用来连接球锁接头与标准汽水瓶。他们的初衷并非打造一个优秀的鸡尾酒系统，他们只是想找到一个便捷的方法来给少量啤酒充气。我刚接触到碳酸化瓶盖就开始使用它们了，而对新科技感兴趣的调酒师也迅速接受了它们。它们的价格是每个 15 美元左右，而且可以经受住上千次充气循环的考验，而你用的汽水瓶也是如此。

这样的一整套充气系统（气瓶、调节器、输气软管、接头、瓶盖和汽水瓶）花不到 200 美元就能搞定。下面是它的使用方法。

用汽水瓶、瓶盖和气瓶充气：打开 CO_2 气瓶开关，调整压力（我在做大部分鸡尾酒时都会把压力调到 42PSI）。用非常冰的饮品把将汽水瓶装至 2/3 或 3/4 满。我在酒吧有一台特别的冰柜——兰德尔 FX，可以将我的鸡尾酒精准冰冻到我想要的温度，通常为 7℃。在家里，你只需要把鸡尾酒放入冰柜，直到它们变成糖浆状（高酒精度鸡尾酒）或者开始形成冰晶（低酒精度鸡尾酒）。冰晶会在充气时融化。你还可以用干冰或液氮冷却饮品，但要确保它们不会进入瓶中，否则会有爆炸的危险！

现在，将瓶中所有多余的空气挤出——记住，空气是你的"敌人"，然后拧紧碳酸化瓶盖。用手指将球锁接头外围的圆环拉起来，对准碳酸化瓶盖用力压下去，再松开圆环。很多人在初次使用接头时都会出现问题，要多试几次。你很快就能掌握它的用法。接好接头后，汽水瓶会立刻膨胀起来，看上去非常有趣。

现在，接头已经接好，你要用力摇动气瓶。你会听到和感觉到气体正在离开气瓶而进入饮品中。它听上去就像是一条船在嘎吱作响。不要瓶口朝下摇动瓶子，否则鸡尾酒会进入输气软管，那就不妙了。摇完之后拔掉接头，拧开碳酸化瓶盖，让鸡尾酒起泡。不要完全打开瓶盖，否则你身边的每个人都会被鸡尾酒溅一身。泡沫消散后，再次充气并起泡。进行第三次充气后，整个过程就结束了。

将汽水瓶静置至少 30 秒，时间越长越好，但不超过 2 分钟，然后打开瓶子，将鸡尾酒倒入杯中。酒液表面的少许残留泡沫是可以接受的，问题在于酒内部的气泡。你需要等所有的气泡都上升到酒表面爆裂。你会知道什么时候该开瓶，因为鸡尾酒会变透明。开瓶倒酒时，拧开瓶盖的动作要非常轻柔，因为现在你要防止起泡。倒完酒之后，将少许多余的气体从瓶中挤出（以防空气进入），拧好碳酸化瓶盖，再次在瓶中充入 CO_2，我把这个步骤称为蓬松处理。如果温度正确，而且你每次倒完酒之后都进行蓬松处理，那么用这个瓶子做出来的最后一杯酒将和第一杯的品质一样好。

我发现把瓶子装至 2/3 或 3/4 满时的充气效果最佳。如果超过这个量，鸡尾酒的泡沫很难全部消散。如果低于这个量，我很难将空气挤出。我的直觉还告诉我，用装得不够满的瓶子充气，效果会不够好，但我不知道具体的原因。为了确保我总是能达到最理想的装填量，我会常备不同容量的汽水瓶，如 2 升、1.5 升、1 升、20 盎司（591.5 毫升）、16.9 盎司（500 毫升，波兰泉品牌有售）和 12 盎司（354.9 毫升，很难买到，但可口可乐品牌有时会有售）。在大型活动中，我会用 2 升汽水瓶，因为我要在短时间内倒出大量酒，尽管酒从 2 升装汽水瓶中倒出来时的剧烈晃动让我很不满意。我在酒吧里用的是 1 升汽水瓶。16.9 盎司（500 毫升）和 12 盎司（354.9 毫升）的小瓶很适合用来测试配方，它们每次只能给一杯酒充气。

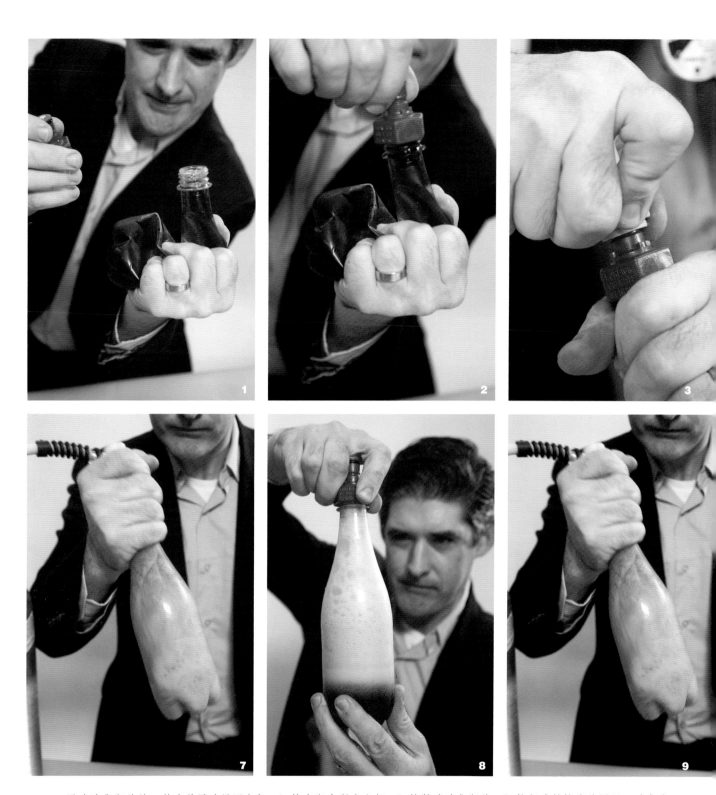

用碳酸化瓶盖给一款味美思鸡尾酒充气。1.挤出瓶中所有空气；2.拧紧碳酸化瓶盖；3.拉起球锁接头的圆环，对准碳酸化瓶盖压下去，然后松开圆环，使气体进入瓶中。有时人们需要一点时间才能掌握这个步骤；4.气体开始加压，瓶

子迅速膨胀起来；5.摇晃；6.放气，让鸡尾酒起泡；7.加压，再次摇晃；8.放气，让鸡尾酒起泡；9.加压，再次摇晃；10.等待所有气泡消散，然后轻轻打开瓶盖；11.以倾斜角度将鸡尾酒倒入杯中；12.完成

这个系统有两个缺陷：回收的塑料瓶在吧台中看起来不美观，而且客人点单后每杯酒的充气循环时间太长了。但无论如何，它仍然是现有最好的系统。

技法 2：苏打流（Sodastream）

苏打流气泡水机彻底改变了家庭自制气泡水的面貌。生产商警告说，你只能用它给纯净水充气，但其实也可以给其他液体充气，要小心操作。用苏打流给水充气很简单：只需要根据指示线在特制塑料瓶里灌入冰水，接上气泡水机，按下充气按钮，直到机器开始充气。苏打流完全不需要摇晃塑料瓶，而且你也无须排除顶部的空气。相反，它是把一根充气管伸到水面之下。按下按钮，充气管将 CO_2 注入水中，产生无数小气泡，因此你无须摇晃瓶子。与此同时，从水中逸出的 CO_2 会进入顶部空间。当瓶中的压力超过工厂设定的充气压力时释压阀会打开，让 CO_2 将顶部空间的空气排出去，这个过程会产生令人不快的噪声。你无法调整苏打流的压力，但它可以令大多数鸡尾酒达到不错的充气效果。

讨厌的泡沫是鸡尾酒充气的一大问题。如果充气时起泡了，释压阀可能会被堵住。如果释压阀被堵住了，积累的压力可能会对苏打流机器本身造成损害。而且，如果瓶子裂开了或者从机器上飞出去了，旁边的人或者物体也会受到伤害。

用苏打流给葡萄酒或鸡尾酒充气的诀窍：确保不要让泡沫涌到瓶子顶部。你将无法把汽水瓶装到指示线那么满。事实上，不要把汽水瓶装到指示线的 1/3——约 11 盎司（330 毫升）那么满，相当于两杯酒。你需要为饮品起泡留出足够的空间。只装至 1/3 满时，充气管无法到达酒之下。即使充气管不在液体之下，喷射的 CO_2 也足够强劲，能够产生小气泡。你只需要多按几次按钮，比给水充气时用更多的 CO_2 就行。不过，你每次必须至少制作 2 杯酒，因为如果注水太低，CO_2 就无法充分注入。

因此，正确使用苏打流的秘密就在于总是给两杯 5 1/2 盎司（165 毫升）的饮品充气。

同其他所有充气技法一样，你应该给苏打流放气，让它恢复大气压力，然后重新充几次气。你的鸡尾酒会起泡。确保你能迅速停止放气过程。在给纯水充气时，多练习几次释放压力和再次密封，让自己熟练掌握这个过程。泡沫会以令人震惊的速度涌入释压阀里。不要让泡沫涌入释压阀。永远不要在这个系统里放入任何果肉，否则很难清理。在完成最后一个充气

塑料汽水瓶

塑料汽水瓶的原料是最常见的一种聚酯——聚对苯二甲酸乙二醇酯（PET 或 PETE），休闲套装也是用这种材料做的。PET 汽水瓶成本低、弹性高，而且能够轻松承受充气时的压力。用于无起泡饮品的 PET 瓶无法承受这种压力，我曾经使它炸裂过。这样的瓶子在充气时炸裂并不会产生真正的危险，但会让你很尴尬：想象一下在小小的主厨室里，墙上在你胸部的高度有一圈充气冰咖啡渍。不过，充气瓶也不是永远不会坏。不要在瓶子里放入干冰块，否则会爆炸。液氮也是一样。不要向瓶子里注入滚烫的液体，否则会变形。使用了很长时间的 PET 瓶会沾染瓶内汽水的香气和色泽，所以不要用姜汁啤酒瓶或橙子汽水瓶。

碳酸化瓶盖可以用于任何 2 升以下的标准汽水瓶。遗憾的是汽水行业在几年前推出了新瓶盖设计。新瓶盖变得更短了。更短的瓶盖能够节省塑料，这是件好事。但碳酸化瓶盖跟新瓶型不是那么契合，这不是件好事。碳酸化瓶盖仍然可以用于新瓶型，但我建议尽量用老瓶型。

玻璃是天然的气体阻隔物，但 PET 汽水瓶则不同，气体会慢慢泄漏。大部分都是直接通过瓶壁泄露，因为气体是半渗透性的。正因为这一点，塑料瓶包装的汽水不能在食品储藏室里存放几个月。PET 瓶汽水的最佳赏味期只有几周，超过这个期限就会跑气了。瓶子越小，每单位体积的表面积就越大，所以起泡会消失得更快。这正是酒吧总是采购迷你瓶装汽水的原因，这种大小的塑料瓶跑气会非常快。如果你想长期保存自制充气产品，一定要每周都用 CO_2 对瓶内充气，以保持气泡感。

现在还有一种用多层 PET 和聚乙烯醇（PVA）压缩而成的新型汽水瓶。PVA 的气体阻隔能力比 PET 更强大，而且汽水瓶回收后可以降解成无害产品，所以这些瓶子仍然是可回收的，而且保存气泡的能力比普通 PET 瓶更好。遗憾的是这些汽水瓶标示的回收代码跟 PET 汽水瓶一样，所以你无法判断你用的汽水瓶是不是这种新型号的。

从环保和健康的角度出发，你可能会对下面的数据感兴趣：2011 年，只有 29% 的 PET 瓶被回收利用（来自 EPA 数据）。但根据美国 PET 容器资源协会（NAPCOR）的资料，回收利用率在不断升高。NAPCOR 肯定地说，再利用 PET 及用 PET 冷冻、储存产品都是安全的；PET 不含有害的双酚 A；即使塑料的名字中含有"邻苯二甲酸酯"一词，我们也无须对 PET 含有的邻苯二甲酸酯心生疑虑。当然，NAPCOR 是一个贸易组织，它唯一的使命就是支持 PET 容器的使用。是否相信它公布的数据的决定权在你。从个人角度而言，我一辈子都在喝 PET 瓶装汽水。我目前在用 PET 瓶，而且做给家人喝的饮品也是用它来装的。这并不意味着我能够绝对保证 PET 完全没问题，但我会继续用它，直到我听到可信的安全性质疑。

循环之后、开始最后一次放气之前，让饮品稍微静止下来。确保你的产品非常冰——几乎要凝结的那种冰，以减少起泡和提高起泡品质。

苏打流推出了许多不同的型号，上面的使用介绍应该适合其中的大部分。不要用带玻璃瓶的型号给鸡尾酒充气，因为它的用法有点不同，而且需要改装。它还让我感到紧张。

苏打流系统的优点在于面积小、易于使用和普遍性，但 CO_2 成本比气瓶高得多。葡萄酒和鸡尾酒充气消耗 CO_2 的速度比水快得多。

千万不要让泡沫超过苏打流汽水瓶的顶部——否则安全阀会堵塞。拧开汽水瓶时要小心，每次只拧开一点点

上页：用苏打流给金果汁充气。1.确保你的酒是冰的，图片中酒的温度几乎都要低到结晶了；2.充气，直至压力阀开始排气；3.小心地放气。一定要小心，你必须能够迅速再次拧紧和密封汽水瓶。避免泡沫涌到汽水瓶的顶部；4.再次充气，直到压力阀开始排气；5.小心地放气；6.再次充气，直到压力阀开始排气；7.等待泡沫消散；8.注意，我最后一次拧开汽水瓶时没有起泡；9.做好的气泡鸡尾酒

给水充气

用优质水才能做出优质赛尔兹气泡水。如果你用的水不好喝，做出来的赛尔兹气泡水的味道会更糟。如果你居住的城市水质不佳，要对水进行过滤或改用泉水。我最爱的赛尔兹气泡水原料是纽约市自来水，它的水质软，而且没有怪味，气泡会放大水里的怪味。很多人都喜欢用含有大量溶解矿物质的水。矿物质会增添风味，并且影响你的舌头感知 CO_2 的方式，它会减轻饮品的气泡感。尽管有时我还挺喜欢喝阿波林（Apollinaris）、德劳沃特（Gerolsteiner）和维希（Vichy）等牌子的矿泉水，但只有用软水做的赛尔兹气泡水才能给我最大的爽快感。

即使你的水味道不错，你也要确保它完全不含氯。赛尔兹气泡水里的氯喝起来像毒药。如果你用的水含氯，而且水管不含铅，那么你可以加热水去除氯。热自来水放凉再使用，或者在炉灶上加热冷水，然后再冷却。

技法 3：iSi 发泡器

用奶油发泡器和 CO_2 气弹充气是我最不喜欢的常用技法，我只有在没有其他办法的情况下才会用它们。奶油发泡器跟苏打水枪并不一样，虽然两者都要用到气弹。奇怪的是奶油发泡器做出来的气泡比苏打水枪更好，而我从来不会用苏打水枪。

奶油发泡器使用的是 7.5 克气弹：苏打水用 CO_2 气弹，奶油用 N_2O 气弹。跟其他购买 CO_2 的形式相比，这些气弹特别贵，每枚的售价高达 1 美元。每次充气需要至少 2 枚气弹。更糟糕的是你无法控制内部压力，你唯一的选择是加或不加另一枚 8 克气弹。

如果必须用奶油发泡器充气，充气前将其在冰柜中放一段时间，因为它的罐体含有钢铁，足以让你的饮品温度显著升高。我还建议在发泡器内的冰凉液体中放入一两块冰块。按比例放大配方，做出足够多的酒，将发泡器填充到约 1/3 满。倒入的酒不能超过一半。尽量确保每次注入的量相同：瓶内压力——它决定了最终的充气程度——取决于液面线。在把瓶盖拧紧前，确保阀门是干净的，如果你用发泡器来浸渍原料，它很容易被杂质塞满，而且主垫圈没有移位。如果这两个部件出了偏差，发泡器就无法增压，你加入的气弹也就浪费了。

现在装入第一枚 CO_2 气弹，然后用力摇晃发泡器。然后，瓶口朝上握住发泡器，用喷嘴把手排出顶部空间的气体，从而将空气从鸡尾酒的潜在成核点上排除。如果鸡尾酒开始从顶部喷出，则放开把手，过一秒钟再重新开始放气。鸡尾酒放气结束之后加入另一枚 CO_2 气弹，再次摇晃。让发泡器静置一段时间，这样你缓慢放气时酒是静止的。打开瓶盖，将鸡尾酒倒入杯中即可。

下页：用 iSi 给红卷心菜胡斯蒂诺鸡尾酒充气。 1.冷却鸡尾酒，倒入预先冰过的 iSi 奶油发泡器；2.多加入几块冰块；3.充入 CO_2；4.摇晃；5.放气；6.再次充入 CO_2；7.摇晃。等待 1 分钟至泡沫消散；8.慢慢放气；9.做好的鸡尾酒

龙头气泡鸡尾酒

我在家会自制龙头赛尔兹气泡水。鉴于我的气泡水消耗量，任何其他系统对我来说都成本太高了。我在家里的供水系统上接了一台5.3升的麦肯牌巨无霸（Big Mac McCann）气泡水机。巨无霸是餐厅用来在吧台里制作龙头汽水的机器，它的效果相当不错。大部分酒吧的汽水都很糟糕，但原因并不是它们用的机器不好，而是因为过滤、冷却和分发做得很糟糕，要做出优质赛尔兹气泡水，你需要注意这些因素。

首先是过滤。在水进入气泡水机之前，我会用专业过滤器进行过滤，以去除氯和沉淀物。根据你的所在地不同，你可能需要一个更复杂的过滤或水处理系统来制作优质赛尔兹气泡水。记住，如果水的味道不好，那么气泡会使其味道变得更差。

接下来是冷却。我用的是冷却板。酒吧也用它做汽水，但跟我家里的有些不同。冷却板是一块装满了不锈钢管的铝板，要放在冰里，随时对饮品进行冷却。气泡水机会以非常高的压力（100PSI）在室温下对水进行充气。当水流经冷却板时它的温度降低、流速变慢、压力下降，防止分发汽水时喷得到处都是。冷却板的电路长度不足以使赛尔兹气泡水充分冷却或流

速降到足够慢，所以我将两个电路接在了一起。这样做的效果非常好，而且见过我展示这个技法的所有人都折服了。

最后是分发。大多数人都是因为糟糕的分发设备而毁了他们的汽水。要分发充气程度高的饮品，CM贝克（Becker）预调汽水龙头是你的首选（这种龙头很难买到，详见第356页"资源"部分）。永远不要尝试用啤酒龙头（也叫野餐龙头），除非你对品质毫不在意。贝克预调龙头有一个特殊的压力−补偿系统，能够以一种温和的方式将气泡饮品从高压释放到我们的低压，从而将气泡损失降到最低。它们还可以调整流速。我在家里有一个连续用了很长时间的贝克龙头，在超过14年的时间里，它从来没有出过问题。我的赛尔兹气泡水味道好极了。

随着你对气泡的狂热程度不断加深，你可能会想要制作龙头汽水，甚至是龙头鸡尾酒。从品质的角度而言，它们充满了风险。它们会出现制作赛尔兹气泡水时的问题，而且问题会更大。如果你真的想做龙头鸡尾酒，我会推荐那些只需要最低限度的充气且饮用温度偏高（2℃）的饮品。

冷却板

制冰机

过滤水

过滤水进入气泡水机
100PSI压力下的CO₂进入气泡水机
气泡水流出气泡水机，进入冷却板，从赛尔兹气泡水龙头分发

麦肯气泡水机
气泡水机泵

CO₂

用发泡器充气的唯一优势是它让你能够用 N_2O（制作鲜奶油的标准气体）进行实验。制作鲜奶油总是要用 N_2O，否则奶油会有充气的味道，无法使用。N_2O 不会为鲜奶油增添很多风味，因为它会扩散得很开，而且它本身的风味是甜的。作为饮品中的气泡来源，它具有可感知的甜味。正因如此，它在咖啡和巧克力风味饮品中的效果非常好。它能够增加酒体和活泼的口感，同时又不会带来充气的味道。避免在此类饮品中使用牛奶，因为它起泡太严重。

如果你想要尝试混合气体，可以正常使用两粒 CO_2 气弹，然后在结束前加入一粒 N_2O 气弹。在使用温度极低的冰水的前提下，两粒 CO_2 气弹加一粒 N_2O 气弹能够做出我最爱的气泡水，用的是我的加强版混合气体系统（80% CO_2、20% N_2O、压力 45PSI、冰水）。

充气概论

我把之前介绍的内容总结了几句话，供你参考。

一定要记住充气的 3C 原则。

- **透明度**：你要充气的饮品应该是透明的。
- **低温**：饮品必须是冰凉的，温度越接近冰点越好。
- **成分**：除掉气泡成核点。尽量避免使用起泡太严重的原料，尽量把大多数气泡饮品的酒精度维持在较低的水平，而且尽量把空气从饮品中排除。

充气过程中，你要记住以下诀窍：

- 每杯酒进行多次充气，而且在每次充气循环的间隙都要让它起泡。这是去除成核点、令气泡持久的诀窍之一。

我的赛尔兹气泡水龙头是 CM 贝克牌预调汽水龙头，接在艾必斯（Ibis）酒柱上

上页边框配图：我的龙头赛尔兹气泡水系统。普通自来水过滤后流过麦肯气泡水机（蓝线）。气泡水机泵对水施压，让水进入不锈钢水箱。在 100～110PSI 的压力下在不锈钢水箱中充入 CO_2，以提供气体和压力（黄线）。室温赛尔兹气泡水流出水箱，进入制冰机里的冷却板（绿线）。赛尔兹气泡水流经冷却板 2 次（这是我的秘诀），然后流过上面的柜子，进入我的赛尔兹气泡水系统

- 充气容器不要装得太满，否则你会发现无法控制起泡现象，也就无法达到充气效果了。适宜的顶部空间取决于你做的饮品，但在给容易起泡的饮品（如鸡尾酒）充气时，需要摇晃的瓶子所装液体绝对不能超过3/4，而苏打流塑料瓶不应该装超过其正常容量1/3的液体。

- 充气容器内液体不能太少。每个系统都有一个最佳配方容量。如果装的液体太少，结果可能会不稳定。

- 不要施加太大压力。如果饮品倒入杯中后起泡过于严重，导致跑气了，那就说明你的充气压力太高，即你加入的CO_2超过了饮品能够容纳的极限，造成喷涌。试着降低压力。如果这么做没效果，可以从头看一下有没有做到3C原则——透明度、低温和成分。具体的推荐压力值可以参考下面的配方部分。

- 增加表面积。充气过程中，CO_2需要通过振荡才能溶入饮品中，通常是在压力下摇晃或注入气泡。有效的充气方法都必须有增加表面积和振荡的机制，仅靠压力是无法做到这一点的。

关于充气理论，你必须记住的3个要点：
- 压力：随着压力升高，进入饮品中的CO_2会增加。
- 温度：随着温度下降，液体能够容纳的CO_2会增加。
- 酒精度：饮品的酒精度越高，你需要加入的CO_2就越多，才能在口中营造出同样的气泡感。

配方：哪些饮品适合充气

在接下来的配方中，我同时给出了调酒师常用的计量单位（如略多于3/4盎司的青柠汁）和更精确的毫升数。标准调酒师计量单位在做单杯酒时完全没问题，而且用它来计量配方能够让量酒技巧一般的人都能理解。当你需要一次性批量制作饮品时最好采用我的做法：以毫升和量筒计量。

无酒精饮品

汽水配方相当简单明了。汽水的主要原料通常是水，所以用的水的味道一定要好，确保闻起来没有氯的气味。

大多数汽水的含糖量都在 9 ~ 12 克 /100 毫升，如果大量饮用，这个甜度相当高。遗憾的是根据我的经验，将糖分减少到远低于 8 克 /100 毫升并不会让汽水的口感变得更干，而是会让它变得味道寡淡。我怀疑这是因为没有酒精的关系。含酒精饮品自带风味结构，不需要糖就能存在，所以为含酒精饮品增甜并不需要那么多糖。水喝上去像……水。你可以做出低糖、风味浓郁的无酒精饮品，不管味道是苦还是酸，但人们不会把它们看成真正的汽水，而是有风味的赛尔兹气泡水，二者不是一回事。人们期望汽水是相对甜的，而且大部分时候还有酸味。

在制作汽水时，你有两种冷却选择：将原料混合后放入冰箱几小时，或加冰。加冰的速度更快，而且它能使原料变得更冰、更容易充气，因为它可以把温度直接降到 0℃。加冰冷却需要一个容器，而且你要把完成后的饮品的总体积标记在容器上。准备好冰水，而不是冷水，是带有冰的水。将所有不是水的原料倒入做好标记的容器中。从冰水中取一些冰，放入原料中，搅拌至原料的温度下降到 0℃。如果容器中仍然有大量冰残留，可以取出一些，只留下一两块。如果所有冰都融化了，那就再加一点。

如果你觉得风味基底达到了理想的冷却度，可以搅拌一下冰水（让原料再次冷却至冰点），然后在容器中加水，一直加到标记好的注水线。在混合好的液体中留一两小块冰，它们会在充气时融化，保证饮品在整个过程中都保持低温。不要担心因为冰而额外产生的成核点。一两块冰不会引起跟大量小冰晶同样的问题。

基础青柠汽水

这个配方要用到澄清青柠汁或青柠酸。青柠酸以苹果酸和柠檬酸混合而成，用来复制普通青柠汁的味道（4克柠檬酸和2克苹果酸，用94克水溶化）。你可以把这个配方当作所有酸型汽水配方的基础。配方里的1盎司单糖浆能够提供18.5克糖，因此对6盎司（180毫升）的完整配方来说含糖量为10%（w/v）。

下面的配方能做出一杯6盎司（180毫升）的基础青柠汽水，含糖量10.5克/100毫升，含酸量0.75%。

原料

1盎司（30毫升）单糖浆

3/4盎司（22.5毫升）澄清青柠汁或青柠酸基底

4¼盎司（127.5毫升）过滤水

2小滴盐溶液或1小撮盐

制作方法

将所有原料混合后放入冰箱冷冻几小时，然后在35～40PSI的压力下充气，或者采用上文介绍的冰水法。

草邦可汽水

几年前我想出这个配方时，我儿子德克斯（Dax）正在读罗尔德·达尔（Roald Dahl）的小说《好心眼儿的巨人》（The BFG）。书里的巨人经常说错字，包括把"草莓"说成"草邦可"。德克斯指出，我也经常犯跟巨人一样的错误，而配方的名字正来源于此。澄清草莓汁约含8%的糖和1.5%的酸，直接做成汽水太酸了。即使酸度是合适的，纯草莓汽水也会果汁感太强、味道太强烈。于是我用单糖浆来平衡酸度，并且加了一点水，令风味柔和。

下面的配方能做出一杯份量为6盎司（180毫升）的草邦可汽水，含糖量10.1克/100毫升，含酸量0.94%。

配方

1/2 盎司（15毫升）单糖浆（含9.2克糖）

1 ¾ 盎司（112.5毫升）澄清草莓汁

1 ¾ 盎司（52.5毫升）过滤水

2 小滴盐溶液或1小撮盐

制作方法

将所有原料混合后放入冰箱冷冻几小时，然后在35～40PSI的压力下充气，或采用上文中介绍的冰水法。

葡萄酒和清酒

传统起泡葡萄酒（如香槟）并非通过外力充气，它们的气泡是天然形成的：在葡萄酒的主要发酵过程结束之后、装瓶密封之前会二次加入酵母，对糖分产生作用，从而形成气泡。二次发酵产生的风味和酒体跟通过外力充气截然不同，不能说更好，只能说不同。在选择一款葡萄酒进行充气时，你要问一下自己这款酒在非常冰的条件下是不是好喝，它不是像夏天的博若莱（Beaujolais）那样微微冰镇，而是非常冰。将一瓶葡萄酒放进冰箱保存，然后尝一下它的味道。如果一瓶没有气泡的酒在冰凉的情况下变得不再平衡或者太酸，充气并不会让它变得好喝。

鸡尾酒的风味在冷却到冰箱温度以下时最佳，但起泡葡萄酒并非如此。我会把需要充气的葡萄酒浸没在冰水中，起到过度冷却的效果，因为低温能够让充气变得更容易、效果更稳定。但在把酒倒入杯中之前，我会让它的温度上升几摄氏度。

充气压力取决于葡萄酒的酒精度。在 0℃ 下，一款低酒精度（10% ~ 12%）白葡萄酒应该在 30 ~ 35PSI 的压力下用 CO_2 充气。如果压力超过这个范围，你会失去葡萄酒的果味特质。在 0℃ 下，14% ~ 15% 的葡萄酒应该在 40PSI 的压力下充气。清酒的酒精度可以高达 18°，在 0℃ 下，它的充气压力应该是 42 ~ 45PSI。

刚开始给葡萄酒充气时，我觉得我的试验成果都很好喝。我是个充气天才！但是后来我做了一系列严格的品鉴，把原版静态葡萄酒跟我的充气版进行比较。大多数情况下，即使充气葡萄酒好喝，但原版的味道更好！充气版只是偶尔会比原版更出彩。

不要过于迷恋你的能力。我们是原料的"医生"，所以我们的首要任务是不伤害它们——烹饪的希波克拉底誓言。

加强已含气泡的鸡尾酒

如果你没耐心自制软饮，但有能力给鸡尾酒充气，那么你可以很轻松地对气泡鸡尾酒进行加强。你只需要先调一杯基础鸡尾酒，如威士忌苏打或伏特加汤力，然后进行充气处理。如果你预先把烈酒放进冰柜（温度通常在 -20℃），把软饮放进冰箱，那么调好酒之后就可以立刻充气，整个过程非常简单。我推荐的调酒比例是 2 盎司（60 毫升）烈酒（预先放入冰柜冷冻）兑 3.5 盎司（105 毫升）软饮（预先放入冰箱冷却）。

自制气泡鸡尾酒

我的气泡鸡尾酒的酒精度通常在 14% ~ 16%。有些风味很浓郁的饮品的酒精度会在 17% ~ 18%。为了找到合适的酒精度，你可以采用我的神奇比例：每 5 ½ 盎司（165 毫升）气泡饮品应该含有 1 ¾ ~ 2 盎司（52.5 ~ 60 毫升）的烈酒（酒精度在 40% ~ 50%）。我发现这个比例效果总是很好，它几乎总是正确的。如果没有气泡，这些鸡尾酒的酒精度简直低到可笑，它们的味道会很寡淡。但是相信我，进行充气处理之后，它们的味道会比更烈的版本更好。

事实上，气泡鸡尾酒中的所有风味都应该比无气泡版本的淡一点。大多数酸味摇匀类鸡尾酒的含酸量都在 0.8% ~ 0.9%，相当于一杯完成的 5 ¼ 盎司（160 毫升）鸡尾酒中含有 3/4 盎司（22.5 毫升）青柠汁。大多数酸味气泡鸡尾酒的含酸量为 0.4% ~ 0.5%，相当于一杯完成的 5 ½ 盎司（165 毫升）饮品中含有略少于 1/2 盎司（12 毫升）的澄清青柠汁。摇匀类鸡尾酒的含糖量通常在 6.5% ~ 9.25%。气泡鸡尾酒的含糖量通常在 5% ~ 7.7%。注意，跟含糖量比起来，含酸量降低得更多。还要注意，这些含糖量比大多数汽水的含糖量都低得多。我不知道人们为什么喜欢喝甜度比汽水甜度更低的鸡尾酒，但事实就是如此。

你要学会一样本领：尝过无气泡鸡尾酒之后，就能知道它充气之后是什么味道。你还可以进一步试验：先做一杯更烈的气泡鸡尾酒，然后加入少许赛尔兹气泡水，看味道是否更好。

在接下来的配方中，所有原料都是澄清过的。有些配方必须使用澄清原料，如金果汁。有些配方可以在最后加入适量青柠汁。不过，在设计这些配方时，我默认你会做原料澄清。

用苏打流加强金汤力的气泡感

在酒吧里，我们在开始营业前就已经批量制作了所有鸡尾酒并充气完毕。如果不提前批量制作，我们永远无法及时出酒。我们的气泡鸡尾酒都是提前制作的，新鲜度就成了一个问题。我们从来不会在给鸡尾酒充气前加入澄清青柠汁或柠檬汁。我们每天都制作新鲜的澄清柠檬汁和青柠汁，它们放了一天就没法用了。如果我们在充气前加入柠檬汁或青柠汁，我们就不得不在每天晚上营业结束后把瓶子里剩下的酒倒掉，这会让我感到难受；或者供应已经存放了一两天的、味道不令我满意的鸡尾酒，这会让我感到超级难受。相反，我们会在把酒倒入杯中递给客人之前，在杯子里加入少量澄清柠檬汁或青柠汁。在酒里加入 1/4 ~ 1/2 盎司（7.5 ~ 15 毫升）无气泡原料并不会影响气泡的品质。如果鸡尾酒在充气之后立刻饮用，加入像青柠汁这样很容易变质的原料并不是问题。如果你需要将鸡尾酒保存几天，可以之后再加入不稳定的原料。

我用来盛放气泡鸡尾酒的杯子是用液氮冷却过的细长型香槟杯。一旦用过这种杯子，你就再也不想用别的了。它不但外观优美，而且口感也很好。一定要将酒沿着香槟杯的内壁慢慢倒入。你已经花了这么大力气来做酒，不要在最后一分钟因为倒酒不小心而前功尽弃。

如何选择烈酒

就我的个人口味而言，金酒是最容易充气的烈酒，带气泡的金酒鸡尾酒就是好喝。如果你想要突出某种水果或香料的风味，不希望口感鲜明的烈酒抢了它的风头，那么伏特加的充气效果也不错。特其拉可能很难充气，风味强烈的特其拉充气后风味往往变得更强烈，而且可能会盖过其他原料的味道。你可以在这样的特其拉中加入伏特加，使其风味变得柔和一些。白朗姆酒可以用来充气，但我并不像自己预想中那样喜欢气泡朗姆鸡尾酒，尽管我非常喜欢朗姆酒。不知道为什么，大多数气泡朗姆鸡尾酒的味道都让我觉得廉价、不天然。我喝过也做过不错的气泡朗姆鸡尾酒，但我发现做好它的难度很大。

橡木桶陈年烈酒在充气后橡木味会更突出。如果你喜欢威士忌苏打，你可能也会喜欢气泡威士忌鸡尾酒。我发现它们很难平衡好。大多数利口酒都很适合用来制作气泡鸡尾酒。金巴利和它的"表亲"阿佩罗的充气效果非常好。记住，在使用利口酒时不要把整批鸡尾酒做得太甜，否则做出来的气泡鸡尾酒会很甜腻。

创作和调整配方时需要记住的一些单位

- 一杯标准气泡鸡尾酒的份量是 5 $\frac{1}{2}$ 盎司（165 毫升）。你可以根据需要按比例放大。

- 对一杯标准份量（5 $\frac{1}{2}$ 盎司 /165 毫升）的气泡鸡尾酒而言，每 1/2 盎司（15 毫升）1：1 单糖浆会增加 9.2 克糖，从而将含糖量提高 5.6%。

- 对一杯标准份量（5 $\frac{1}{2}$ 盎司 /165 毫升）的气泡鸡尾酒而言，每 1/2 盎司（15 毫升）澄清青柠汁会增加 0.9 克酸（0.6 克柠檬酸和 0.3 克苹果酸），从而将含酸量提高 0.55%。

X、Y 或 Z 加苏打水

只要你做的是名字以"苏打"结尾的鸡尾酒，选择都相当简单：决定烈酒和水的比例。对于威士忌这样风味强烈的烈酒，我喜欢的比例是略少于 2 盎司（57 毫升）的烈酒和略多于 3 $\frac{1}{2}$ 盎司（108 毫升）的水。要用优质过滤水，而且不要在杯子里加冰块，它不需要更多的水了。对于伏特加这样颇为中性的烈酒，我会稍微提高烈酒的比例，可能是 2 盎司。我的烈酒用量不会超过 2 盎司，除非有客人专门提出要更烈些。在做这些名字以"苏打"结尾的鸡尾酒时我只有一个秘诀：加一两小滴盐溶液（或几粒盐）。

给经典鸡尾酒充气

给经典鸡尾酒充气的第一个诀窍是选择正确的鸡尾酒。有些经典鸡尾酒在充气之后会变得很糟糕，如曼哈顿。我会在培训时给曼哈顿充气，作为充气失败的示范。它的味道难以入口，而且不平衡。幸运的是许多经典鸡尾酒的充气效果都相当不错，如玛格丽特和内格罗尼。接下来我将介绍如何调整这两个经典配方，使其变得适合充气。你可以借鉴我的方法，然后尝试调整其他配方。

气泡玛格丽特

经典玛格丽特的配方是龙舌兰烈酒、橙味利口酒、青柠汁和糖。在这个配方里，我没有用橙味利口酒，因为我觉得它会使口感变浑浊。相反，我选择将酒倒入杯中后，在酒的上方扭一下橙皮卷。这个配方的比例适用于很多酸酒类鸡尾酒，所以你可以把它当作主配方使用。

下面的配方能够做出一杯份量为 5 ½ 盎司（165 毫升）的气泡玛格丽特，酒精度 14.2%，含糖量 7.1 克 /100 毫升，含酸量 0.44%。

原料

略少于 2 盎司（58.5 毫升）酒体轻盈的透明特其拉（酒精度 40%），如埃斯波隆（Espolòn）银特其拉

略多于 2 ½ 盎司（76 毫升）过滤水

略少于 1/2 盎司（12 毫升）澄清青柠汁

略少于 3/4 盎司（18.75 毫升）单糖浆

2 ~ 5 小滴盐溶液或 1 大撮盐

1 个橙皮卷

制作方法

将前 5 样原料混合在一起，冷却至接近冰点。在 42PSI 压力下充气。将酒倒入冰过的细长型香槟杯。在酒的上方挤一下橙皮卷，然后丢弃。如果你希望酒能保存几天，那就不要在充气时加青柠汁，而应在将酒倒入酒杯之前再加。

气泡内格罗尼

经典内格罗尼的配方是

1 盎司（30 毫升）金酒（酒精度 47%）

1 盎司（30 毫升）金巴利（酒精度 24%，含糖量 24%）

1 盎司（30 毫升）味美思（酒精度 16.5%，含糖量 16%，含酸量 0.6%）

上面这个配方的份量是 3 盎司（90 毫升）。如果你加入 2 1/2 盎司（75 毫升）水，让它达到单杯气泡鸡尾酒的标准份量，那么最后的酒精度应该是 16%、含糖量 7.3%。这是两个不错的数字。含酸量略低于 0.18%，但内格罗尼并不是酸味酒。如果你不记得我是怎样得到这些数字的，可以复习一下第 2 页的相关内容。

如果你想使这款酒的口感更清新，可将 1/4 盎司（7.5 毫升）水换成澄清青柠汁或其他任何一种酸类。最后在酒的上方挤一下西柚皮卷。

下面的配方能做出一杯份量为 5 1/2 盎司（165 毫升）的气泡内格罗尼，酒精 16%，含糖量 7.3 克 /100 毫升，含酸量 0.38%。

配方

1 盎司（30 毫升）金酒

1 盎司（30 毫升）金巴利

1 盎司（30 毫升）甜味美思

1/4 盎司（7.5 毫升）澄清青柠汁

2 1/4 盎司（67.5 毫升）过滤水

1 ~ 2 小滴盐溶液或 1 小撮盐

1 个西柚皮卷

制作方法

将所有原料混合在一起，冷却至接近冰点。在 42PSI 压力下充气。倒入冰过的细长型香槟杯。在酒的上方挤一下西柚皮卷，然后丢弃。如果你希望酒能保存几天，那就不要在充气时加青柠汁，而应在酒饮用之前再加。

香巴利汽酒（Champari Spritz）

·

金巴利苏打是一款经典的低酒精度夏日鸡尾酒，当你觉得气泡内格罗尼过于浓烈但又喜欢金巴利的独特风味，它是个很好的选择。加入少许青柠汁充气后，金巴利的清爽苦味特质会更加突出。所以，我选择不加青柠汁，而是加香槟酸，这正是这款酒名字的出处。香槟酸是香槟中天然存在的混合酸，稀释到青柠汁的酸度（30克酒石酸和30克乳酸，用940克水溶化），详见第42页"酸类"部分。香槟酸会让这款酒变得更像我非常喜欢的葡萄酒和香槟风格。如果你提前几小时制作，要把香槟酸留到酒饮用之前再加。尽管香槟酸不像青柠汁那样容易变质，但它会让金巴利的味道慢慢变成令人不快的苦味。我不知道为什么会这样。这款鸡尾酒可以在冰箱中保存一周。注意我说的是冰箱，而不是冰柜。这款酒的酒精度偏低（7.2%），很容易结冰。

下面的配方可以做出一杯份量为5½（165毫升）的香巴利汽酒，酒精度7.2%，含糖量7.2克/100毫升，含酸量0.44%。

原料

略多于 1 ½ 盎司（48 毫升）金巴利（酒精度 24%，含糖量 24%）

3/8 盎司（11 毫升）香槟酸（含酸量 6%）

3 ⅛ 盎司（94 毫升）过滤水

1 ~ 2 小滴盐溶液或 1 小撮盐

制作方法

将所有原料混合在一起，在冰水中冷却至 0℃。在 42PSI 压力下充气。倒入冰过的细长型香槟杯。

金汤力

我在前文中已经详细介绍了我的金汤力配方的起源，但现在才讲到具体配方。这个版本的口感极干、风格极简，是我喜欢的。

下面的配方能做出一杯份量为 5 ½ 盎司（165 毫升）的金汤力，酒精度 15.4%，含糖量 4.9 克 /100 毫升，含酸量 0.41%。

原料

整整 1 ¾ 盎司（53.5 毫升）添加利金酒（酒精度 47%）

略少于 1/2 盎司（12.5 毫升）奎宁单糖浆（含糖量 61.5%，详见第 345 页）

略少于 3 盎司（87 毫升）过滤水

1 ~ 2 小滴盐溶液或 1 小撮盐

3/8 盎司（11.25 毫升）澄清青柠汁（含酸量 6%）

制作方法

将所有原料混合在一起（根据需要可先不加青柠汁），冷却至 -10 ~ -5℃。在 42PSI 压力下充气。如果你是加青柠汁充气，必须当天喝完。如果你是不加青柠汁充气，要在把鸡尾酒倒入冰过的细长型香槟杯时加入青柠汁，这么做可以使你的金汤力永远不变质。

如果你像我一样喜欢绿色查特酒，这款鸡尾酒就是为你量身打造的。如果你还不是绿色查特酒的粉丝，有必要了解一下：它是法国加尔都西会修道士酿造的一种药草味极其强烈的利口酒，配方严格保密。它实在是太棒了，以至于有一种颜色就是以它命名的。这款鸡尾酒的配方特别简单：查特酒和水，再加一点青柠汁。我称它为查储斯。跟大多数优质气泡鸡尾酒比起来，它的酒精度（18%）和含糖量（8.3%）都更高。因为它的风味很强烈，我喜欢把一杯酒分别倒进两个小酒杯，供两个人喝，相当于一款清新的迷你鸡尾酒。

下面的配方能做出一杯份量为 5 ½ 盎司（165 毫升）的查储斯，酒精度 18.0%，含糖量 8.3 克 /100 毫升，含酸量 0.51%。

原料

略多于 1 ¾ 盎司（54 毫升）绿色查特酒（酒精度 55%，含糖量 25%）

略少于 3 ¼ 盎司（97 毫升）过滤水

1 ~ 2 小滴盐溶液或 1 小撮盐

略少于 1/2 盎司（14 毫升）澄清青柠汁（含酸量 6%）

制作方法

将所有原料混合在一起（根据需要可先不加澄清青柠汁），冷却至 -10 ~ -5℃。在 42PSI 压力下充气。把鸡尾酒倒入冰过的细长型香槟杯时加入澄清青柠汁。如果是立刻饮用，可以在充气时就加入澄清青柠汁。

在查储斯中加入澄清青柠汁

金果汁

如果人们会因为某个理由记住我，我希望这个理由是我的金果汁，它其实就是金酒加澄清西柚汁，既简单又令人愉悦。

西柚汁有种标志性的苦味，主要来自一种叫柚皮苷的化合物。西柚中柚皮苷的苦味被甜度（10.4%）和高酸度（2.40%）中和了。在我看来，西柚汁在无气泡鸡尾酒中能够起到完美平衡的作用。在气泡鸡尾酒中，尤其搭配金酒时，西柚汁的苦味会过于明显。果汁中有多少苦味残留取决于你用的澄清技法。大多数人在操作这个配方时都会用海藻胶（琼脂）来澄清西柚汁（详见第213页"澄清"部分）。琼脂能去除西柚汁中的大量苦味，这是一种效果很好的鸡尾酒澄清技法。

在酒吧里，我会用离心机来澄清西柚汁，因为离心机澄清的西柚汁比琼脂高得多，几乎不会浪费任何西柚汁。遗憾的是离心机澄清去除不了那么多西柚的苦味。所以，我用单糖浆和少量香槟酸来中和苦味。我会在下面同时给出琼脂澄清和离心机澄清的金果汁配方。

西柚汁的果汁感太强了，必须加一点水才能用来调酒。具体加多少水取决于你要在鸡尾酒里加多少果汁。

下面的配方针对的是我的酒吧里通常使用的西柚（加利福尼亚产的红宝石西柚）。记住，不同品种、产地和季节的西柚味道也会有差别，所以可能需要根据你采购的西柚来对这些配方进行微调。

最后，我试过用许多不同的金酒来制作金果汁，但只有添加利的效果最让我满意，它天生就跟西柚汁非常搭。

金果汁的原料

将金果汁倒入杯中

金果汁：琼脂澄清

　　下面的配方能做出一杯份量为 5 ½ 盎司（165 毫升）的金果汁，酒精度 16.9%，含糖量 5 克 /100 毫升，含酸量 1.16%。

原料

　　略少于 2 盎司（59 毫升）添加利金酒（酒精度 47%）

　　略少于 2 ¾ 盎司（80 毫升）琼脂澄清西柚汁

　　略多于 3/4 盎司（26 毫升）过滤水（如果你想做甜度略高的版本，可以将 1 吧勺（4 毫升）水换成单糖浆，这样做出来的酒的含糖量 6.3%，含酸量 1.10%）

　　1 ～ 2 小滴盐溶液或 1 小撮盐

金果汁：离心机澄清

　　下面的配方能做出一杯份量为 5 ½ 盎司（165 毫升）的金果汁，酒精度 15.8%，含糖量 7.2 克 /100 毫升，含酸量 0.91%。

原料

　　略多于 1 ¾ 盎司（55 毫升）添加利金酒（酒精度 47%）

　　略多于 1 ¾ 盎司（55 毫升）离心机澄清西柚汁

　　略少于 1 ⅓ 盎司（42 毫升）过滤水

　　略多于 1/4 盎司（10 毫升）单糖浆

　　略少于 1 吧勺（3 毫升）香槟酸（30 克酒石酸和 30 克乳酸，用 940 克水溶化）

　　1 ～ 2 小滴盐溶液或 1 小撮盐

制作方法

　　将所有原料混合在一起（根据需要可先不加澄清青柠汁），冷却至 -10 ～ -5℃。在 42PSI 压力下充气。倒入冰过的细长型香槟杯。

技术改编

　　另一个我最爱的澄清西柚汁配方是哈瓦那红辣椒果汁。它的配方跟金果汁相同，只不过要把金酒换成再蒸馏的哈瓦那红辣椒伏特加。把 200 克哈瓦那红辣椒和 1 升 20 度伏特加一起搅打均匀，然后用旋转蒸发仪蒸馏（冷凝管温度 -20℃，水浴温度 50℃），直到酒浓缩至 650 毫升。这款酒必须用哈瓦那红辣椒。哈瓦那红辣椒是世界上辣度最高的辣椒之一，而且具有绝佳的风味和香气。辣椒素（辣椒中辣味的来源）太重了，无法被蒸馏，所以蒸馏液完全没有辣味。用旋转蒸发仪蒸馏的哈瓦那红辣椒烈酒是我使用了最长时间、最爱的蒸馏液，它跟西柚很搭。如果你也想自制，注意它的保质期很短。蒸馏液中的"红色"风味过了 1 个月左右就会变淡，开始变成"绿色"风味，更像是哈雷帕尼奥辣椒。

左图：低温蒸馏中的哈瓦那红辣椒金酒，蒸馏后不会有辣味
右图：运行中的旋转蒸发仪

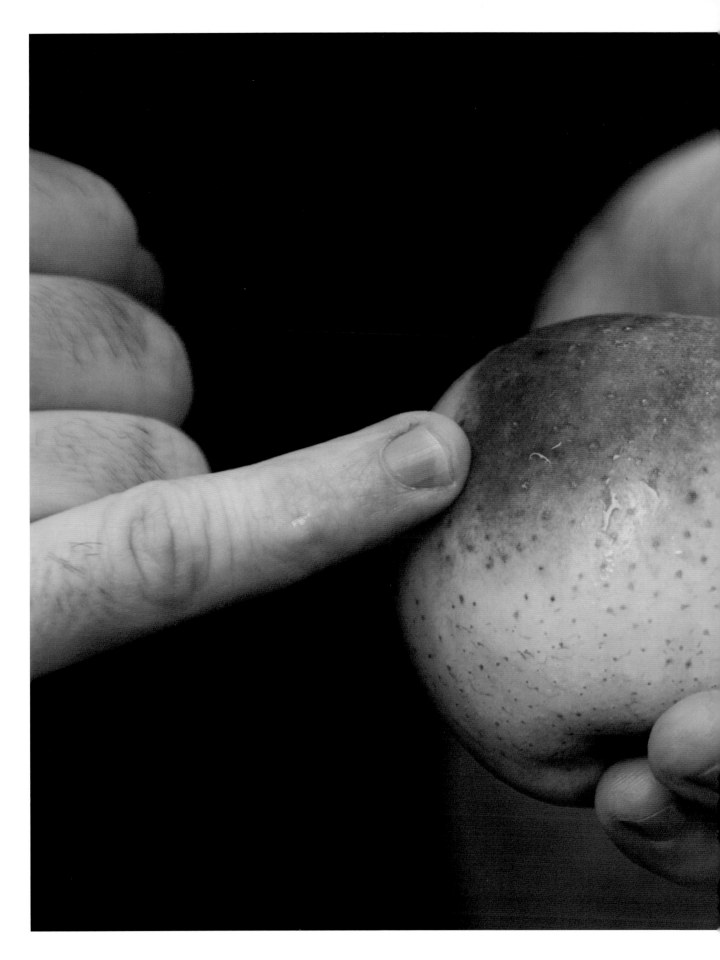

第四部分

以某个特殊创意为出发点的系列配方

在本书的最后部分，我将对 3 个不同的主题——苹果、咖啡和金汤力进行讲解，看看它们会将我带往何处。我希望这些小旅程会让你对我的鸡尾酒研发方式产生共鸣。我通常从一个概念、一种风味、一种水果、一个想法或一个回忆出发。这样的方式是最难教给别人的。很多人都以为鸡尾酒研发只是把烈酒和果汁重新组合一遍而已。

我将默认你对本书此前介绍的技法和概念已经比较熟悉了，所以这一部分的解释相对简单。

苹果

我爱苹果。我在纽约州长大，而纽约州正好盛产苹果。作为鸡尾酒原料，苹果受到的重视还不够，部分原因是苹果汁浓缩不够，这意味着你必须在鸡尾酒配方中使用大量苹果汁才能获得理想的风味。这样的话，它就不适合用于摇匀类、搅拌类和直兑类鸡尾酒了。但我认为，主要原因还是调酒师对苹果缺乏了解。

许多人在小时候都以为苹果只有两种——红苹果和青苹果。这种想法并不对。世界上有几千个苹果品种，风味多种多样，包括榅桲、橙子、玫瑰、茴香和葡萄酒风味等。有些品种的含酸量和含糖量高到离谱，有些品种的风味微妙、香气四溢，有些品种淡而无味。在现有的几千个苹果品种里，每一个都有自己专门的名称，而且在某个时期曾经因为某个原因而被大力推广过。每种苹果都曾经有过自己的粉丝，诀窍在于找到它们讨人爱背后的原因，以及它是否能够被运用到调酒中。

有些苹果讨人爱的原因跟历史有关。肯特郡之花被保存下来是因为它是掉在牛顿头上的苹果，其实它的味道很差。有些苹果讨人爱是因为它们特别适合在某个地区种植（你能猜到阿肯色黑苹果的起源地在哪里吗？）。还有些苹果讨人爱是因为时机正好：早熟苹果能够让厨师在 6 月底 7 月初制作出新鲜的苹果派，这时他们冬天储存的苹果已经用完了。但是，现代仓储和运输技术的发展使得人们对早熟苹果的需求消失了，所以现在这些苹果要想生存下来就必须凭借本身的优点。有些品种的确生存下来了，有些则绝种了。

我是从 2007 年开始认真研究苹果风味的。那一年，我和知名美食作家、思想家哈罗德·麦吉（Harold McGee）一起参观了位于纽约州日内瓦的美国苹果树种植园。是的，美国有一个苹果树种植园，里面有几千棵苹果树，每个品种两棵，就像诺亚方舟一样，预备在某一天其中有些树种的基因会在农业经济中发挥作用。我们在两天时间里品尝了几百种苹果，真是个宝藏。不可思议的是守园人并没有料到我们想尝这些苹果。显然，来这里参观的温带果树学家们通常只想观察树而已。当守园人知道了我们的真正目的后他们只是困惑地看了我们一眼，然后告诉我们可以随便尝。从我们品尝的几百种苹果里，我挑出 20 种左右带回家榨汁。我做的第一款真正的苹果鸡尾酒正是基于用这些苹果榨的汁，而其中的一个品种——阿什米德克纳尔（Ashmead's Kernel）成了我在调酒时最爱用的苹果。

从那以后，我一直从纽约市绿色市集上的本地果农和美国各地的其他果农那里采购苹果，而且还品尝了几十种在英格兰种植的苹果。我认识到，我对某个苹果品种的印象可能与你不同。产地、采摘期和当年的气候都对苹果品质有着极大的影响。如果把适合寒冷气候的品种栽种在过于温暖的地区，它的味道可能会很寡淡。为了做出最好的苹果鸡尾酒，你必须榨出最好的苹果汁。为了榨出最好的苹果汁，你必须品尝大量苹果，记住它们来自哪个果农，并年复一年地定向采购。

商业苹果汁

商业苹果汁是一种商品，我建议不要用它来调酒。每年都有大量不适合食用的苹果被做成苹果汁。它们要进行澄清和巴氏杀菌处理，而且往往要经过浓缩、运输、复原，再与其他产地不明的复原果汁调配后出售。尽管这种产品做成盒装果汁没问题，但它的品质配不上烈酒。超市里售卖的美国甜西打（跟甜西打相对的是硬西打，美国是唯一把无酒精苹果汁叫作西打的国家）比普通苹果汁风味更浓郁、用途更广，但我仍然不推荐用它调酒。

你可以在特产商店和农产品市集上买到一些好喝的单一品种和精心调配的苹果汁和甜西打，但它们通常都经过巴氏杀菌处理，风味被破坏了。我跟很多人一起盲品过未经巴氏杀菌和经过巴氏杀菌处理的苹果汁和甜西打，结果所有人都选择了前者，而不是后者。有些果汁产品会用紫外线进行低温巴氏杀菌，它对风味的破坏不像高温巴氏杀菌那么大，但在市场上买不到这样的产品。

最后还有一点：商店里销售的苹果汁和西打几乎都氧化过度，所以呈棕色。新鲜苹果汁可能是绿色、黄色、红色、橙色或粉色，但永远不会是棕色。跟切开的苹果一样，苹果汁一旦接触到氧气就会非常迅速地变成棕色。氧化会破坏不同品种的苹果的微妙风味。

正确制作苹果汁

要做出优质鸡尾酒，你必须自制苹果汁。

榨汁之前将苹果洗净，然后观察一下它们的外皮是不是有虫咬、腐烂、发霉和过度擦伤的痕迹。清洗苹果的过程很重要，因为我们在榨汁过程中不会加热。未清洗干净的苹果不能直接吃，榨汁后也不能直接喝。把发霉或看上去不好的部分切掉。发霉的苹果会毁掉整批果汁的味道，而且更糟糕的是它可能含有致癌物——棒曲霉素。

苹果永远不要削皮榨汁。大多数苹果品种的特有的香气、风味、单宁和色素都集中在非常接近果皮的果肉里。将苹果切开，但要保留果皮，然

苹果榨汁： 我用的是冠军牌榨汁机，而且一定要在装果汁的容器中预先放入抗坏血酸（维生素C），防止苹果汁氧化（左下图）。榨汁结束后，我会把表面的大部分泡沫撇掉，用细孔过滤器过滤果汁（剩下的果肉味道很好）。如果苹果汁需要澄清，我会再加入维诺信果胶酶 SP-L（右下图）。

颜色各异的苹果汁（左起）：未命名的沙果、醇露（Stayman Winesap）苹果、蜜脆（Honeycrisp）苹果、阳脆（Suncrisp）苹果、澳大利亚青苹果。沙果汁比醇露苹果汁更红，尽管醇露苹果的颜色更深。这是因为沙果个头小，表面积与体积之比更大，其果皮相对更多，而果皮的颜色会被萃取到果汁中

上图中的果汁被维诺信果胶酶 SP-L 处理后：苹果汁中残留的空气让固体物漂浮在表面。在桌面上轻轻敲击杯子并搅拌，这些固体物就会沉到杯底。注意，这些果汁的固体物含量各不相同，所以澄清后的效果也不同。最右边的澳大利亚青苹果汁几乎是完全透明的，而最左边的沙果汁完全没有沉淀

上一张图片中的沙果汁经离心机处理之后的色泽是美妙的粉色。有些苹果汁在澄清后会失去丰富的口感。但沙果正好相反：它本身并不好吃，榨成汁后味道也一般，但澄清之后味道却令人惊艳

后将其放入慢速榨汁机。这样的榨汁机（我用的是冠军牌）能够很好地萃取接近果皮的果肉中的风味和颜色。它们用非常小的细齿把苹果粉碎成渣，然后将果渣甩向滤网，滤出果汁。以前，我会在榨汁前去核、去籽，因为苹果核几乎没有风味，而苹果籽含有氰化物。现在我不会这样做了。我做过平行品鉴：一种苹果汁去核、去籽，另一种则没有。结果我尝不出它们的区别。用冠军牌榨汁机，苹果籽并未被萃取任何苦味，苹果籽或完整，或被切成两半，而不是被磨碎（所以你不会吃到它，因此没有氰化物中毒的风险）。而缺少风味的苹果核也不是大问题，因为榨不出多少汁。

你要用维生素 C 来防止氧化。我在"原料"部分已经介绍过，维生素 C 和柠檬酸并不是一样的（详见第 43 页）。柠檬酸是柠檬的主要风味酸类，它不能直接防止苹果变棕色。维生素 C 不会明显改变柠檬的酸味，但却几乎是防止它们变棕色的唯一成分。你可以在榨汁前将苹果块放入维生素 C 粉末中，也可以在盛放苹果汁的容器中加入适量维生素 C。榨完最开始的一两个苹果后，一定要在苹果汁中加入维生素 C。我的做法是每升苹果汁加 2.5 克（1 茶勺）维生素 C，比商业苹果汁的用量大得多。

现在，你有了真正新鲜的苹果汁，味道同新鲜苹果一样。如果你以前没喝过这样的苹果汁，你会很生气：这么多年都白活了。不过，这样的苹果汁对调酒而言并不完美，因为它是浑浊的。你现在要决定是不是该澄清。

澄清会对苹果汁的风味产生很大影响。你可以想一下商业苹果汁和甜西打的区别。它们的区别不仅是西打中的悬浮颗粒物使其更黏稠、酒体更饱满，这些颗粒物还带来了属于它们的风味，而这种风味往往是需要的。所以，为什么要澄清？如果你打算制作气泡鸡尾酒，那么你必须澄清。如果你打算制作搅拌类鸡尾酒，那么你应该澄清。谁想要一杯看上去像汤汁一样的搅拌类鸡尾酒呢？要选一种澄清后味道仍然很棒的苹果。如果你打算制作摇匀类鸡尾酒，那就忘记澄清这件事吧。你只需要将果汁彻底过滤，以防不美观的果肉颗粒粘在杯壁上，然后就可以用它来调酒了。

在介绍适合调酒的特殊苹果品种之前，让我们先来看看如何用超市里就能买到的苹果调酒，其中有些需要澄清，有些则不要。

需澄清：澳大利亚青苹果汽水

这是一款无酒精饮品。澳洲青苹果是澳大利亚最著名的苹果，也是厨师们的最爱，因为它具有活泼的酸味，而且品质稳定，容易买到。它的果汁很容易澄清，即使不用离心机也是如此。你只需要榨汁，然后加入少许维诺信果胶酶SP-L，静置一夜，将表层的清澈液体倒出即可（详见第 213 页"澄清"部分；如果静置时间足够久，不用果胶酶也可以）。澳大利亚青苹果的糖酸比对苏打水而言是完美的（每 100 毫升苹果汁中约含 13 克糖，含酸度 0.93%）。遗憾的是它的风味不那么有趣。不过，尽管风味单一对鸡尾酒来说是个缺点（果汁的风味必须能够与烈酒相抗衡），但对汽水而言却可能效果很好。

下面的配方能够做出一杯份量为 6 盎司（180 毫升）的澳洲青苹果汽水，含糖量 10.8 克 /100 毫升，含酸量 0.77%。

原料

    5 盎司（150 毫升）澄清澳大利亚青苹果汁

    1 盎司（30 毫升）过滤水

    2 小滴盐溶液或 1 小撮盐

制作方法

    将所有原料混合后冷却，用任意一种方法充气即可。

无须澄清：蜜脆朗姆摇

蜜脆是商业培育的新型苹果品种中比较好的。它的酸度略低，但这个配方需要额外增加酸度，可以用青柠汁或纯苹果酸。苹果汁稀释度太高了，不适合用来制作摇匀类鸡尾酒，所以这个配方必须采用果汁摇技法（详见第 118 页另类冷却部分），也就是用果汁冰块来摇酒。

下面的配方能做出一杯份量为 5.4 盎司（162 毫升）的蜜脆朗姆摇，酒精度 14.8%，含糖量 7.8 克 /100 毫升，含酸量 0.81%。

原料

2 盎司（60 毫升）口感纯净的白朗姆酒（酒精度 40%）

略少于 1/2 盎司（12 毫升）青柠汁或 0.7 克苹果酸（溶解于 10 毫升水，再加 2 小滴盐溶液或 1 小撮盐）

3 盎司（90 毫升）未澄清蜜脆苹果汁，冻成 3 块 1 盎司（30 毫升）冰块

制作方法

将朗姆酒和青柠汁或苹果酸加盐混合，然后加苹果汁冰块，用摇酒壶摇匀，至冰块融化为冰沙状（你可以凭声音判断）。倒入冰过的碟形杯。

现在，我们去超市外转一转。

了解苹果

这是一个苹果的黄金年代，人人都能买到有趣的苹果品种。如果你的居住地附近没有好果农，可以在网上直接向果农购买特殊品种的苹果。如果你的居住地盛产苹果，农产品市场每年展示的品种也越来越丰富。你只需要去现场多品尝。你可以在本书的"参考资料"部分找到一系列与苹果相关的重要资料，但要记住，它们代替不了你自己的味觉。

选择和品尝苹果

无论你在绿色市场还是果园选择苹果，一定要牢记几个要点。随身带一把小刀：在尝味时，比起吃一整个苹果，切一片苹果后连皮一起放到口中则方便多了，尤其当你要品尝几十种苹果的时候，这样你的牙床才不会

苹果的质感为什么对鸡尾酒很重要

你可能以为苹果的质感对鸡尾酒没什么影响，毕竟我们用的是苹果汁，但它其实很重要，尽管是以一种间接的方式。鉴于美国人对质感的偏好，许多原本很适合调酒的苹果被抛弃了。

美国人只接受吃起来脆脆的苹果。这不是件好事。苹果为什么一定要脆呢？其他质感的苹果也可以很好吃，如酥松的苹果。我们已经失去了分辨酥松和干软的能力。苹果变干软是因为原本脆的苹果放太久了，导致品质下降。这很糟糕。然而，酥松的苹果完全是另一个概念，它原本不是脆苹果，所以成熟后口感也不脆。我们要接受不同之美。

这会如何影响苹果汁的品质呢？种植原生品种的美国果农知道你只会买脆苹果，所以他们通常会在苹果远

未成熟的时候就采摘。成熟苹果太软了，卖不出去。这些不成熟的苹果几乎不具备标志性的品种风味，味道寡淡。它们还没有积累起糖分，所以吃起来就像是"酸味炸弹"，且含有大量尚未转化的淀粉。在成熟期前采摘的苹果尽管是脆的，但口感寡淡，既又酸又面。在这类苹果中，早熟苹果是最糟糕的，因为其味道很淡、生长季很短，而且口感变软的速度比其他任何苹果品种都快。果农几乎不可能等到它们成熟再采摘。

身为调酒师，我们甚至可以完全忽略质感，我们只需要榨汁而已，但我们仍然会为此付出代价。积极行动起来，告诉你身边的果农：如果等到苹果成熟再采摘，你会买，而且会买很多！

苹果带红晕的那一边味道会不一样

酸。记住，在品尝用于调酒的苹果时，质感并不重要！要改掉你对质感的认知，只关注苹果汁的味道。这一开始很难做到，要多练习。

切苹果时，感觉一下小刀在果肉中的移动。在尝味之前，你就已经能感受到不成熟苹果的淀粉感，感觉像在切硬土豆。在尝味之前，你可以在不成熟苹果的切面上看到果汁中的淀粉。这样的苹果要避开。当你看到一筐苹果或一棵果实累累的苹果树时，注意分辨两种不同颜色的苹果。即使是永远不会变红的青苹果，其颜色也会在成熟后发生变化，通常变深或带上一抹红晕。即使同一棵树上的苹果也会因为生长位置的不同而表现出不同的成熟度。而且，除了单纯的成熟度外，苹果的风味还会因日晒时长、生长在枝条上的位置而发生变化。在同一个品种中选两个颜色差异最大的苹果，尝一下它们的味道，你就会明白同一品种的苹果之间风味差异非常大。然后，在同一个苹果上找一下颜色更深或有一抹红晕的那一边。先尝一下离红晕最远的那一边的味道，希望它味道不错。现在，再尝一下带红晕的那一边——味道更浓郁、更甜，更有阳光的味道。用这个苹果榨的汁的味道会介于两者之间。

做完这些试验之后，把那些符合需要的苹果买下来。这在果园里很容易做到，而在市场上也不会太难。你只需要从每个感兴趣的品种中选两个苹果，当场尝一下味道，然后购入你调酒所需的量。记住，苹果汁很适合冷冻，如果你发现了一种特别喜欢的苹果，可以大量购买，在处理后冷冻。

糖和酸

适合调酒的苹果往往含糖量和含酸量都很高。低含糖量的苹果适合调酒的很少，因为它们大都尚未成熟，所以几乎没有什么风味，而不仅是含糖量低。高含酸量的苹果汁适合调酒，因为它可以让你在调酒时无须添加其他酸类。低含酸量的苹果汁只需要增加少许酸度就能得到很大提升，如纯苹果酸、柠檬、青柠汁或像味美思这样的酸性含酒精原料。但我更喜欢用不需要太多调整的苹果，因为这样你能心无旁骛地呈现纯粹的苹果风味。

在商业生产中（尤其是硬西打），衡量苹果品种的一个重要指标是糖酸比，它能让你通过一个数字判断出苹果汁的平衡度。然后，你可以看一下含糖量（通常以白利度表示），以判断苹果汁的总体风味强度。大多数人都没有用来测量果汁的折射仪，能够准确测量苹果汁酸度的人就更少了（pH试纸并不适用），但你可以在网上找到针对不同品种的基准信息，如果你无法在购买苹果之前一一进行品尝，它们是非常有用的指南，能够帮你决定该挑选哪些苹果进行测试。

过熟和干瘪的苹果

你要避免购买那些已经开始萎缩的苹果。在市场上，你可以判断出哪些苹果已经过了最佳状态，因为它们的触感不再坚硬，有的只是干瘪了一点。在果园里，你可以触摸一下苹果。如果摸上去油油的，这说明过熟了，因为很多苹果的表皮上覆有一层天然蜡，苹果越成熟则表面越油（在杂货铺里，这个测试不那么有效，因为果农可能在清洗过程中去除了天然蜡，重新打了一层不同的蜡）。如果你怀疑一个苹果已经太熟了，可以将其切开。许多过熟苹果的果核都会变得跟水一样：内核部分湿湿的，就好像它被冰冻过又融化了一样。通常而言（但也有例外），过熟苹果会变得比正常状态更软。

过熟或储存时间过久的苹果不适合食用，但稍微熟过头的苹果可以变成有趣的鸡尾酒原料。过熟苹果会失去酸度，所以它们总是比成熟度恰好的苹果需要更多酸度上的调整。当苹果中的乙烯气体含量变得极高，开始产生挥发性的酯类，它们可能还会形成非常奇妙的馥郁花香。少量这样的酯类可以带来非常棒的效果。如果量太大，它们会使苹果有种溶剂的气味。如果你想在鸡尾酒中融入这样的风味，注意，它们很难被捕捉。

阿什米德克纳尔

阿什米德克纳尔是一种果皮粗糙、呈黄色的英格兰苹果，其历史可以追溯到18世纪早期。我是从新罕布什尔州的一位果农那里买的。在理想状态下，这些苹果极为出众，果汁风味非常浓郁。很多果皮粗糙的苹果都有种类似于梨的特质，但酸度更高。阿什米德也不例外，但它的口感更饱满。它的白利度接近18，这个值非常高，而且酸度也高。我不知道它的精确糖酸比是多少，但我估计在14左右。

阿什米德克纳尔是威士忌和气泡鸡尾酒的绝配，但有一个缺点，威士忌的橡木味会掩盖苹果的风味。这个问题最终让我开始对威士忌进行浸洗处理（详见第243页）。但在那之前很久，我就开始试着用浸洗技法柔化威士忌的风味。我用旋转蒸发仪进行简单的再蒸馏，从而解决了这个问题。再蒸馏出来的威士忌透明无色，但威士忌的特质仍然明显。我简单地把它跟澄清阿什米德苹果汁混合在一起，再加入一点水和一小撮盐，使酒的口感变柔和。随后，我将酒液冷却，进行充气处理。我把这款酒命名为肯塔基克纳尔（Kentucky Kernel），它是我爱做的那种酒，即只有两种原料，经过巧妙处理后结合成一种没有人尝过的新风味。

我最早做这款酒是在2007年。那一年，我从日内瓦采购了我人生中的第一批阿什米德克纳尔。现在我有了自己的酒吧，不能再自行蒸馏了（按法律规定），所以我无法再用以前的方法来制作肯塔基克纳尔。答案就是浸洗威士忌。下面是具体配方。

肯塔基克纳尔

下面的配方能做出一杯份量为 5.25 盎司（157.5 毫升）的气泡鸡尾酒，酒精度 15%，含糖量 8.6 克 /100 毫升，含酸量约为 0.6%（前提是你用的苹果糖酸比为 14，你必须先尝一下将用的苹果，再决定是否需要调整我的配方）。

原料

1 ¾ 盎司（52.5 毫升）以壳聚糖 / 结冷胶浸洗的美格波本威士忌（酒精度 45%）

2 ½ 盎司（75 毫升）澄清阿什米德克纳尔苹果汁

1 盎司（30 毫升）过滤水

2 小滴盐溶液或 1 小撮盐

制作方法

将所有原料混合，冷却后充气。倒入冰过的细长型香槟杯。

你可以用去除了橡木特质的干邑代替配方中的波本威士忌，做出来的鸡尾酒味道同样好。如果你觉得橡木味仍然太浓，可以试试用鸡蛋浸洗（详见第 243 页"烈酒浸洗"部分）。

瓶装焦糖苹果马天尼的两种做法，以及自动澄清胡斯蒂诺

威克森沙果其实并不是真正的沙果，它的谱系其实很显赫，只是因为个头小才被叫作沙果。据我所知，它是由翠玉苹果（殖民地时期美国向欧洲出口的第一个苹果品种，最早在纽约被发现）和可口香苹果（另一个殖民地时期的知名美国苹果品种，同样源自纽约州）杂交而成的。我用它做过许多很棒的鸡尾酒。威克森沙果于 1944 年在加利福尼亚州被发现，虽然个头小，味道却非常浓郁。它的含糖量最高可以超过 20 白利度，但我购买的约为 15 白利度，含酸量可以达到 1.25%。这让它非常适合调酒，而且它的风味也很出色——既浓郁又饱满。我决定用它来做苹果马天尼。

你肯定知道，苹果马天尼的名声并不好，而这并非毫无根据，因为它通常会用到人工味很浓的酸青苹果利口酒。威克森沙果的酸度和甜度能够做出美妙优雅的苹果马天尼，点这样的酒会让你感到骄傲。你可以同时用普利茅斯金酒和伏特加来做这款酒，但我选择纯伏特加，并且在最后加入杜凌甜白味美思。我还对威克森沙果进行了加工：我决定用焦糖苹果风味来营造美妙的秋日感，所以我加入了一点焦糖糖浆。

如果你用搅拌技法来做这款酒，它的稀释度会太高。所以，要把它做成瓶装鸡尾酒（详见第 118 页"另类冷却"部分）。如果你将酒注入玻璃瓶，再用液氮排出顶部空间的氧气，应该可以保存很久。我把它保存在我的兰德尔 FX 冰柜中，温度精确设定为 –5.5 ℃，即倒入酒杯的温度。如果你只有家用冰柜，那就让玻璃瓶里的酒结冰吧！玻璃瓶不要装得太满，否则它在结冰时会爆炸。需要饮用时，将玻璃瓶放在流动水下，直到酒融化。我介绍这个方法是为了告诉你无须教条主义地套用任何技法。我也不会。一旦理解了本书中所有技法背后的原理，你就可以用你手头的任何工具来利用这些技法。

这款酒还可以在装瓶后放入加了盐的冰水中冷却，随取随用。

瓶装焦糖马天尼

　　我用的威克森沙果含糖量是 15 白利度。如果你用的沙果白利度更高（很多情况下会超过 20），那就必须调整配方，否则做出来的酒会太甜。你无须用折射仪来证实这一点：如果鸡尾酒太甜，那就调整！这款酒不应该是"甜味炸弹"。焦糖糖浆并不那么甜，因为一部分糖在焦糖化过程中被分解了。

　　下面的配方能够做出一杯份量为 5 ⅕ 盎司（155 毫升）的瓶装鸡尾酒，酒精度 16.5%，含糖量 7.2 克 / 100 毫升，含酸量 0.45%。

原料

　　2 盎司（60 毫升）伏特加（酒精度 40%）

　　1/4 盎司（7.5 毫升）杜凌白味美思（酒精度 16.5%）

　　1 盎司（30 毫升）过滤水

　　1 ¾ 盎司（52.5 毫升）澄清威克森沙果汁

　　1 吧勺（4 毫升）70 白利度焦糖糖浆（详见注释）

　　注释：要做出 70 白利度焦糖，先在平底锅中倒入约 1 盎司（30 毫升）水。在水的表面倒上 400 克砂糖，将混合物加热成浓郁的深色焦糖，也就是几乎要烧焦了，但又没有焦。立刻倒入 400 毫升水。水会剧烈沸腾。用勺子搅拌混合物，直到所有原料都溶解。等待糖浆冷却，然后测量一下白利度，它应该介于 66 ~ 70 之间。如果高于 70，要加水；如果低于 60，将糖浆煮沸，蒸发一部分水。

　　1 大滴橙味糖浆（最好用第 189 页的配方自制）

　　2 小滴盐溶液或 1 小撮盐

制作方法

　　将所有原料混合、装瓶、冷却，倒入酒杯。

用阿什米德克纳尔苹果做的自动澄清胡斯蒂诺存放了几个月之后

我说过要介绍苹果马天尼的两种做法：为了第二种做法，我研发出了一种新技法。在这一部分的开头我提到过，澄清会去除苹果汁的部分风味。我想看看能不能在一杯透明鸡尾酒里融入未澄清的果肉风味。我在浑浊苹果汁中加酒，希望烈酒能够从果肉中萃取一部分在澄清时会消失的风味。我还决定用高酒精度烈酒，因为我想长期保存该酒，就像我在澄清部分介绍的胡斯蒂诺那样。我在 600 毫升浑浊的苹果汁中加入了 400 毫升纯乙醇（我之前介绍过的实验室级别的乙醇），同时不加有澄清作用的酶。奇妙的事情发生了。乙醇的确从果肉中萃取了一部分优质风味，但让我惊讶的是高酒精度烈酒瞬间使苹果汁中的果胶聚合在一起，起到了自动澄清的效果。无须等待，也无须离心机，苹果汁就变得纯净透明，而且味道好极了！我把它叫作自动澄清胡斯蒂诺。自动澄清胡斯蒂诺保质期长，酒精度略高于 40%。加入杜凌白味美思和苦精搅拌，一杯苹果马天尼就做好了。你还可以用威克森自动澄清胡斯蒂诺制作摇匀类鸡尾酒。尽管自动澄清胡斯蒂诺中的大部分果胶会在聚合后被过滤掉，但烈酒中残留的果胶仍然足以在摇匀类鸡尾酒的表面形成一层美妙的泡沫。

这个技法也有问题：酒精度在 96% 及以上的优质酒精很难买到，而劣质的酒精即使在稀释后也会有种医院的气味，而且味道像毒药。为了测试这个技法是否适用于酒精度较低的烈酒，我尝试了一半百加得（Bacardi）151 朗姆酒（酒精度 75.7%）加一半苹果汁的组合。效果好极了，而且做出来的酒仍然有足够的酒精度，即 37% 以上。百加得加苹果汁的味道出乎我的意料。我可以肯定地说，百加得 151 是为了兄弟会狂欢而生的一款噱头产品，它的瓶身上标有易燃性警告，而且瓶口附有一个方便倒酒的阻燃金属筛，但它的品质其实很不错。

要成功运用这个技法，酒精度 75.5% 的百加得 151 已经接近了适用酒精度的下限，用酒精度 57% 的烈酒会失败。如果你能找到少量品质过得去的酒精度 96% 酒精，可以将它跟酒精度 70% 以上的优质风味烈酒混合，如 25% 金酒（47.5 度）、酒精度 96% 酒精的 25% 和 50% 果汁。

在制作自动澄清胡斯蒂诺时，你应该用勺子轻轻搅拌液体，令果胶更好地聚合在一起，同时吸附液体中的浑浊杂质，使液体变得透明。

自动澄清胡斯蒂诺有很多优点：制作便捷，无须专业设备（除了制作苹果汁的榨汁机），而且能够萃取果肉的美妙风味。这个技法能成功的基础是因为苹果汁含有果胶，而且质地轻薄。我用这个技法处理过更厚重的果泥（如草莓），但没有成功。

进一步探索

用很多中季和晚季苹果都能做出很棒的鸡尾酒，任何生活在温带气候下的本书读者都能找到至少几十种这样的苹果。用早熟苹果，如黄魁和洛迪（Lodi），做出优秀鸡尾酒则困难得多。它们很难伺候，而且几乎没有风味。有些人称其为盐苹果，因为他们吃这些苹果的时候喜欢撒点盐，把它们当成咸鲜、清新风格的小食，而不是甜点风格的小食。我还没能用这些苹果成功地做出优秀鸡尾酒。我觉得我还没有彻底了解它们的特性。我还没有找到运用它们的理想方法，但每一年我都离这个目标更近了。我的猜测是它们适合做成风格清淡、轻快的咸味鸡尾酒，而且要搭配龙舌兰烈酒（因为它有转瞬即逝的果糖味道）和金酒。或许明年我就能解开这个谜题。我曾买过适合调酒的早熟苹果，但其供应不稳定。有一次我从弗吉尼亚州采购了一批丹顶（Carolina Red June）和茄南（Chenango）草莓苹果。我把它们混合在一起，榨出了我做过的最好的早熟苹果汁，但我买不到足够的数量做测试。

我还没试过用高酸度西打苹果调酒，这是个很大的疏漏，所以我下一季一定会试试。如果在果园里品尝这些苹果，你肯定会立刻吐掉。事实上，它们也被叫作"吐苹果"。我的大脑充斥着果园里的不愉快经历，所以我从没想过尝试用它们调酒，也没有想过先用牛奶/鸡蛋/壳聚糖浸洗技法去除一部分单宁，再品尝它们的味道。

最后，我很想去苹果的起源地哈萨克斯坦，去那里的苹果林看一看。众所周知，这片从哈萨克斯坦一直延伸到中国西部的果林是一处神奇之地。对大多数水果而言，野生品种的品质远比不上人工培育品种，而很多人都认为苹果也不例外。但事实并非如此。2007 年，我和麦吉（McGee）探访苹果园时，负责管理美国品种的费尔·弗斯莱恩（Shien forest）出于个人爱好，从果林收集了一些野生苹果树种，种植出的苹果的味道很不错，值得被记录下来。或许我可以在果林中漫步，直到发现一棵有着口感浓郁、高酸度、高甜度果实的野苹果树，用它的果实能够做出很棒的鸡尾酒。这样我就拥有了一个可以称为个人专属的苹果品种。这正是调酒的乐趣。

咖啡

我天生就讨厌咖啡，觉得它是一种糟糕、淡薄、苦苦的饮品。小时候，我母亲最爱的夜间小酌之选是甘露咖啡利口酒加牛奶，即使糖分已经那么高了，我还是没办法忍受它。我读大学时，我用茶和健怡可乐来满足我对咖啡因的需求。

在二十八九岁时，我决定做出改变。我要喜欢咖啡，而且是浓咖啡。我强迫自己喝下一杯杯意式浓缩咖啡。几周后，我逐渐喜欢上了它，然后爱上了它。很快，我决心要在家里做出专业水准的意式浓缩咖啡，但我买不起好咖啡机。我开始去餐厅拍卖会淘货。最终，我在一家餐厅里淘到了宝：在美国缉毒局的一场突击搜查之后，这家餐厅一直大门紧锁，里面的食物都腐烂了。作为拍卖会上为数不多的能够忍受腐烂臭气的潜在买家之一，我把一台很棒的 20 世纪 80 年代的古董兰奇里奥（Rancilio）双头咖啡机搬回了家。就这样，我开始了对意式浓缩咖啡的多年探索。

喝一杯浓缩咖啡

那是 20 世纪 90 年代晚期。自那以来，意式浓缩咖啡的工艺水平已经有了极大的进步，而且多年来，很多优秀的专业人士对这棕色液体进行了研究。本书的主题是鸡尾酒，而不是咖啡，所以我在这里就不详细展开了，但我想告诉你我是怎样给自己设定了一个挑战，然后再解决它的。那就是做一款咖啡鸡尾酒，用鸡尾酒的形式来表现我喜爱的意式浓缩咖啡特质。这款鸡尾酒不一定要含有意式浓缩咖啡，而是只需要体现出它的迷人之处。

简单说一下其他形式的咖啡：我到现在都还不是特别喜欢滴滤咖啡、冰咖啡或奶咖。我不喜欢咖啡味道的食物，包括咖啡冰淇淋。我告诉你这些，不是因为我以此为傲，我只是想让你知道我的个人偏好，方便你对这一部分的内容做出更好的判断。

意式浓缩咖啡的特点：我们的目标是什么

为了探讨这一点，我把意式浓缩咖啡定义为用 15 克压实的现磨咖啡和 92 ℃的水在 135PSI 压力下用 22 秒萃取出来的 1 ½ 盎司（45 毫升）咖啡。跟传统意大利北方人比起来，我用的咖啡粉更多、水更少；跟现代美国咖啡师比起来，我用的咖啡粉更少、水更多。你不必按我的这个比例。

意式浓缩咖啡应该是浓郁的，带有令人愉悦的苦味，但并不涩。它不需要加糖。所以，我希望我的咖啡鸡尾酒具有浓郁的咖啡味，同时不带涩味和甜味。

萃取意式浓缩咖啡所需的压力很高，会在咖啡表面形成一层泡沫，称为油脂。形成这层泡沫的气泡实际上分布在整杯咖啡里。高压还会使咖啡中的油类乳化，融入咖啡液中（跟滴滤咖啡不同，意式浓缩咖啡是一种乳化液）。起泡和乳化使意式浓缩咖啡拥有了标志性的不透明型、醇厚度和质感。意式浓缩咖啡的质感消失得很快，就像摇匀类鸡尾酒的质感一样。所以，为了在鸡尾酒中复制意式浓缩咖啡的质感，绝对不能搅拌，因为搅拌适合透明的鸡尾酒，而我们的目标正好相反。我们将需要用摇酒和充气技法来营造想要的质感。

真正含有意式浓缩咖啡的意式浓缩咖啡鸡尾酒

意式浓缩咖啡是理想的鸡尾酒原料，因为它能以相当于鸡尾酒的份量带来浓郁风味。就调酒而言，滴滤咖啡无法与意式浓缩咖啡相比，前者含水量太高。如果你想尝试做出足够浓郁的滴滤咖啡来抵消稀释的效果，它的味道会变涩。你可能以为最近流行的冷萃咖啡浓缩液是不错的替代品，它跟意式浓缩咖啡一样苦而不涩，但它们的味道并不一样。

用意式浓缩咖啡代替滴滤咖啡满足了我们对咖啡鸡尾酒的第一条要求，即浓郁但不涩。为了帮助我们解决难度更大的第二个问题——质感，让我们来快速了解一下冰咖啡。

冰意式浓缩咖啡

　　冰咖啡是我经常做的几款饮品之一，尽管我本人对它深恶痛绝。我妻子很爱喝冰咖啡，所以她无法理解我对它的轻蔑态度。为了做出一杯我们都喜欢的冰咖啡，我把重点放在改进它的质感上，方法是简单摇匀。意式浓缩咖啡加冰和少许糖摇匀，意大利人称其为冰摇咖啡，这能够使质感变得非常美妙，但必须很快喝完。再加入牛奶，质感问题就完全能解决了。牛奶是一台"起泡机"。一杯加了奶的冰摇匀意式浓缩咖啡味道相当棒，即使对讨厌冰咖啡的人而言也是如此。如果你不准备尝试本书中的其他任何配方，但却是冰咖啡的粉丝，请一定要试试这个配方。你的生活会因此而变得更好！

牛奶冰摇咖啡

　　下面的配方能够做出一杯份量约为6⅔盎司(197毫升)的牛奶冰摇咖啡，酒精度0%，含糖量4.7克/100毫升，含酸量0.34%。

原料

　　1½盎司（45毫升）新鲜萃取的意式浓缩咖啡，
　　冷却到60℃以下

　　3盎司（90毫升）全脂牛奶

　　1/2盎司（15毫升）单糖浆

　　2小滴盐溶液或1小撮盐

　　大量冰

制作方法

　　将所有原料混合后用力地摇匀。滤入冰过的玻璃杯或加冰的高杯，加一根长吸管。如果你更喜欢不加奶的版本，可以去掉配方中的牛奶，稍微延长摇匀的时间，然后倒入冰过的碟形杯。

含酒精冰意式浓缩咖啡

在冰摇咖啡中加酒会破坏稀释度和醇厚度。为了在加酒后仍然营造出理想质感，我建议用奶油代替牛奶，并且将意式浓缩咖啡的温度降得更低一点。

冰摇酒咖

下面的配方能够做出一杯份量为 7 ⅘ 盎司（234 毫升）的冰摇酒咖，酒精度 10.2%，含糖量 3.9 克 /100 毫升，含酸量 0.29%。

原料

1 ½ 盎司（45 毫升）新鲜萃取的意式浓缩咖啡，冷却到 50 ℃

2 盎司（60 毫升）黑朗姆酒（酒精度 40%，不要选气味过于浓烈的品牌）

1 ½ 盎司（45 毫升）重奶油（根据个人偏好，你可以用淡奶油，一半一半的奶油也可，但味道稍差）

1/2 盎司（15 毫升）单糖浆

2 小滴盐溶液或 1 小撮盐

大量冰

制作方法

将所有原料混合摇匀。滤入冰过的双重老式杯（这杯酒的份量对碟形杯来说太大了）。

上图：加奶油跟普通冰块一起摇匀的冰摇酒咖
下图：加奶的冰摇酒咖（未加奶油）

冰摇酒咖 2 号

无须加奶油就能保持质感的另一个选择：将牛奶冻成冰块，然后用它来摇酒。这是我在第 118 页 "另类冷却" 部分介绍过的果汁摇技法的衍生版本。

下面的配方能够做出一杯份量为 7 ½ 盎司（225 毫升）的冰摇酒咖，酒精度 10.7%，含糖量 4.1 克 /100 毫升，含酸量 0.3%。

原料

1 ½ 盎司（45 毫升）新鲜萃取的意式浓缩咖啡，冷却到 50 ℃

2 盎司（60 毫升）黑朗姆酒（酒精度 40%，不要选气味过于浓烈的品牌）

1/2 盎司（15 毫升）单糖浆

2 小滴盐溶液或 1 小撮盐

3 ½ 盎司（105 毫升）全脂牛奶，冻成冰块

制作方法

将所有液体原料混合，加入牛奶冰块，摇至冰块呈冰沙状。你应该能听到摇酒壶里冰沙发出的声音。滤入冰过的双重老式杯（这杯酒的份量对碟形杯来说太大了）。

用牛奶冰块做的冰摇酒咖 2 号

不是摇出来的质感：气泡

意式浓缩咖啡生来就充满了气泡，事实上这是二氧化碳气泡。咖啡豆在烘焙过程中会生成 CO_2。当你强行让高压水通过咖啡粉，CO_2 会溶解在用来萃取咖啡的水中。当热水达到大气压力，溶解的 CO_2 会变成气泡（就像一瓶起泡的热汽水中发生的那样），令意式浓缩咖啡形成泡沫。如果咖啡豆存放过久，其内部的 CO_2 会散失掉，使味道变差，并且失去形成质感的能力。

既然意式浓缩咖啡中的气泡只是 CO_2，为什么不对一杯冰意式浓缩咖啡鸡尾酒充气，从而营造出我想要的质感呢？因为充气咖啡的味道很怪，这就是原因 [有一款叫曼哈顿特饮（Manhattan Special）的咖啡汽水，有些人喜欢喝，但我不喜欢]。意式浓缩咖啡中的 CO_2 含量很少，因为用来萃取咖啡的水温度极高。记住，溶解于液体中的 CO_2 含量与温度成反比。你绝对不会说意式浓缩咖啡喝起来有气泡感，对吗？为了让充入的气泡不会有 CO_2 的刺口感，可以用 N_2O，它产生的气泡同 CO_2 很像，但味道是甜的，不刺口。

我有一个大号的 N_2O 气瓶，所以我可以采用跟 CO_2 同样的充气方式。大部分人都无法大量购买 N_2O，除非你是牙医。幸运的是 N_2O 气弹很容易买到（你可以复习一下第 167 页"快速浸渍"部分）。所以，我们用 iSi 发泡器制作这款酒。

氮气咖啡

注意，意式浓缩咖啡充气后会大量冒泡，所以，尽管你可以一次做两杯，但要避免发泡器装得太满。还要注意，N_2O 是甜的，所以，这款酒在杯中放的时间越长、气泡消散得越多，甜度也会随之降低。喝氮气饮品时，如果让它在口中停留一下，用舌搅动之后再咽下去，你会感受到一股强烈的甜味，这是因为有更多氮气从液体中释放出来。为了保证结果的稳定，我给出的是单杯配方，但一次做两杯的效果才是最好的。

下面配方能做出一杯份量为 5 盎司（150 毫升）的氮气咖啡，酒精度 12.7%，含糖量 5.6 克 /100 毫升，含酸量 0.41%。

原料

1 ½ 盎司（45 毫升）意式浓缩咖啡

1 ¾ 盎司（52.5 毫升）伏特加（酒精度 40%）

1/2 盎司（15 毫升）单糖浆

1 ³⁄₇ 盎司（52.5 毫升）过滤水

2 小滴盐溶液或 1 小撮盐

工具

2 粒 7.5 克 N_2O 气弹

制作方法

将所有原料倒入 iSi 发泡器，放入冰柜冷却至即将达到冰点（这样还能冷却发泡器）。盖上发泡器的瓶盖，充入 1 粒 N_2O 气弹。摇晃，然后用毛巾盖在喷嘴上放气，以去除酒中的气泡（避免咖啡喷得到处都是）。现在充入第 2 粒气弹，摇晃至少 12 秒。放下发泡器，静置约 90 秒。慢慢地放气，速度一定要慢。这么做能够保持气泡。将酒倒入冰过的细长型香槟杯。

不含意式浓缩咖啡的意式浓缩咖啡饮品

刚开始进行鸡尾酒试验时，我对用蒸馏去除苦味同时又保存风味很感兴趣。我试着做一款没有苦味的咖啡利口酒，因为这样就不需要加糖了，但没成功。不论用咖啡粉还是咖啡液，蒸馏出来的酒都完全没有优质咖啡的浓郁味道。原来，如果没有那些无法被蒸馏的苦味、厚重的元素，咖啡味是完全尝不出来的。

蒸馏不行，我就改用浸渍。但味道仍然不对……直到我研发出快速一氧化二氮浸渍技法。没有快速浸渍，我的咖啡鸡尾酒味道会太淡或有种挥之不去的苦味。快速浸渍让我能够做出风味纯粹、浓郁的咖啡味烈酒，它具有令人愉悦的咖啡苦味，但不涩。调酒时，这样的烈酒只需要少量糖来平衡。现在，我的咖啡味烈酒只有一个问题：它仍然需要加牛奶才能达到理想的质感。你可以猜到我对此感受如何。我的第二个突破来自牛奶浸洗技法（详见第245页"牛奶浸洗"部分）。在牛奶浸洗过程中，你要在烈酒中加奶，使牛奶自行或在外力的作用下凝结，然后将固体物滤出。这样做出来的烈酒仍然含有乳清蛋白质，可以做出泡沫丰富的美妙鸡尾酒，但不带牛奶味。

终于！我做出了自己真正喜欢的冰咖啡饮品！下面的配方从"快速浸渍"部分的图巴咖啡改编而来。在配方里，我用到了一种西非香料几内亚胡椒（第182页）。这个配方的基酒是陈年朗姆酒。首先要浸渍：

咖啡萨卡帕（Zacapa）鸡尾酒

咖啡萨卡帕的原料

750 毫升萨卡帕 23 年朗姆酒，分成 500 毫升和 250 毫升 2 份

100 毫升过滤水

100 克偏深烘焙的整粒新鲜咖啡豆

185 毫升全脂牛奶

柠檬酸或柠檬汁（如有需要）

制作方法

用香料研磨器将咖啡豆磨成比滴滤咖啡细一点的粉。将 500 毫升朗姆酒和咖啡粉倒入 iSi 发泡器，装入 1 粒气弹，摇晃，然后装入第 2 粒气弹。摇晃 30 秒。浸渍时间为 1 分 15 秒。释放压力。跟大多数浸渍不同的是你无须等到冒泡声消失，否则酒会浸渍过度。相反，等待 1 分钟就可以将酒通过细孔滤网倒入咖啡滤纸中。如果你直接把酒倒入咖啡滤纸，滤纸很快就会堵塞。酒应该在 2 分钟内过滤完毕。如果没有完成，就说明咖啡粉磨得太细了。将滤完的咖啡粉倒入滤纸中并搅拌，然后均匀地倒入水，进行咖啡粉滴滤（这一步称为过水）。倒入的水会取代浸渍过程中残留在咖啡粉中的一部分朗姆酒。过水时从咖啡粉中滴滤出的液体应该由 50% 的水和 50% 的朗姆酒组成。

现在，你应该损失了差不多 100 毫升残留在咖啡粉中的酒。在这一部分酒中约一半是水，另一半是朗姆酒，所以最后浸渍出来的朗姆酒烈度会比一开始低一点。

品尝一下浸渍好的朗姆酒。如果味道很浓郁（这是件好事），加入剩余的 250 毫升朗姆酒。如果加酒后咖啡味变淡了，说明咖啡研磨得太粗，这时不能再加朗姆酒，并且要把牛奶浸洗的牛奶用量减少到 122 毫升。

搅拌时，将咖啡朗姆酒倒入牛奶，而不是将牛奶倒入咖啡朗姆酒，否则牛奶会立刻结块。停止搅拌，使混合物凝结，时间应该在 30 秒以内。如果没有凝结，可以一点点地加入少许 15% 的柠檬酸溶液或柠檬汁，直到混合物开始凝结。注意在凝结时不要搅拌。牛奶凝结后，轻轻地用勺子推动凝乳，但小心不要把它戳破了。这一步有助于从牛奶中吸取更多酪蛋白，使成品更清澈。将混合物放入圆形容器，然后放入冰箱过夜。凝乳会沉底，你就可以将表面的清澈液体倒出来了。用咖啡滤纸过滤凝乳，将残留的最后一点液体滤出。你也可以在牛奶凝结之后将液体放入离心机，在 4000 克离心力下旋转 10 分钟。我就是这样做的。

最终酒精度约为 35%。

下面的配方能做出一杯份量为 3 $\frac{9}{10}$ 盎司（117 毫升）的咖啡萨卡帕鸡尾酒，酒精度 7.9%，含糖量 7.9 克 /100 毫升，含酸量 0.38%。

咖啡萨卡帕的原料摇匀

2 盎司（60 毫升）咖啡萨卡帕

1/2 盎司（15 毫升）单椒糖浆

2 小滴盐溶液或 1 小撮盐

冰

制作方法

将所有原料倒入摇酒壶摇匀。滤入冰过的碟形杯。这杯酒应该口感顺滑，泡沫丰富。

进一步探索

我想重新尝试咖啡蒸馏，开始经历失败后，我就再也没试过。如果先将烈酒和咖啡一起蒸馏，再用咖啡粉浸渍蒸馏液，或许可以做出超级咖啡烈酒——双重咖，我想尝试专门为了鸡尾酒而调整萃取意式浓缩咖啡的方式。如前所述，意式浓缩咖啡的泡沫丰富度取决于烘焙咖啡豆中的 CO_2 含量。咖啡的烘焙度越深，CO_2 含量就越高，泡沫也就越丰富。不过，如果你用的是中度烘焙咖啡豆，意式浓缩咖啡中的泡沫会更稳定。所以，我会选择中度烘焙咖啡萃取，以保证 CO_2 的水平。如果我够幸运，可以萃取 1 ½ 盎司意式浓缩咖啡，并且使咖啡直接流入装有 1 盎司烈酒的杯中，做出一杯质感美妙的热意式浓缩咖啡。 在家里，我的意式浓缩咖啡机同我的充气系统一样是与过滤水系统连接在一起的。我应该能够比较轻松地将充气系统输出跟咖啡机输入连接起来。如果我用气泡水萃取咖啡，泡沫应该会更多。我的咖啡机会通过热交换加热萃取咖啡的水，这意味着用于萃取咖啡的水会迅速从室温变成高温，并且在整个加热萃取的过程中都处于最大限度的 135PSI 压力下。这或许能成功。

我还想尝试直接萃取热鸡尾酒：将烈酒和水混合，然后用意式浓缩咖啡机萃取，效果可能很好，也可能很糟。我知道我会在尝试的过程中学到很多。

金汤力

我将用我的鸡尾酒之旅的起点作为本书的结尾，即金汤力，它是我记忆中我父亲做的第一杯酒。他会给自己做一杯金汤力，再给我一杯加了青柠的汤力水。金汤力是我深入研究的第一款鸡尾酒，它激发我创造出了大量调酒技法。我仍然每天都会想到它。金汤力值得深刻思索。

金汤力看上去非常简单：金酒、汤力水和青柠挤的汁。一杯好的金汤力非常迷人，它爽脆、清新，口感偏干，带点尖酸和苦味，香气四溢，透明的酒中升腾着大量气泡。但金汤力几乎总是令人失望：有时金酒太多了，所以气泡不够；有时金酒太少了，所以香气不足、甜度过高。最常见的情况是金酒和汤力水都没有冰过，酒杯里又放了大量已经开始化水的冰块，导致做出来的金汤力味道跟水差不多。一杯简单的酒为什么会如此难做？答案很简单。用传统技法不可能做出优质金汤力。是的，不可能。没有任何一种金酒和汤力水比例能够达到风味上的平衡和拥有足够的气泡感。你可能会认为我是个异类，多年跟我父亲一起喝汤力水的经历已经毁掉了我对金汤力的认知。但我认为，如果你用心地思索一下，一定也会觉得你对传统金汤力的气泡感并不满意，即使金汤力是你最爱的鸡尾酒。

如何用基本工具做出最好的金汤力

如果你想用传统技法做出最好的金汤力，必须先将金酒放入冰柜保存。必须用新鲜的汤力水，要先放进冰水降温，用的时候再开瓶（如果你实在做不到，也可以用从冰箱里拿出来的汤力水，但要把它放在冰箱温度最低的区域——将芹菜冻到结冰的区域保存）。我说的"新鲜汤力水"不只是刚开瓶，还必须是新买回来的。塑料瓶装汤力水气泡消散的速度很快，而且小瓶装的速度比大瓶装更快。在室温下，20 盎司（591.4 毫升）瓶装汤力水的气泡会在 1 个月内失去大量气泡。如果你买的是玻璃瓶装或听装汤力水（气体无法渗透的），则存放时间不是问题。

开始调酒前，你必须决定用哪种酒杯。我通常会用细长型香槟杯（不加冰）来盛放金汤力，但我总是会采用外力充气技法。如果你不是用外力充气，香槟杯并不合适，最好用加了冰块的标准高球杯。你要在酒杯里倒入 1 ¾ 盎司（52.5 毫升）金酒和 3 ¼ 盎司（97.5 毫升）汤力水，做出一杯份量为 5 盎司（150 毫升）的金汤力。你可以用量酒器量取金酒，但汤力水无须这样做，用量酒器会损失太多气泡。 正确的做法是在调酒前把 5 盎司水倒入杯中，看一下水的液面线在哪个位置。试着不用量酒器，靠目视在杯中倒入等量的水，然后测量一下你倒入的量有多精准。试过几次后，你应该可以每次都将误差控制在 1/4 盎司（7.5 毫升）之内，甚至更少。 你还可以试着记住 1 ¾ 盎司（52.5 毫升）的液面线处于杯壁的哪个位置，这样你就能直接倒入金酒，但我还是每次都用量酒器。现在，准备调酒了。

在调酒前的几分钟，一定要把酒杯放入冰柜冷冻。把青柠切成 4 瓣，一杯酒用一瓣。调酒时，从冰柜里取出酒杯和金酒，在杯中倒入 1 ¾ 盎司（52.5 毫升）金酒（先倒酒，再倒汤力水）。接下来，将酒杯倾斜45°，慢慢将冰凉的汤力水倒入杯中。倒汤力水时，慢慢将酒杯拿正，然后到达你记住的 5 盎司液面线时就停止。正确的操作顺序很重要。你的目标是完全混合两种原料，同时又不做任何会破坏气泡的动作，比如搅拌。跟将金酒倒入汤力水比起来，将汤力水倒入金酒的混合效果更好。汤力水的密度比金酒大（即使是冰柜温度的金酒），所

以汤力水会沉到金酒下面。而且，配方中的汤力水用量比金酒大，在混合两种液体时将份量较大的液体倒入份量较小的液体效率更高。另外，先倒金酒还有一个好处：它能够融化附着在酒杯内壁上的冰晶，这些冰晶会变成气泡成核点，在汤力水跟它们接触时形成大量气泡。

接下来，你要在杯中挤入一瓣青柠的汁，挤多少取决于你的个人偏好。如果你在倒汤力水之前挤入青柠汁，可以让酒混合得更好，但青柠汁含有气泡成核点和能够稳定气泡的表面活性剂，如果加得太早则会破坏汤力水的气泡。

5

不适合懒人的制作方法——非科技版金汤力：1. 提前冰冻酒杯和金酒，然后将金酒倒入酒杯；2. 倾斜酒杯，倒入新鲜冰凉的汤力水；3. 挤入适量新鲜青柠汁；4 轻轻放入未解冻过的冰柜冰；5. 将青柠放在最上面，然后开始享用

如果你有一台苏打流或其他外力充气设备，可用如下配方：1 ¾ 盎司（52.5 毫升）金酒和 3 ¼ 盎司（97.5 毫升）汤力水，然后将做好的金汤力放入冰柜，直到开始形成冰晶，然后根据第 266 页"充气"部分介绍的技法进行外力充气（如果你用的是苏打流，必须把配方份量加倍）。我会用冰过的细长型香槟杯来盛放这样做出来的金汤力，而且杯中不加冰，你值得来上一杯！将酒倒入杯中后再挤青柠汁，而且不要把青柠放入杯中，除非你想让自己为保存气泡而付出的努力白费。用澄清青柠汁的效果更佳。

然后加入冰柜温度的冰，注意不是解冻过的冰。不要直接将冰扔进酒里。要用吧勺轻轻把冰推入酒里。最后加冰这一点非常重要，如果在倒酒之前加冰，倒入汤力水时会起泡，而且也不方便把酒混合均匀。最后加冰有助于混合。如果你是用的是刚从冰柜里取出的冰，它几乎不会带来额外的稀释。温度会使冰块产生裂缝，但这对金汤力而言不是个问题。如果你喜欢，可以把青柠瓣放在杯子的最上面。如果你将青柠直接放入酒中，它会形成稳定的气泡成核点，但加了冰块后，青柠只会处在酒上方，不会破坏气泡，而且客人还能在举起酒杯时闻到怡人的香气。

金汤力之道

2005 年，我意识到传统金汤力永远不可能让我满意。这是个意义深远的时刻。我认识到气泡是一种原料，而且我必须掌握充气技法才能将酒中的汤力水跟气泡分离开来。我觉得我必须将一整杯金汤力分解，再根据基本原理重组。我不会在这里细说我的充气试验，因为我在"充气"部分已经非常详细地介绍过了。让我们来探讨汤力水和金酒。

汤力水 101

汤力水的原料包括水、甜味剂（美国生产商通常用的是高果糖玉米糖浆）、柠檬酸、硫酸奎宁和"风味"。奇怪的是很多人认为汤力水同赛尔兹气泡水都是无糖无热量的。事实并非如此，汤力水跟汽水一样甜，前者含糖量通常在 9.5% ～ 10% 之间（按重量计算）。

我喜欢汤力水，一直都喜欢。我并不想彻底改造汤力水或给它增添新风味。我的目标很简单：做出超级清新、超级爽脆、水晶般透明、口感无比纯净的汤力水，它将是世界上第二清新的饮品（第一是赛尔兹气泡水）。

奎宁

汤力水与其他柠檬 / 青柠味汽水不同的原因是它添加了一种特殊的原料——奎宁。奎宁是一种极苦的植物碱，在紫外线灯或黑光灯照射下会发出强烈的荧光（很多去夜店的人都已经知道了这一点）。奎宁来自南美洲金鸡纳树皮，早在有历史记载之前就在如今的玻利维亚和秘鲁一带被当作草药使用，而且从 16 世纪开始被欧洲人用来治疗疟疾。很多草药主要用作安慰剂，但奎宁不一样，它真的有治疗作用。19 世纪初期，它对欧洲人征服疟疾肆虐的殖民地起到了重要作用。19 世纪中期，人们发现每周或每天服用少量奎宁能够预防疟疾，于是汤力水诞生了。今天，汤力水的奎宁含量不足以起到预防疾病的效果，但在疟疾仍然存在的某些国家，人们会为了预防而定期服用奎宁，就像我在塞内加尔见到的那样。

我读过一些预防疟疾方面的论文，说每天要服用约 0.3 克硫酸奎宁才能起到预防疟疾的效果。美国法律规定汤力水的奎宁含量上限是每升 85 毫克，所以你要喝 3.5 升汤力水才能预防疟疾。这个量很大，而且商业汤力水的奎宁含量通常比法定上限低得多。

我需要一些奎宁。我考虑过采购金鸡纳树皮（它相对容易买到），然后进行浸渍处理，但金鸡纳浸液是棕色的，而且用咖啡滤纸过滤后仍然有悬浮杂质。既然我的理想金汤力是水晶般透明的，这个方法显然行不通。在早期尝试中，我还没有研发出有效的澄清技法，所以我知道金鸡纳树皮会破坏充气效果。奎宁并非金鸡纳树皮含有的唯一物质，所以我肯定还会提取其他的非奎宁风味。我决定还是选择纯奎宁。

购买纯奎宁并不容易。奎宁有时会被用来治疗晚间腿痉挛（抽筋），1994 年以前，你可以在药店直接购买这种药。在我刚开始尝试鸡尾酒新技法时，医生经常会给病人开这种药。我母亲就是医生！"没门儿！"她毫不犹豫地说。她表示，除了明显违反职业道德外，她不可能给我开一种有潜在健康风险

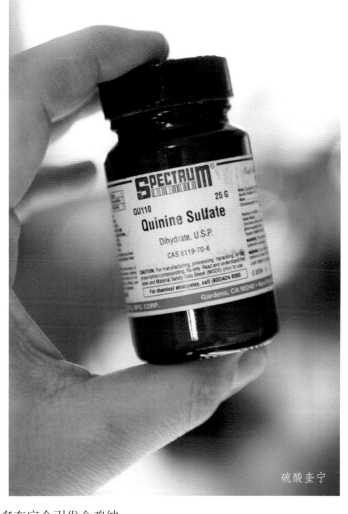

硫酸奎宁

的药物，然后让我将其用在鸡尾酒里。原来，摄入过多奎宁会引发金鸡纳中毒症：轻者感到恶心和头晕，重者会暂时丧失听力和视觉，最严重的甚至会出现心跳暂停或肾衰竭。好在奎宁味道太苦了，所以在使用得当的前提下几乎不可能意外过量服用。你永远不会欣然喝下一杯放了过多奎宁的鸡尾酒，我坚信。我母亲（毫不意外地）拒绝了我。最后，我从一家化学用品商店买到了纯奎宁。从化学用品商店购买原料要特别小心，很多化学物质都有不同等级。如果你是用化学物制作食品或饮料，它必须是美国药典（USP）级、食品级或同等级别，低于这些级别的化合物可能含有危险的杂质。这个安全提示适合所有人。遗憾的是 USP 级奎宁价格不菲。撰写本书时，它的价格在化学用品商店里是 10 克将近 100 美元，而 100 克要卖近 500 美元。

关于奎宁的重要安全准则

如果使用不当，奎宁会带来健康风险。只需要 1/3 克（以前用来预防疟疾的推荐份量）就能让一部分人产生轻微金鸡纳中毒症状。我重复一遍：1/3 克。永远不要让不熟悉安全准则的人应用奎宁。奎宁在服用前必须稀释。我通过制作奎宁单糖浆来提前稀释，而且我会用精确到 0.01 克的电子秤来称量。除非你也有一台至少这么精确的电子秤，否则不要用奎宁。奎宁稀释到安全浓度后就不会产生服用过量的风险，除非有些疯子决定喝下 1 升你做的奎宁单糖浆。

我再次强调：不要尝试使用未经稀释的粉末状奎宁。用粉末状奎宁调一杯酒只需要极其微小的量，几乎不可能测量。即使你可以准确测量，奎宁也往往会结块，难以溶解。结块的奎宁只有进入口中才能尝出味道，所以你无法预判份量是否对或者是否会导致服用过量。你必须检查你做的奎宁糖浆，确保所有奎宁都已完全溶解，而且最后还要用细孔过滤器过滤。

奎宁和金鸡纳的运用

在早期试验中，我用自制奎宁水来调酒，所以我无须调整其他任何成分（如甜度和酸度）就能改变苦度。经过多年的配方改良，我现在可以直接在单糖浆中加入奎宁。我发现糖浆更容易使用、制作、保存和量取。下面是我的配方。

奎宁单糖浆

原料

0.5 克 USP 级硫酸奎宁

1 升单糖浆（将 615 克水和 615 克糖混合，直至糖完全溶解。注意原料是按重量计算，但是最后能做出体积为 1 升的奎宁单糖浆）

制作方法

小心地在一个完全干燥、不粘、不产生静电的小容器里称一下奎宁的重量。不要让任何奎宁粘在容器里。将剩下的奎宁收好，防止任何人误食。将单糖浆倒入搅拌机，启动机器，然后将奎宁倒入单糖浆。搅拌机设置中等速度运转 1 分钟左右。关掉机器，等待气泡从糖浆中冒出。糖浆应该是透明的，没有任何奎宁颗粒。如果仍然可以看到粉末状奎宁，那就继续用搅拌机搅拌。用细孔过滤器将糖浆滤入保存容器。

根据我给出的配方制作奎宁单糖浆，然后试着用它调酒，过一段时间后再做调整。如果你觉得我的配方对你来说味道太苦了，可以加入适量普通单糖浆，而不是减少配方中的奎宁用量。在酒吧里，要精确量取和放入 0.5 克以下的量并不容易。如果你觉得糖浆还不够苦，解决办法会更复杂。每升单糖浆加 0.5 克硫酸奎宁正好是奎宁可溶解度的上限。要溶解更多奎宁会很难。你将不得不制作含糖量比 1 ：1 糖浆更低的糖浆。遗憾的是含糖量更低的糖浆的保质期会缩短。

奎宁的可溶解度实际上正是这个配方的妙处之一。如果你做好所有的预防措施（外观检查、过滤），这个配方不会导致奎宁摄入过量。汤力水的标准含糖量是 10%（按重量计算），所以，用这款糖浆制作的 1 升汤力水中含有 170 毫升（208 克）奎宁单糖浆，相当于 0.069 克奎宁，这比法律规定的每升 0.083 克上限要低得多。假设要使这款糖浆中的奎宁量接近上限，你制作的汤力水含糖量必须要接近 13%，这个甜度已经让人无法入口了。

如果你不想用奎宁，可以换用金鸡纳树皮，比如下面配方。

金鸡纳糖浆

1.2 升量

原料

20 克（约 3 汤勺）粉末状金鸡纳树皮（可在网上或药草店买到；如果你找不到粉末状产品，可以用香料研磨器将树皮片磨成粉）

750 毫升过滤水

750 克砂糖

制作方法

将水倒入平底锅，加入粉末状树皮，开中高火煨煮。开小火，继续煨煮 5 分钟，等待冷却。先用细孔过滤器过滤，用咖啡滤纸过滤。按压粉末，萃取更多液体（可以用离心机处理金鸡纳树皮水）。将金鸡纳树皮水重新稀释到 750 毫升（在浸渍过程中会失去一部分水），然后加糖，搅拌至糖溶解。

金鸡纳树皮

青柠和金酒

除了奎宁和糖，汤力水还含有柠檬酸和风味。对我而言，这些风味只不过是青柠或者柠檬加青柠。我对商业汤力水最大的不满在于柑橘风味太糟糕。当我解决了奎宁的问题之后，一个更棘手的问题出现了：青柠。早在 2006 年，我还没找到给含有果汁的液体充气的好方法。我还没研发出任何澄清技法，所以我只能用冻融明胶澄清，它需要几天时间才能完成，或者是老派的法式清汤式澄清，它需要煮沸。这两种方法都不合适。青柠汁必须在榨取当天用完，而且它永远都不用加热。

当时，我正在用一台自己拼装的旋转蒸发仪进行低温真空蒸馏试验，所以我试着在室温下蒸馏出新鲜青柠风味。我蒸馏了纯青柠汁、带皮青柠汁，以及前两者加金酒的混合液。我更喜欢不带皮的青柠汁的蒸馏液。但真正的发现是与金酒一起蒸馏的青柠汁比纯青柠汁的味道好太多了，因为乙醇能够比水更好地保存挥发性物质（多年以后，我发现了不用乙醇就能蒸馏出顶级风味的秘密——液氮冷凝器。液氮会冷冻冷凝器里的所有挥发性物质，将其保存下来。但这要在多年后才能发现）。当时我还不能有效地用自制真空机保存所有蒸发掉的风味，所以我很快就升级了机器，即一台从易趣网上买来的 1980 年的旋转蒸发仪，价格为几百美元。

这台旋转蒸发仪让我的青柠和金酒蒸馏取得了很大进展。我收到货的时候，它浑身脏兮兮的，散发着四氧化碳（CO_4）的气味 [至少它散发着我记忆中的 CO_4 的气味。我的高中化学老师祖克（Zook）夫人总是备着 CO_4，给她最喜欢的学生做非极性溶液试验用]。我把它彻底地清洗了一遍。它很老，而且需要小心使用。在旋转蒸发仪运转了几百小时后，我对其工作原理有了深刻的理解。

首先，我发现了哪些物质是不能被蒸馏的。比如，青柠汁的酸类就不能被蒸馏，糖类也不行。为了做出尝起来像青柠汁的青柠金酒蒸馏液，我必须重新加入青柠酸。青柠汁含有比例为 2 ：1 的柠檬酸和苹果酸，还有一点琥珀酸。这让我悟出商业汤力水的味道不理想是因为生产商只用了柠檬酸。柠檬酸只有柠檬的味道。只有加入苹果酸（它的味道像是青苹果味的沃赫德糖果）后，两种酸的组合尝起来才像是青柠。柠檬酸和苹果酸都很容易买到，所以汤力水生产商选择不加苹果酸真是令人震惊。然而，理想酸味的真正秘密在于我添加了极少量的琥珀酸。琥珀酸本身的味道很差

奎宁来自哪里

很多人在网上声称奎宁是合成的，这些人可能会说我购买的奎宁也是合成的。我找不到一丝可信的证据（也就是说，有一个可追溯的来源）证明这是事实。恰恰相反，我所读到的一切都表明从金鸡纳树皮中提取奎宁仍然是最便宜的生产方法。你认为饮料公司会为合成产品花更多的钱吗？

（苦／咸／酸，令人不快）。但奇怪的是在使用极其微量（几万分之一）时，它能明显提升鸡尾酒的整体风味。

也是大概在这一时期，我开始尝试蒸馏金酒。我会加入自己喜欢的风味，通常是泰国罗勒、芫荽叶、烤橙子和黄瓜，再加一些杜松子，这样才能把我蒸馏出来的酒叫作金酒。有些蒸馏液的味道非常棒，但没有一款能够被称为真正的金酒。学习蒸馏使我对专业蒸馏师产生了崇敬之情。我决定还是把蒸馏金酒留给专业人士。

我父亲最爱的金酒是孟买。不是孟买蓝宝石，而是老牌的孟买伦敦干金酒，其酒标上印有维多利亚女王头像的那款。它是一款优质金酒，比起孟买蓝宝石，我更喜欢它。但在制作金汤力时，我会用添加利。下面是我的金汤力制作方法，原创于 2007 年。

按 2：1 比例混合柠檬酸和苹果酸，用水溶解。制作 1：1 比例的单糖浆（那时我还没有开始做奎宁单糖浆）。制作稀释过的奎宁水。榨青柠汁，然后加入添加利，用旋转蒸发仪在室温下蒸馏。冷凝器要至少降温到 −20℃，这样每升金酒才能蒸馏出 700 毫升酒。取一些冰块，将金酒倒入冰块中，搅拌至冰凉和部分稀释（小心不要稀释过度）。根据个人口味加入混合好的柠檬酸和苹果酸，然后依次加入单糖浆、奎宁水、一小撮盐和一小撮琥珀酸，然后尝味并调整（我会进行 4～5 次调整，加一点这个，再加一点那个，直至味道满意为止）。冷却后充气（那时我还不会用液氮，所以我用冷却旋转蒸发仪冷凝器的制冷机来冷却酒）。

瓶装酒烈度的金汤力

我做金汤力试验曾经误入歧途。瓶装酒烈度的金汤力就是一个例子，它说明了我对金汤力风味的探索有多极端。我可以做出烈度跟纯金酒一样、味道又很好的金汤力一口饮吗？当然可以。我有一台旋转蒸发仪，我可以轻松地除去金酒中的水分，用汤力水风味来代替，但这么做有几个问题。

出于不止一个原因，我知道金汤力一口饮必须非常冰。首先，冷却能够抑制酒精对嗅觉和味觉的冲击力，避免其他风味被掩盖掉。其次，冷却能够使我在特定压力下在酒中充入更多 CO_2，而高烈度酒液需要大量 CO_2 才能具有气泡感。我用伏特加做过试验，冰冻一口饮在温度介于 –16℃ 和 –20℃ 之间时口感最佳。如果温度远低于 –20℃，喝起来会很痛苦（我把目标定为喝起来不痛苦的温度下限是 –20℃）。把一口饮的温度降到这么低也会产生问题。糖和酸的平衡取决于温度。低温会让你对甜味的感知变得比对酸味迟钝得多。跟 –7℃ 的饮品（如我的一款常规气泡鸡尾酒）相比，你需要在 –20℃ 的一口饮中加入更多糖，才能让味蕾感知到同样的甜度。因此，瓶装酒烈度的金汤力只有在一个非常严格的温度范围内才适合饮用。如果冷却过头了（哪怕只有几摄氏度），一口饮会冻疼客人的舌头。如果温度超过 –16℃，一口饮会甜到齁，而且酒味太重。瓶装酒烈度的金汤力的理想饮用温度只能在 –16℃ 和 –20℃ 之间！我知道我可以在理想温度下给客人送上这款一口饮，但如果他们犯傻了，如忙着聊天而没有立刻喝下我送上的一口饮，酒的温度会升高。我将看到人们只顾站在那里聊天，而一口饮正在他们的手中变得完全没法喝，这会让我焦虑。我意识到，我无法强迫人们立刻把整杯一口饮干掉。

这个试验让我对高烈度气泡鸡尾酒失去了兴趣。我现在只做烈度偏低的气泡鸡尾酒。它们对温度的敏感度没那么高，而且没那么甜腻和醉人，而且制作起来也更轻松。瓶装酒烈度的金汤力是一个我不会再踏入的"雷区"。但如果你对它感兴趣，可以参考以下配方。

将 1 升添加利和半升新鲜青柠汁混合，在室温下用旋转蒸发仪蒸馏出 700 毫升酒，冷凝器温度为 –20℃（美国市场上的添加利酒精度是 47.3%。旋转蒸发仪里几乎没有酒精残留，所以 700 毫升蒸馏液的酒精度约为

67%）。现在，你可以在略少于 300 毫升的液体里加入风味，然后与再蒸馏出来的添加利混合，这样最终酒精度仍然是 47.3%。根据个人口味加入浓缩青柠酸及单糖浆、奎宁和盐，然后将混合液的温度降到 −20℃。尝一下平衡度，调整，再将混合液稀释到 1 升。重新冷却，在 50PSI 的压力下充气。将充完气的金汤力放入温度为 −20℃ 的制冷机中保存，需要饮用时再拿出来。倒入非常冰的一口饮杯。

澄清让我的生活更轻松

青柠蒸馏液的保质期并不比新鲜青柠汁更长，所以我发现我在每次活动之前都要突击蒸馏大量青柠。这么做很麻烦，因为我每小时只能蒸馏出 1 升的量，而且在这期间我被困在了旋转蒸发仪旁边，不能做别的。

当我终于找到了澄清青柠汁的方法时，我的生活变得轻松了很多。我不需要再用旋转蒸发仪制作金汤力了！我可以一次性澄清几升青柠汁。突然之间，我可以一次性为活动做出大量金汤力。生活真美好。金汤力的品质也很好。唯一的美中不足是我仍然在大批量手工冷却鸡尾酒，充气之前用液氮冷却。这个步骤并不利于在酒吧里以完美状态呈现金汤力，因为用液氮在酒吧里冷却单杯鸡尾酒很困难（原因详见第 118 页"另类冷却"部分）。你不能把整批金汤力都放入冰箱（温度不够低）或冰柜（温度太低了）。为了解决这个问题，我买了一台兰德尔 FX 冰箱 / 冰柜，它可以精准控温，上下波动不大。我把它的温度设置在 −7℃，将需要充气的大批量酒液放进去保存几小时之后再充气。充气结束后，这台兰德尔还将使气泡金汤力保持在完美的温度，直到需要饮用的那一刻。

如果你的自制金汤力计划在一天内喝完，可以在充气前再加澄清青柠汁，如果要保存 1 天以上（这对酒吧来说很合理），你应该每天都澄清青柠汁（这一点绝不能忽略），然后在将金汤力倒入酒杯时再加青柠汁。少量未经充气的澄清青柠汁不会影响气泡感。下面是我目前在用的配方。

下面的配方能做出一杯份量为 5 ½ 盎司（165 毫升）的气泡金汤力，酒精度 15.4%，含糖量 4.9 克 /100 毫升，含酸量 0.41%。

原料

整整 1 ¾ 盎司（53.5 毫升）添加利金酒（酒精度 47%）

略少于 1/2 盎司（12.5 毫升）奎宁单糖浆（第345 页）或金鸡纳糖浆（第 346 页）

略少于 3 盎司（87 毫升）过滤水

1 ~ 2 小滴盐溶液或 1 小撮盐

3/8 盎司（11.25 毫升）澄清青柠汁（含酸量 6%）

制作方法

将除了青柠汁之外的所有原料混合，冷却至 -10 ~ -5℃。在 42 PSI 的压力下充气。将酒液倒入冰过的细长型香槟杯，加入青柠汁。如果你是加了青柠汁之后再充气，金汤力必须在当天喝完。如果你是在充气之后再加青柠汁，金汤力可以一直保存很长时间。

为了不让你觉得意犹未尽，我将在这里给出自制汤力水的配方，你可以自行选择酸味剂。加新鲜青柠汁的版本必须现做现用，其他版本可以长久保存，但时间久了味道会变差。不管哪个版本，制作方法都是一样的。这样做出来的汤力水口感偏干。

自制汤力水的两种方法

下面的配方能做出 34 盎司（1021 毫升）汤力水，含糖量 8.8 克 /100 毫升，含酸量 0.75%。

原料

4 ¾ 盎司（142.5 毫升）奎宁单糖浆或金鸡纳糖浆

4 ¼ 盎司（127.5 毫升）澄清青柠汁（含酸量6%）或预制青柠酸（第 44 页）（含酸量 6%）；如果你不想用预制青柠酸，可以取 5.1 克柠檬酸、2.6 克苹果酸和极其微量的琥珀酸，溶解于 4 盎司（120 毫升）水中（含酸量 6%）

20 小滴（1 毫升）盐溶液或几小撮盐

25 毫升（750 毫升）过滤水

制作方法

将所有原料混合后冷却，在 40 ~ 45 PSI 压力下充气。

金汤力

进一步探索

现在，我很想做出一款跟金汤力有着同样的感觉但不含汤力水的鸡尾酒，即不含青柠和奎宁。为什么？因为我想这么做，它是个挑战，我已经离成功很近了。到目前为止，我找到了两种代替汤力水的最佳候选原料：五味子和卡姆果（一种来自南非的水果）。但它们有个大问题：在美国，它们被当作药品和超级食物出售，所以供应商并不在乎它们的味道。这一点让我抓狂。

五味子

五味子（植物五味子的果实）原产于中国。顾名思义，它有 5 种风味，这几乎是贴切的。它既酸又苦（所以很适合用来做汤力水风格的饮品），同时又带点甜味和胡椒味。所以，它有 4 种风味。据说它还有咸味，但我没有尝出来。我觉得它的风味太有趣了。

五味子在中国被当作是传统中药。在美国，它被作为干莓果出售，而且质量参差不齐。不要买过于干燥、外表已经变得像胡椒的五味子，要买漂亮的红色五味子。

我试过把五味子放进用水泡的茶、直接用金酒浸渍、做成金酒胡斯蒂诺、用 iSi 发泡器跟金酒一起浸渍。至今为止，直接浸渍的效果最好。通过不断试验，我做出了一些非常清新的胡椒味金汤力，我非常喜欢。但我还没有取得稳定的结果，可能是原料品质不稳定，所以我无法和你分享配方。但是我鼓励你自己去尽情尝试！

卡姆果

2012 年，我在波哥大参加了一场讲座，主题是如何运用稀有的土生哥伦比亚雨林原料。我一般不会错过学习新原料的机会。遗憾的是那场讲座是用西班牙语讲的，而我不会西班牙语。主讲人开场时介绍了一种水果：他说它的维生素 C 含量比地球上的任何其他水果都多，所以抗氧化能力极强。这种水果的名字叫卡姆果（疑拟香桃木果）。依靠我仅有的一点西班牙语，我了解到卡姆果含有 1.5% 的纯维生素 C。但这一点对我来说毫不重要。我每天的维生素 C 摄入量之大足以让莱纳斯·鲍林（Linus Pauling）*都看上去会得坏血病。

讲座结束后有一个品鉴会，其中有卡姆果泥品鉴。一开始我不是很感兴趣，因为我以为会尝到新鲜卡姆果。但卡姆果只能在雨季采摘，采摘工人要划着独木舟，从生长在水里的野生灌木上采摘它们。新鲜卡姆果在运到城里之前就会变质，所以摘下来就要做成果泥。果泥是鲜红色的。我尝了一下它的味道。哇！我立刻就知道我找到了完美的金汤力替代品！想象一下吧：汤力水的苦、青柠的酸、还有一点香料味——我觉得有点像是圣诞节的感觉。我太喜欢了。我想尽办法要到了一瓶卡姆果酱。我去波哥大是为了做一场调酒展示，所以刚好带了维诺信果胶酶 SP-L 和一台 200 美元的迷你便携离心机。我对卡姆果进行了澄清，做成透明果汁，再加入金酒、糖和盐并充气。那绝对是一杯极妙的鸡尾酒。我欣喜不已。

回到家之后，我开始研究卡姆果。它在美国也能买到，但只有糟糕的卡姆果粉。正如我前文所写，超级食品的味道往往并不重要。最后，我找到了一款卡姆果泥并下了单。它产自秘鲁，而不是哥伦比亚，但我觉得差别不大。收到货时，我几乎把整个包裹都撕碎才把果泥取出来。看到实物的时候，我呆住了，它是黄色而不是红色的。这代表了以下 3 种情形之一：它们是不同的水果（或至少是一个不同的变种），它在未成熟的时候就被采摘下来了，或者果皮在处理时没有跟果肉接触。尝过味道之后，我的担心得到了证实。它没有香料味或苦味。远在哥伦比亚的人们，能够获得这种原料。别浪费，用它来调酒吧！

---

* 译者注：莱纳斯·鲍林（Linus Pauling，1901 年 2 月 28 日－1994 年 8 月 19 日），美国著名化学家，量子化学和结构生物学的先驱者之一。1954 年因在化学键方面的工作取得诺贝尔化学奖，1962 年因反对核弹在地面测试的行动获得诺贝尔和平奖。

资源推荐

EQUIPMENT AND BOOKS

Cocktail Kingdom
www.cocktailkingdom.com
These folks sell all the good cocktail gear, and they have the best reprints of classic cocktail books that I have ever seen. Check out the Bad Ass Muddler, the fine-spring strainer, and the bitters bottle dasher tops.

J. B. Prince
www.jbprince.com
This is an awesome chef's supply store that sells only high-quality stuff. It has a wide array of ice carving/handling equipment. If you find yourself in New York City, visit the showroom at 36 East 31st Street, eleventh floor. You won't be disappointed.

Mark Powers and Company
http://www.markpowers-and-company.com
I get all my soda and carbonation supplies here except the carbonator caps, including cold plates, carbonators, Corny kegs, tubing, and clamps. The staff is friendly and the prices are good.

Liquid Bread
http://www.liquidbread.com
Makers of the carbonator cap.

Katom
www.katom.com
This is a good inexpensive website for restaurant supplies like bar mats if you don't have access to real live kitchen-supply joints.

McMaster-Carr
www.mcmaster.com
Need some weird industrial doo-dad? Need it tomorrow? Are you willing to pay 30 percent more than you should just so you don't have to scour the Internet for another source? McMaster's got you cov-ered. I use it constantly. Similar but less complete industrial suppliers are *www.grainger.com* and *www.mscdirect.com*.

Amazon
www.amazon.com
Yeah, you already knew to check here. I include it because many suppliers of scientific gear have started selling on Amazon, including purveyors of the $200 centrifuge and all the lab glassware you will ever need.

If you are looking for books, skip Amazon and buy from the folks at Kitchen Arts and Letters in New York, *www.kitchenartsandletters.com*. I support them. The knowledge they can offer up on individual books and authors is worth paying the extra nickels for.

For old books I used to use the aggregator *www.bookfinder.com* exclusively, but it has become polluted with crappy reprints and I now rely on *www.ebay.com* and *www.abebooks.com*.

INGREDIENTS

Real Live Stores
If you live in New York you have access to two great ingredient and spice shops that sell everything you need to make any type of bitters. Every major metropolis probably has similar shops. If you can't find them, the Internet is your friend.

Kalustyans, 123 Lexington Ave., New York, NY 10016
www.kalustyans.com

Dual Specialty Store, 91 First Ave., New York, NY 10003
The website is too horrid for me to direct you there.

Wherever you live (unless Manhattan is home) you probably have access to a home-brew shop that carries a lot of useful ingredients for cocktails, including malic, citric, tartaric, and lactic acid, as well as equipment like carbonator caps and other fun stuff. There are also scads of home-brew shops online.

INTERNET SOURCES

Modernist Pantry
www.modernistpantry.com
A one-stop shop for modern ingredients such as Pectinex SP-L, hydrocolloids, and so on.

Terra Spice
www.terraspice.com
A good place for quality spices and extracts.

WillPowder
www.willpowder.net
Supplies modern ingredients from pastry chef Will Goldfarb.

Le Sanctuaire
www.le-sanctuaire.com
A supplier of high-end cooking equipment and ingredients. This site has the best selection of hydrocolloids from CP Kelco, the folks who do gellan and really good pectins.

TIC Gums
www.ticgums.com
The folks who make Ticaloid 210S and Ticaloid 310S, the mixture of gum arabic and xanthan gum that I use to make orgeats and oil syrups. They will sell to normal folks like us.

拓展阅读

GENERAL BOOKS ON COCKTAILS AND SPIRITS

Here is a short list of cocktail books and authors I have found useful or entertaining over the years.

Baker, Charles H., Jr. *Jigger, Beaker and Glass: Drinking Around the World* Derrydale, 2001 (1939). A raucous romp through the decades-long, worldwide cocktail peregrinations of Charles H. Baker, Jr. A gem.

Berry, Jeff. *Beach Bum Berry Remixed.* 2nd ed. SLG, 2009. If you like Tiki, Berry is the man to trust. This volume is a compilation of two of his books.

Conigliaro, Tony. *The Cocktail Lab: Unraveling the Mysteries of Flavor and Aroma in Drink, with Recipes.* Ten Speed, 2013. My good friend Tony Conigliaro is the finest practitioner of the modern cocktail that I know. Here is a look at how he thinks.

Craddock, Harry. *The Savoy Cocktail Book.* Martino, 2013 (1930). This is the old-school recipe book that every self-respecting cocktail dork should have in his or her library. One of the few manuals from which the cocktail revolution was launched. I own it, although I don't really use it.

Curtis, Wayne. *And a Bottle of Rum: A History of the New World in Ten Cocktails.* Broadway Books, 2007. If you enjoy viewing history through the lens of products you like, you'll dig Curtis's historical account of rum through the ages.

DeGroff, Dale. *The Craft of the Cocktail.* Clarkson Potter, 2002. A must-own cocktail book. Dale is the king of the cocktail, and this is his great cocktail tome.

Embury, David A. *The Fine Art of Mixing Drinks.* Mud Puddle, 2008 (1948). This was the first cocktail book I owned. I found an old copy at a used-book store and picked it up on a lark. Lucky choice. Embury was a great writer. He was a lawyer by trade and a cocktail thinker by avocation. I once met an old-time bartender who had served Embury; he said the guy was a lousy tipper, which kind of ruined him for me. Why must heroes be jerks?

Haigh, Ted. *Vintage Spirits and Forgotten Cocktails: From the Alamagoozlum to the Zombie—100 Rediscovered Recipes and the Stories Behind Them.* Quarry, 2009. Good book.

Hess, Robert. *The Essential Bartender's Guide.* Mud Puddle, 2008. Hess is a longtime fixture of the cocktail intelligentsia. This is his intro-to-bartending guide. Many people, once they reach a certain level of proficiency, dismiss introductory books. I don't. The best thing about this kind of book is the direct view it can provide into the writer's way of thinking.

Liu, Kevin K. *Craft Cocktails at Home: Offbeat Techniques, Contemporary Crowd-Pleasers, and Classics Hacked with Science.* Kevin Liu, 2013. Liu's book on the science of cocktails is worth the read. One of the few books on the subject as of this writing.

Meehan, Jim. *The PDT Cocktail Book: The Complete Bartender's Guide from the Celebrated Speakeasy.* Sterling Epicure, 2011. PDT is one of the most renowned bars in the United States. Meehan has done a great service with *The PDT Cocktail Book*, giving an actual account of the recipes used there.

O'Neil, Darcy S. *Fix the Pumps.* Art of Drink, 2010. *Fix the Pumps* has been tremendously influential in the cocktail world. With it, O'Neil ushered in the resurgence of interest in the artistry of the old-school soda jerk. Bartenders mine this book for ideas on both alcoholic and nonalcoholic drinks.

Pacult, F. Paul. *Kindred Spirits 2.* Spirit Journal, 2008. While this edition is getting a little long in the tooth (let's hope he makes a third edition soon), no one does spirits reviews like Pacult.

Regan, Gary. *The Joy of Mixology.* Clarkson Potter, 2003. Fantastic book. I don't agree with everything Regan says, but his landmark book is a must-read. His drink systematics are particularly interesting.

Stewart, Amy. *The Drunken Botanist.* Algonquin, 2013. This book ran like wildfire through the cocktail community when it was published. It is delightful. It simplifies and glosses over some subjects, but that doesn't spoil the enjoyment. You will pick up some interesting facts from this book and they will spark ideas for the future.

Wondrich, David. *Imbibe!* Perigree, 2007. Really, you can't go wrong with anything Wondrich writes. Read this one and his other book, *Punch*. Wondrich is a born storyteller with a great feel for history in general and for the history of the common drinking person in particular. Ostensibly *Imbibe!* is the story of Jerry Thomas, the author of the first cocktail book and a famous American barman of the mid-nineteenth century, but Wondrich casts a much wider net.

BOOKS ON FOOD AND SCIENCE YOU MAY FIND HELPFUL

Damodaran, Srinivasan, Kirk L. Parkin, and Owen R. Fennema. *Fennema's Food Chemistry, Fourth Edition (Food Science and Technology)*. CRC, 2007. The standard textbook in food chemistry.

McGee, Harold. *On Food and Cooking: The Science and Lore of the Kitchen.* Scribner, 2004. If you don't already own *On Food and Cooking,* go out and buy it right now. It is *the* reference for science as applied to making things delicious. How many other food books are recognized simply by their acronym? *OFAC* is hugely influential, and hugely useful. The current edition, from 2004, is a vastly different book from the original, groundbreaking 1984 edition. McGee was forced to remove a lot of the historical vignettes and stories that peppered the first edition to make way for all-new information he added in the second. You will want both.

———. *The Curious Cook: More Kitchen Science and Lore.* Wiley, 1992. McGee's second book, now sadly out of print, is entirely different from *OFAC.* In *The Curious Cook*, McGee shows how to think like a scientist in the kitchen— which is entirely different from, and more important than, knowing a lot of science.

Myhrvold, Nathan, Chris Young, and Maxime Bilet. *Modernist Cuisine: The Art and Science of Cooking.* Cooking Lab, 2011. The greatest cookbook achievement of all time. If you want to investigate modern techniques, this is the place to start.

What follows is a nonexhaustive list of books and articles related to specific sections of this book.

PART 1: PRELIMINARIES
MEASUREMENT, UNITS, EQUIPMENT
If you are interested in home distilling, these two books are good places to start.

Smiley, Ian. *Making Pure Corn Whiskey: A Professional Guide for Amateur and Micro Distillers.* Ian Smiley 2003.

Nixon, Michael. *The Compleat Distiller.* Amphora Society, 2004.

INGREDIENTS
Nielsen, S. Suzanne, ed. *Food Analysis.* Springer 2010. Pages 232–37 describe how to calculate and convert various measures of titratable acidity.

Saunt, James. *Citrus Varieties of the World.* Sinclair International Business Resources, 2000.

PART 2: TRADITIONAL COCKTAILS
Weightman, Gavin. *The Frozen Water Trade: A True Story*. Hyperion, 2004. This book is the story of how ice became a commercial commodity in the nineteenth century prior to the advent of mechanical refrigeration. It explains the marketing genius that made iced drinks popular in the nineteenth century—they were not always ubiquitous—and it whet many a bartender's desire for beautiful clear ice like the ice of yore that was harvested from lakes.

Oxtoby, David W. *Principles of Modern Chemistry. 7th ed.* Cengage Learning, 2011. Oxtoby is my go-to reference for entropy, enthalpy, and other general chemistry information.

Garlough, Robert, et al. *Ice Sculpting the Modern Way.* Cengage, 2003. If you want to know more about ice carving.

PART 3: NEW TECHNIQUES AND IDEAS
ALTERNATIVE CHILLING
U.S. Chemical Safety and Hazard Investigation Board. "Hazards of Nitrogen Asphyxiation." Safety Bulletin No. 2003-10-B. June, 2003.

RED-HOT POKERS
Brown, John Hull. *Early American Beverages.* C. E. Tuttle, 1966. Old-time recipes, including those that use the flip dog.

RAPID INFUSIONS, SHIFTING PRESSURE
Parsons, Brad Thomas. *Bitters: A Spirited History of a Classic Cure-All, with Cocktails, Recipes, and Formulas.* Ten Speed, 2011. The book to buy if you want to learn about making traditional bitters.

CLARIFICATION
Moreno, Juan, and Rafael Peinado. *Enological Chemistry.* Academic, 2012. Chapter 19, Wine Colloids, deals with the subject of wine fining and clarification.

WASHING
BOOKS
Phillips, G. O. et al. *Handbook of Hydrocolloids. 2nd ed.* Woodhead, 2009. Really pricey, but it's the standard reference for hydrocolloids. Has good chapters on gellan, chitosan, milk proteins, and egg proteins, which are used in this book. It also has chapters on agar, gum arabic, pectin, and gelatin that might be helpful in other areas of cocktail science.

ARTICLES

Luck, Genevieve, et al. "Polyphenols, Astringency and Proline-rich Proteins." *Phytochemistry* 37. No. 2 (1994): 357–71. The title pretty much tells it all.

Ozdal, Tugba, et al. "A Review on Protein–Phenolic Interactions and Associated Changes." *Food Research International* 51 (2013): 954–70. While the focus of this paper is the possibility that protein-phenolic interactions may reduce the number of "health effects" that phenolic compounds may confer—a subject I couldn't care less about, because today's health-giver is almost always tomorrow's enemy—it does give a good overview of the interactions.

Hasni, Imed, et al. "Interaction of Milk a- and b-Caseins with Tea Polyphenols." *Food Chemistry* 126 (2011): 630–39. This article deals with the specific reaction that makes Tea Time work.

Lee, Catherine A., and Zata M. Vickers. "Astringency of Foods May Not Be Directly Related to Salivary Lubricity." *Journal of Food Science* 77, no. 9 (2012). An article that goes against the commonly held view that astringency is solely related to the tongue's loss of ability to lubricate itself.

de Freitas, Victor, and Nuno Mateus. "Protein/Polyphenol Interactions: Past and Present Contributions. Mechanisms of Astringency Perception." *Current Organic Chemistry* 16 (2012): 724–46. Is what it says it is.

CARBONATION
BOOKS

Liger-Belair, Gérard. *Uncorked: The Science of Champagne.* Rev. ed. Princeton University Press, 2013. Liger-Belair, the champagne physicist, has a sweet, sweet job. This is a revised edition of his book on champagne science for lay audiences.

Steen, David P., and Philip Ashurst. *Carbonated Soft Drinks: Formulation and Manufacture.* Wiley-Blackwell, 2006. Technical, dry, and expensive. Unless you need to know the nitty-gritty of commercial soda production, you can skip this book, but I often use it for reference.

Woodroff, Jasper Guy, and G. Frank Phillips. *Beverages: Carbonated and Noncarbonated.* AVI, 1974. Out of print, out of date, and dull, but I need it from time to time. It's one of a series of books on food technology published by AVI Press in the 1970s, standard-setting in its day.

ARTICLES

Liger-Belair, Gérard, et al. "Unraveling the Evolving Nature of Gaseous and Dissolved Carbon Dioxide in Champagne Wines: A State-of-the-Art Review, from the Bottle to the Tasting Glass." *Analytica Chimica Acta* 732 (2012): 1–15. Awesome article. Title is fairly explanatory.

———. "Champagne Cork Popping Revisited Through High-Speed Infrared Imaging: The Role of Temperature." *Journal of Food Engineering* 116 (2013): 78–85. Another fun read from Liger-Belair.

———. "Carbon Dioxide and Ethanol Release from Champagne Glasses, Under Standard Tasting Conditions." *Advances in Food and Nutrition Research* 67 (2012): 289–340. Liger-Belair goes into depth on the effects that glass shape and pouring style have on carbon dioxide levels in champagne, and how these effects affect the drinking experience.

———. "CO_2 Volume Fluxes Outgassing from Champagne Glasses: The Impact of Champagne Ageing." *Analytica Chimica Acta* 660 (2010): 29–34. The champagne master explains how aging champagne affects bubble size.

Cuomo, R., et al. "Carbonated Beverages and Gastrointestinal System: Between Myth and Reality." *Nutrition, Metabolism and Cardiovascular Diseases* 19 (2009): 683–89. Examines whether or not bubbles are bad for you. Short answer: No.

Roberts, C., et al. "Alcohol Concentration and Carbonation of Drinks: The Effect on Blood Alcohol Levels." *Journal of Forensic and Legal Medicine* 14 (2007): 398–405. Interesting study finding that two-thirds of the individuals tested got drunk faster on bubbly than on flat booze.

Bisperink, Chris G. J., et al. "Bubble Growth in Carbonated Liquids." *Colloids and Surfaces A: Physicochemical and Engineering Aspects* 85 (1994): 231–53. This article demonstrates that carbonation levels would need to be hundreds of times higher than normal to create spontaneous bubble nucleation.

Profaizer, M. "Shelf Life of PET Bottles Estimated Via a Finite Elements Method Simulation of Carbon Dioxide and Oxygen Permeability." *Italian Food and Beverage Technology* 48 (April 2007).

PART 4: LITTLE JOURNEYS

Hubbard, Elbert. *Little Journeys to the Homes of the Great.* Memorial edition in 14 volumes Roycrofters, 1916. Hubbard wrote a series of short, rambling, opinionated biographies called Little Journeys on famous people throughout history and from all walks of life.

I read them as a child, and they really stuck with me. Though not much remembered today, Hubbard and his American Arts and Crafts community, the Roycrofters, were important and influential in the early 1900s. Some of the hand-printed Roycrofters editions, especially the illuminated ones done in green suede-covered boards, are treasures. I named my section after these books.

APPLES

Beach, Spenser Ambrose. *Apples of New York.* 2 vols. (J. B Lyon, 1905). Almost 110 years old and still the definitive book on apples, *Apples of New York* was the first of a series of mammoth books to come out of the Agricultural Experiment Station in Geneva, New York, where McGee and I went apple-tasting. The rest of the *Fruits of New York* series—grapes, pears, cherries, peaches, small fruits, and plums—were written by the inimitable U. P. Hedrick, but he is a subject for a different book. All the *Fruits of New York* books are worth looking at, and they are all available to read online.

Traverso, Amy. *The Apple Lover's Cookbook.* W. W. Norton, 2011. One of the few good apple books that is also a cookbook. Beautifully shot.

Hanson, Beth. *The Best Apples to Buy and Grow.* Brooklyn Botanic Garden, 2005. Great little inexpensive book. I love all the books in the Brooklyn Botanic Garden's horticultural series. Also check out *Buried Treasures: Tasty Tubers of the World*.

Morgan, Joan, et al. *The New Book of Apples: The Definitive Guide to Over 2,000 Varieties.* Ebury, 2003. This is a book that was written with the Brogdale collection of apples in Kent, England, as its tasting home base. The Brogdale is the U.K. equivalent of our apple collection in Geneva, N.Y., but also does pears, small fruits, nuts, and more. This book is great, but it definitely skews toward varieties that do well in the U.K. The history section is worth looking at.

COFFEE
BOOKS

Illy, Andrea, and Rinantonio Viani. *Espresso Coffee, Second Edition: The Science of Quality.* Academic Press, 2005. Great little technical book on espresso written by the scientific leader of the current generation of the Illy family. There is a similarly titled coffee-table book that isn't useful for technical info.

Rao, Scott. *Everything but Espresso.* Scott Rao, 2010. Scott Rao's books have been game-changers in the coffee world. You kind of need to check out this one and the one below.

———. *The Professional Barista's Handbook: An Expert Guide to Preparing Espresso, Coffee, and Tea.* Scott Rao, 2008.

Schomer, David C. *Espresso Coffee: Professional Techniques.* Espresso Vivace Roasteria, 1996. Perhaps a bit out of date now. Schomer was a revolutionary at the time (still is, I guess). It was a visit to his shop, Café Vivace, in Seattle in 2001 that showed me I didn't know diddly-squat about espresso. I bought this book on the spot.

ARTICLES

Illy, Ernesto, and Luciano Navarini. "Neglected Food Bubbles: The Espresso Coffee Foam." *Food Biophysics* 6 (2011): 335–48. Good paper on the working of foam (crema) in espresso.

GIN AND TONIC

CFR: Code of Federal Regulations Title 21—Food and Drugs §172.575. These are the U.S. government regulations on quinine.

Carter, H. R. "Quinine Prophylaxis for Malaria." *Public Health Reports (1896–1970)* 29, No. 13 (March 27, 1914): 741–49. Interesting paper on the history of quinine use and the doses necessary to prevent and/or treat malaria.

致谢

感谢我的妻子詹妮弗，她花了大量时间把我的散乱无序的初稿整理成篇，并对整本书进行了最后的修改和润色。从认识她起，她清晰的思维和严谨的工作态度就深深吸引着我。如果没有她，我写的书肯定没有人愿意读。

感谢我在诺顿出版社的编辑玛丽亚·瓜尔纳斯凯利（Maria Guarnaschelli），她在 3 年前请我一起吃午餐，并决定由我来写一本书。我的作家朋友们常说，好编辑已经不存在了。现在我知道这不是真的。我非常幸运能够跟这样一位热情、专注和体贴的编辑合作，让这本书得以问世。

感谢：

纳塔莎·洛佩兹（Nastassia Lopez）的协助和统筹。

我的合伙人——独一无二的张锡镐（David Chang）和德鲁·萨尔曼（Drew Salmon）——对布克、德克斯及对我的信任。我将永远心怀感激。

特拉维斯·赫盖特（Travis Huggett）的出色摄影。

米切尔·科尔（Mitchell Kohles）在诺顿出版社做的大量工作。

哈罗德·麦吉（Harold McGee）给我的无尽灵感和他对本书初稿的宝贵意见。

詹姆斯·卡彭特（James Carpenter）以敏锐眼光对原稿的审阅。

约翰·麦吉（John McGee）、保罗·亚当斯（Paul Adams）、阿里尔·约翰逊（Ariel Johnson）和唐·李（Don Lee）对本书的贡献。

我的职业道路涉及多个领域，有时甚至看上去不怎么靠谱，但仍然有许多人给了我支持和帮助，在这里一并向他们表示感谢：

我的母亲和杰拉德（Gerard）——我的父亲，以及整个阿多尼诺（Addonizio）/阿诺德大家族；迈莱（Maile）、里奇（Ridge）和其他所有卡朋特（Carpenters）家族成员。

和我一起分担费用的厄尔利（Early）、路德维克（Ludwick）、斯威尼（Sweeney）和斯特劳斯（Strauss）。

我的早期支持者杰弗瑞·斯坦克特恩（Jeffrey Steingarten）和达纳·考因（Dana Cowin），是他们帮助我找到了自己在餐厅行业内的位置。

迈克尔·巴特波里（Michael Batterberry），他给了我在这个行业里第一份真正的工作。

怀利·迪弗雷纳（Wylie Dufresne），他启发我在厨房里使用各种新技术。

尼尔斯·诺伦（Nils Noren），他和我一起开创了我最棒的项目之一——干杯!

约翰尼·优兹尼（Johnny Iuzzini），我们在一起探索烹饪技巧的时候，我从他身上学到了很多。

我在法式烹饪学院（FCI）一起工作过的厨师们，还有参加了我的 FCI 实习生项目的学生们 [特别是明迪·阮（Mindy Nguyen）]。

布克和德克斯的优秀团队：派珀·克里斯滕森（Piper Kristensen）、特里斯坦·威利（Tristan Willey）、罗比·尼尔森（Robby Nelson）、莫拉·麦圭根（Maura McGuigan）和所有的调酒师、吧台助理、服务生和接待员，还有山姆酒吧的团队!

最后，感谢我在鸡尾酒行业的所有朋友，你们每一天都在给我动力!